LES PRODUITS
DE LA NATURE
JAPONAISE ET CHINOISE.

YOKOHAMA.—IMPRIMERIE DE « L'ÉCHO DU JAPON. »

和蘭陀教師「アヽエヽセヽゲールツ」著

新撰本草綱目

礦物之部

第壹篇

明治十一年

大日本横濱 癈響社「レウヒ」上梓

LES PRODUITS
DE LA NATURE
JAPONAISE ET CHINOISE

COMPRENANT

LA DÉNOMINATION, L'HISTOIRE ET LES APPLICATIONS AUX ARTS, A L'INDUSTRIE, A L'ÉCONOMIE, A LA MÉDECINE, ETC.

DES SUBSTANCES QUI DÉRIVENT DES TROIS RÈGNES DE LA NATURE ET QUI SONT EMPLOYÉES PAR LES JAPONAIS ET LES CHINOIS

PAR

A. J. C. GEERTS

PARTIE INORGANIQUE ET MINÉRALOGIQUE

CONTENANT

LA DESCRIPTION DES MINÉRAUX ET DES SUBSTANCES QUI DÉRIVENT DU RÈGNE MINÉRAL.

YOKOHAMA
C. LÉVY, IMPRIMEUR-ÉDITEUR
1878

A LEURS EXCELLENCES,

Mr J. K. H. DE ROO VAN ALDERWERELT,

Ministre de la guerre des Pays-Bas,
etc., etc.

Mr OKUBO TOSHIMICHI,

Ministre de l'Intérieur au Japon,
etc., etc.

HOMMAGE DE L'AUTEUR.

PRÉFACE

A la fin de l'an 1868, me trouvant à Utrecht comme professeur de Chimie à l'école de médecine militaire, Mr. le Dr A. W. M. van Hasselt, inspecteur-général du service de santé dans l'armée néerlandaise (alors professeur à la même école) m'offrit, au nom du gouvernement japonais, la position de professeur de chimie et de sciences naturelles à l'école de médecine de Nagasaki, créée en 1857 d'après les ordres du Shogun Minamoto-no-Iyésada, par un médecin hollandais, Mr. le chevalier Pompe van Meerdervoort et par un médecin japonais Mr. Matsmoto Riyojun, aujourd'hui inspecteur-général du service de santé dans l'armée japonaise.

Par décret en date du 7 Mars 1869, Sa Majesté le Roi des Pays-Bas voulut bien me donner la permission d'entrer temporairement au service du gouvernement japonais. Arrivé au Japon au commencement du mois de Juillet 1869, au milieu des révolutions qui aboutirent à la restauration du pouvoir souverain de Sa Majesté le Mikado, j'ai eu l'occasion de voir se dérouler sous mes yeux cette série de réformes radicales dans le système de la féodalité, qui était celui de l'ancien régime, au Japon comme en Europe, et dont l'histoire est toujours une page des plus intéressantes dans la vie d'une nation. Ces réformes, qui ne sont en principe que les conséquences nécessaires de la navigation à vapeur, ont forcément entrainé le pays du Soleil Levant dans le courant des sciences de l'ouest et des relations internationales.

Dès l'année 1864, époque à laquelle mon attention fut attirée par hasard vers le Japon, j'avais conçu un vif désir de voir se raviver et se raffermir les anciennes et amicales relations de mon pays avec cette nation de l'Extrême-Orient; je résolus d'y contribuer, pour ma part, autant qu'il était en mon pouvoir de le faire, en entreprenant un travail ayant pour objet d'étendre les connaissances que nous avons des produits d'un pays, dont un grand nombre de mes compatriotes ont été les premiers à étudier l'histoire naturelle. N'est-ce pas en effet de la petite île de Deshima, près Nagasaki, que se sont répandues en Europe les premières notions sur l'histoire, la géographie, la langue, l'histoire naturelle, les arts et l'industrie du Japon; n'est-ce pas par cette même porte que les premiers éléments de la civilisation occidentale ont fait leur entrée au Japon ?

Grâce à ses anciens rapports avec le Japon, la Hollande possède en ce moment les plus belles et les plus vastes collections d'ethnographie, de produits de l'industrie, de monnaies, d'antiquités, de plantes et d'animaux de ce pays, bien que ce fait semble toujours devoir être ignoré par les récents auteurs qui ont écrit sur le Japon, et qui ne parlent que des « degrading restrictions » et du « paltry trade of the island of Deshima ». Ces auteurs ont oublié ou ils ignorent sans doute que c'est de la Hollande que le Japon a appris pour la première fois la fonte des canons en bronze, l'usage des machines à vapeur, l'art de la navigation d'après les données scientifiques, l'imprimerie en caractères mobiles, la daguéréotypie, la photographie, la télégraphie, la construction des machines et des bateaux à vapeur, la médecine, la chimie et les sciences naturelles de l'ouest, etc. etc.

Les annales de ce pays reconnaîtront les pionniers de la civilisation occidentale introduite chez lui dans les noms de JACQUES SPEX (1610-1613) le fondateur du commerce hollandais au Japon ; de W. BYLEVELD, A. P. SPELT, H. VAN ELSFORT et J. SCHOLTEN, (1643-1650), qui ont vécu à Yédo et enseigné aux Japonais l'art de fondre les canons et la fabrication de la poudre; de J. CAMPHUIS, (1672, 1674, 1676) qui a étudié le Japon d'une manière toute spéciale et posé les jalons qui devaient servir à KAEMPFER pour son ouvrage; de MARTEN GERRITSZOON VRIES, (1643), le navigateur intrépide, à qui est due la découverte des îles BONIN, de YESSO, (LAND VAN ESO, Tokachi, Kusuri, Atkesi, Usu), de HACHIJO (ongeluckich eylant), de MIKURA (Prince eylant), de KUNASHIRI, de YETOROFU (Staetenlant), de URUP (Compagnieslant). Puis vinrent E. KAEMPFER (1690-1692) le savant auteur de l'Histoire du Japon qui fut, avec C. P. THUNBERG, (1775), le premier naturaliste européen à qui l'on est redevable d'une étude de l'histoire naturelle du Japon ; IZAAK TITSINGH, (1780, 1782-1784), l'aimable auteur des « Bijzonderheden over Japan » et le traducteur des annales impériales « *Nippon-o-dai-ichi-ran* » ; HENDRIK DOEFF, (1804-1817), l'auteur d'un grand dictionnaire hollandais-japonais et de l'ouvrage « Herinneringen uit Japan » ; JAN COCK BLOMHOFF, (1818-1823) qui a enrichi les musées de la Haye et de Leyde d'une multitude d'objets précieux ; J. F. VAN OVERMEER FISSCHER, (1820-1829), l'auteur de l'ouvrage « Bijdrage tot de kennis van het Japansche Rijk », collectionneur zêlé d'objets appartenant à l'industrie japonaise ; PH. FR. VON SIEBOLD, (1823-1829 et 1859-61), l'éminent savant qui a encouragé avec une ardeur au-dessus de tout éloge l'étude des sciences de l'Ouest parmi les Japonais ; E. BÜRGER, (1828-1832) qui dut surtout sa réputation à la collection de plantes et d'animaux dont il enrichit le Musée de Leyde ; G. F. MEYLAN, (1827-1830) l'honnête et agréable auteur de l'ouvrage « Japan voorgesteld in schetsen enz. » et d'une excellente monographie « Geschiedkundig Overzicht van den handel der Europeezen op Japan » ; J. H. LEVYSSOHN, (1846-1850) qui nous a laissé un livre fort intéressant « Bladen over Japan » ; le DR. MOHNIKE, (1848-1852) qui a le mérite d'avoir introduit le premier la pratique de la vaccine au Japon ; le Dr J. H. VAN DEN BROEK, (1854-1856) qui, à Deshima, a enseigné aux Japonais les applications de la science à la technologie et à l'industrie ; J. H. DONKER CURTIUS, (1852-1859) qui a mis en faveur, d'une manière surprenante, le gout des sciences de l'Europe au Japon ; G. C. C. PELS-RYCKEN, (1855-1857) le fondateur de la première école navale au Japon ; A. A. s' GRAAUWEN, (1855-1857), le premier professeur dans les sciences navales et dans la navigation à vapeur ; le baron W. J. C. HUYSEN VAN KATTENDYKE, (1857-1859), chef de la seconde mission de la marine néerlandaise au Japon avec B. D. VAN TROJEN, (1857-1859) et H. O. WICHERS (1857-1859) les promoteurs de l'étude des sciences navales ; H. HARDES, (1857-1861) le fondateur du premier arsenal de la marine au Japon, à Akuanora, près Nagasaki ; le DR. POMPE VAN MEERDERVOORT, (1857-1862), qui a organisé le premier hôpital d'après la méthode européenne et fondé la première école impériale de médecine selon le système occidental ; les docteurs BAUDUIN, (1862-1867), GRATAMA, (1865-1870), VAN MANSVELT, (1867-1878) et plusieurs autres médecins, ingénieurs et navigateurs hollandais qui se trouvent encore au Japon. Je dois aussi ne point passer sous silence les noms des savants hollandais TEMMINCK, SCHLEGEL, de HAAN, BLEEKER, BLUME, de VRIESE, MIQUEL, HOFFMANN, et SURINGAR qui, non moins que les voyageurs que je viens de citer, se sont occupés de l'étude de la nature et des sciences du Japon.

Le lien qui unit le Japon à la Hollande n'est pas seulement celui d'une amitié séculaire, intime et sincère, c'est aussi un lien historique et digne de respect, celui qui unit le disciple à son maître.

Mais il convient en outre de constater également la grande importance des zêlés et vigoureux efforts faits par les anciens savants et interprêtes japonais en vue de développer les progrès scientifiques du Japon. Honneur à ces initiateurs courageux, qui en dépit des plus sérieuses difficultés, n'ont pas hésité à entreprendre la traduction dans leur langue des livres scientifiques hollandais. Avec une persévérance extrême et avec une énergie admirable, ils ont triomphé des obstacles que présentait ce pénible travail et ont pu ainsi offrir à leurs compatriotes les premiers traités sur les différentes sciences. C'est avec le plus vif plaisir que nous avons appris dernièrement la publication au Japon d'un livre excessivement intéressant, intitulé 日本洋學年表 *Nihon-Yôgaku-nempio* ou « Histoire de l'étude des sciences de l'ouest au Japon » par OTSUKI SHIUZI. Cet ouvrage nous retrace l'histoire fidèle des labeurs assidus et difficiles de ces savants japonais, initiés les premiers aux sciences occidentales.

J'espère que le lecteur voudra bien me pardonner cette digression historique. Dans ce temps où règne au Japon une tendance anglomane qui semble vouloir nier les travaux des autres nations, il m'a paru nécessaire de constater des faits indiscutables qui appartiennent à l'histoire et de prémunir les habitants de ce pays contre toute partialité et tout exclusivisme.

Par l'introduction qui va suivre, on verra que je me suis placé à un point de vue parfaitement neutre, et là seulement où la science commence.

Malgré les travaux assez complets que nous possédons sur la Flore et la Faune du Japon, l'étude des produits de la nature dont on fait un certain usage est encore bien restreint et se borne à quelques notes dispersées. Quant aux minéraux du Japon, on sait qu'il n'y existe encore aucun traité sur cette matière.

On comprendra qu'il m'a fallu beaucoup de temps avant de pouvoir songer à la publication de mes études. C'est le travail de mes heures de loisir, en dehors de mes occupations professionelles. En outre, j'ai dû apprendre à lire et à écrire un certain nombre de caractères chinois et me familiariser jusqu'à un certain point avec la langue indigène, afin de bien comprendre le sens et la signification exacte des noms indigènes des produits que j'aurais à déterminer et à décrire. Enfin j'ai été obligé de recueillir le plus de matériaux possibles, attendu que les collections et les musées des divers départements du gouvernement ne sont que de date récente. C'est ainsi que les cinq premières années de mon séjour à Nagasaki se sont passées dans l'étude préliminaire des livres indigènes sur la matière, étude dans laquelle j'ai été puissamment aidé par mon bon vieux maitre et ami, feu Narazaki Kishiro († 1873) conservateur de l'ancien jardin botanique du Shogun, à Nagasaki. Je me fais également un devoir de reconnaître ici les services rendus par plusieurs de mes élèves, parmi lesquels je dois citer surtout MM. Masayuki Oguchi et Sakugoro Koisie de Kiyoto, qui m'ont servi d'interprêtes et en qui j'ai toujours trouvé des étudiants aussi intelligents qu'exacts et consciencieux.

Appelé au mois d'Octobre de l'an 1874 à Yédo par Son

Excellence le ministre de l'instruction publique, je fus nommé conseiller au Département de l'hygiène et de la salubrité publiques, qui venait d'être récemment établi, et chargé de l'installation d'un laboratoire d'hygiène et de chimie à Kiyoto : Je commençai en même temps la rédaction d'une Pharmacopée japonaise, basée sur la méthode européenne, travail assez ardu et assez difficile que j'ai pu amener à bonne fin au mois de Décembre 1877.

A Kiyoto, l'ancienne capitale, la Rome du Japon, que nul Hollandais n'avait habitée avant moi, j'avais mainte occasion pour me familiariser davantage avec les ouvrages indigènes, anciens et modernes, sur l'histoire naturelle du pays ; j'ai eu en outre l'avantage d'y faire la connaissance, non moins agréable qu'utile, de plusieurs savants indigènes très-considérés et fort aimables. Les expositions annuelles qui ont eu lieu dans cette ville, à l'ancien palais impérial, m'ont mis au courant de beaucoup de détails touchant différentes matières. D'après mes conseils, plusieurs officiers du gouvernement local ont commencé à réunir dans un musée permanent les nombreux et précieux matériaux qui se trouvent dans cette ancienne cité sur l'histoire nationale ainsi que sur l'industrie, les arts et l'histoire naturelle du pays.

Deux ans plus tard, au mois de Septembre 1876, je fus prié de venir installer à Yédo un laboratoire de chimie appliquée à l'hygiène et à la médecine ; et enfin, après l'arivée d'un collégue, je suis arrivé à Yokohama le 1er Janvier 1877, avec mission d'y créer un laboratoire semblable.

Ce dernier fonctionne depuis le 1er Mai 1877 sous ma direction. Plusieurs de mes anciens et nouveaux élèves sont maintenant devenus mes assistants. Sans leur concours dévoué, sans leurs connaissances théoriques et leur habileté pratique dans ce genre de travaux, il serait impossible de faire marcher un établissement où s'effectuent chaque mois des centaines d'analyses officielles. Le Japon possède aujourd'hui dans plusieurs de ces jeunes gens des chimistes capables non seulement de faire une analyse exacte mais aussi de préparer des produits chimiques pour l'usage médical avec une pureté parfaite. Les expositions de Kiyoto en 1875 et d'Uyéno, à Tokio, en 1877, ont montré pour la première fois au Japon une collection de produits chimiques, préparés avec des matériaux indigènes par ces chimistes japonais appartenant aux laboratoires de Yokohama et d'Osaka, et ce m'est un grand plaisir de constater que mes élèves sont les premiers Asiatiques qui ont pu faire eux-mêmes, sans aucun aide, des produits chimiques d'une qualité irréprochable.

Quant aux matériaux qui m'ont servi, ils sont assez nombreux. J'en ai donné l'énumération dans l'introduction qui va suivre. Plusieurs excursions dans les districts miniers de Kiushiu, et d'autres dans le centre du Japon, aux environs de Kiyoto et d'Osaka, m'ont permis de voir et d'étudier de près la plupart des industries minières et agricoles indigènes.

Ma collection de minéraux a remporté à l'exposition de Kiyoto, en 1875, la première médaille d'argent qui ait jamais été accordée à un étranger. Dernièrement, en créant plusieurs musées qui promettent de s'agrandir et de se développer promptement, le gouvernement japonais a fait une innovation de nature à aider puissamment ceux qui veulent se livrer à l'étude des produits du pays. Il me faut citer en première ligne le musée du ministère de l'Instruction publique à Uyéno (Tokio), le musée du ministère de l'Intérieur, à Tokio, le musée du département de la colonisation ou Kaitakushi, à Shiba (Tokio), le jardin botanique de Koïshi-kawa à Tokio, dépendant du ministère de l'instruction publique. En vérité, les progrès scientifiques faits à Tokio depuis la restauration de 1868 ont été surprenants. Espérons qu'ils s'étendront de plus en plus dans l'intérieur du pays et que le système de centralisation ne sera pas poussé trop loin pour ce qui a trait aux choses de la science.

C'est aussi pour moi un agréable devoir de témoigner ici ma gratitude à tous ceux qui m'ont aidé ou encouragé dans mon travail; premièrement à mon père, J. H. Geerts, le savant philologue à qui seul je dois mon instruction première; au professeur G. J. Mulder, le chimiste le plus habile que la Hollande ait jamais possédé; aux docteurs A. W. M. van Hasselt, J. H. van den Broek et aux autres professeurs de l'ancienne école de médecine militaire d'Utrecht. Je tiens à exprimer à tous mes sentiments d'amitié et de gratitude pour leur bienveillance à mon égard pendant mon séjour au milieu d'eux, séjour qui m'a été si utile, si instructif et en même temps si agréable.

A mes anciens collégues de l'école de médécine de Nagasaki, les docteurs C. G. van Mansvelt et W. K. M. van Leeuwen van Duivenbode, je suis heureux de dire que l'affection qui nous a réunis pendant une longue série d'années dans ce pays de l'Extrême-Orient m'a été un soutien inappréciable dans les jours pénibles, alors qu'en 1873 une grave et longue maladie a été sur le point de briser mes forces intellectuelles; c'est à leur zêle et à leur dévouement que je dois d'avoir surmonté cette douloureuse épreuve.

Parmi mes nombreux amis du Japon, j'ai aussi à témoigner ma gratitude à M. Nagayo Sensai, aujourd'hui chef du Département de l'hygiène et de la salubrité publiques. Dès mon arrivée dans ce pays, j'ai pu apprécier l'esprit éclairé et la sincère bienveillance de ce fonctionnaire, le plus ancien de mes amis parmi les indigènes. C'est grâce à ses idées avancées, à ses connaissances étendues, tant dans les sciences Sinico-japonaises que dans celles de l'ouest, grâce à son concours énergique pour tout ce qui concerne l'instruction publique et surtout l'avancement des sciences médicales et sanitaires, que j'ai été mis à même de poursuivre mes études.

Qu'il me soit permis aussi d'exprimer mes sentiments de respectueuse reconnaissance à Leurs Excellences les Ministres de l'Instruction publique pour la confiance qu'ils ont bien voulu m'accorder ; premièrement à Son Excellence YAMA-NO-UCHI YODO, TOSA-NO-KAMI, l'ancien Prince de Tosa, qui dirigeait les collèges et les écoles en 1869, lors de mon arrivée, avant que le Ministère du Mombusho fut créé au Japon ; puis à Son Excellence OKI TAKATO (1871), à feu Son Exc. KIDO TAKIYOSHI (1874) secrétaire intime de Sa Majesté le Mikado, aussi aimable que savant, loyal et désintéressé, qui a tant fait pour le progrès et la prospérité du Japon contemporain, et qui a été trop tôt enlevé à son pays et à son souverain ; à Son Exc. TANAKA FUJIMARO, (1875-1878), l'érudit et intéressant auteur de l'histoire de l'éducation au Japon, qui m'a toujours comblé des témoignages de cordialité les plus sincères ; enfin et surtout à Son Exc. OKUBO TOSHIMICHI, Ministre de l'Intérieur, qui a bien voulu me confier l'importante et difficile tâche dont je m'efforce de m'acquitter en ce moment.

A l'éditeur de ce livre revient incontestablement l'honneur d'avoir triomphé de beaucoup de difficultés dans l'exécution typographique d'un travail où se trouve une si grande quantité de caractères chinois. Enfin, je me fais également un devoir et un plaisir de reconnaître l'aide importante que m'a prêtée Mr. A. Harmand, qui a bien voulu entreprendre la tâche de revoir mon manuscrit avant qu'il fût livré à l'impression.

Je termine en souhaitant que ce livre soit profitable aux Japonais et à tous ceux qui s'intéressent aux études orientales. *Nisi utile est quod facimus, stulta est gloria.*

Yokohama, 1878.

G....

ABRÉVIATIONS.

Bl................BLUME, dans les Annales musei Botan. Lugduno-Bat.
Cl. Med. Sin....CLEYER, Specimen Medecinae Sinicae.
Deb.............DEBEAUX, Essai sur la Pharmacie et la Matière médicale des Chinois.
Fr. Sav.........FRANCHET, ET LUD. SAVATIER, Enumeratio plantarum in Japonia sponte crescentium.
Hanb............HANBURY, Notes on chinese materia medica.
St. Jul. Ch.......STANISLAS JULIEN ET CHAMPION, Industries anciennes et modernes de l'empire chinois.
Max. Mél. biol..MAXIMOWICZ, Mélanges biologiques de l'acad. imp. de St. Petersbourg.
Miq. Prol........MIQUEL, Prolusio Florae japonicae.
Sieb. Syn........SIEBOLD, Synopsis plantarum œconomicarum (verh. Bataviaasch genootschap 1826).
S. et Z. Fl. jap..SIEBOLD ET ZUCCARINI, Flora japonica.
Zucc. Abh.......ZUCCARINI, Abhandlungen der Mathem. Physik. Classe der Bayrischen Akad. der Wiss. Band III et IV.
Sm. Mat. m......FR. PORTER SMITH, Contributions towards the Materia medica and natural history of china.
Tat. Cat..........TATARINOV. Catalogus medicamentorum Sinensium.
Chin. Commg...WILLIAMS. Chinese commercial guide 6th Ed.
Tr. N. C. B. A. S..Transactions of the North China Branch of the Asiatic Society.
Honzkm..........HON-ZO-KO-MOKU, ou grande histoire naturelle chinoise de *Li-shi-chin*.
K. Hist...........KAEMPFER, Histoire du Japon.
K. Am............ » Amoenitates exoticae.

INTRODUCTION

COUP D'ŒIL SUR L'ÉTAT GÉNÉRAL
DE
L'HISTOIRE NATURELLE
EN CHINE ET AU JAPON

Le titre de l'ouvrage que nous publions, exprime clairement l'objet que nous avons en vue. La grande histoire naturelle Chinoise : PUN-TSAO-KANG-MUH (en japonais) HON-ZÔ-KÔ-MOKU 本草綱目 formera la base de notre travail, et nous suivrons, pour la nomenclature et la synonymie japonaises, le commentaire du célèbre naturaliste japonais O-NO RAN-ZAN 小野蘭山 sur ce même ouvrage, HON-ZÔ-KÔ-MÔKU KEI-MÔ 本草綱目啓蒙. Nous compléterons notre travail en citant plusieurs autres livres tant européens que japonais sur l'histoire naturelle de la Chine et du Japon, et en relatant les observations recueillies par nous-mêmes pendant un séjour de plusieurs années dans ce dernier pays.

Les Hollandais ont été les pionniers de nos connaissances dans l'histoire naturelle du Japon.

A force de persévérance, de soins bien dirigés par plusieurs naturalistes, et grâce à l'esprit éclairé et à l'aide matérielle du gouvernement néerlandais dans l'Inde, on est parvenu à connaître déjà beaucoup de productions industrielles, les ustensiles, les monnaies et en grande partie la Flore et la Faune du Japon. L'île de Désima, près Nagasaki, où THUNBERG (1) établis-

(1) *Thunberg* Flora japonica Lipsiae 1784. Praef. p. XV.

sait déjà, en 1775, une petite école de médecine et d'histoire naturelle, l'ancienne Désima, disons-nous a été le foyer d'où nos premières connaissances dans l'histoire naturelle du Japon ont rayonné dans toutes les directions, surtout après que VON SIEBOLD, BLOMHOFF, BÜRGER et plusieurs autres collectionneurs hollandais eurent envoyé leurs riches matériaux au musée de Leide, et après que plusieurs botanistes et zoologues, comme DE VRIESE, BLUME, ZUCCARINI, MIQUEL, TEMMINK, SCHLEGEL, DE HAAN, et autres eurent décrit et déterminé les matériaux recueillis.

Les Portugais, quoiqu'ils aient été admis librement dès le début dans toutes les parties de l'empire, ont laissé très-peu de traces de recherches scientifiques sur l'histoire naturelle du Japon ; d'un autre côté le fanatisme religieux des missions fut la cause de l'expulsion des Européens en 1639 ; un petit nombre de Hollandais seulement purent rester dans le pays, mais ils furent obligés de demeurer à Désima. Après l'ouverture de plusieurs ports japonais au commerce étranger (1854), et pendant les années suivantes, des savants et collectionneurs américains (ASAGRAY), russes (MAXIMOWICZ), anglais (HOOKER), français (FRANCHET et SAVATIER) et hollandais (MIQUEL, SURINGAR) ont dignement contribué à l'avancement de nos connaissances dans l'histoire naturelle du Japon, de telle sorte que nous pouvons dire que la Flore et la Faune du Japon sont en ce moment déjà mieux connues que celles de plusieurs contrées en Europe.

La Flore et la Faune du Japon sont déjà assez bien connues

Les Minéraux du Japon ne sont pas encore décrits.

Quant aux minéraux du Japon, nos connaissances sont encore bien restreintes, aucun traité n'ayant été publié jusqu'ici sur cette partie importante. Voilà pourquoi nous nous sommes occupé de cette branche avec un soin tout particulier, et voulons donner la description de tous les minéraux qui se trouvent dans notre collection, ou sur lesquels nous avons obtenu des données précises. Bien que loin d'être encore aussi complète que nous le souhaiterions, la partie inorganique ou minéralogique de notre ouvrage comprendra du moins les produits principaux du règne minéral.

Il s'en faut de beaucoup que nos connaissances de la nature du vaste Empire de la Chine soient aussi étendues que celles que nous avons actuellement sur le Japon. Ce sont les missionnaires de la compagnie de Jésus qui nous ont donné les premières notions sur cet immense pays, tandis que de leur coté les Ambassades de la Compagnie Orientale des Provinces Unies près l'Empereur de la Chine publiaient également des observations intéressantes sur son histoire naturelle. Ensuite plusieurs naturalistes et voyageurs, comme OSBECK (1757), REEVES, LOUREIRO (2790), BUNGE (1830), SWINHOE (1860), HERDER et REGEL (1861), WILLIAMS (1860), MAXIMOVICZ (1859), BENTHAM (1861), VON RICHTHOFEN (1869), etc., ont contribué d'une manière considérable à élargir le cercle de nos connaissances sur l'histoire naturelle chinoise.

Les Missionnaires sont les pionniers de la science en Chine.

Les produits du règne végétal dont on fait un certain usage en Chine et au Japon sont excessivement nombreux. Le système utilitariste de la philosophie chinoise a attribué des propriétés utiles à presque tous les produits de la nature, selon la théorie : « *que tout est créé pour servir à l'homme.* » De là vient que tous les ouvrages chinois et en grande partie aussi les livres japonais, traitant de l'histoire naturelle, sont écrits à un point de vue éminemment pratique ; de là vient aussi que le règne végétal est en général beaucoup mieux étudié chez les deux peuples que le règne animal et minéral, car c'est du règne végétal que l'on obtient principalement la nourriture, les matières textiles, les bois de charpente, et un nombre infini de substances médicales. Les animaux qui leur servent de nourriture, comme un grand nombre de poissons,

La tendance pratique dans les ouvrages de l'histoire naturelle en Chine et au Japon.

de crustacées, mollusques etc. sont généralement les mieux connus et les mieux décrits dans leurs ouvrages. Quant aux minéraux, c'est à peine s'il existe sur cette science quelques écrits d'une certaine valeur.

Bien que l'on trouve une foule d'ouvrages illustrés sur les plantes, et que l'on ait déjà commencé au Japon à publier des Flores descriptives assez complètes, ceux qui ont traité ces matières semblent avoir négligé tout à fait l'étude des produits du règne minéral. La faute en est évidemment à leur défaut de connaissances en chimie. Ils n'ont pas la moindre idée de la composition chimique des minéraux. Aussi le discernement, qui est relativement assez développé chez eux, quand ils traitent des animaux ou des végétaux, semble leur manquer presque totalement, quand il s'agit des minéraux. Dans leurs ouvrages d'histoire naturelle générale, la minéralogie est toujours sacrifiée. On n'y trouve qu'une très-petite partie consacrée aux minéraux, et le livre le plus complet ne donne la description que d'environ 150 espèces, parmi lesquelles plusieurs pétrifications.

Goût des Japonais pour les curiosités de la nature.

Ce sont spécialement les curiosités et les phénomènes de la nature qui ont beaucoup d'attrait pour eux ; leurs petites collections de minéraux, de coquilles, d'insectes ou d'autres animaux contiennent toujours quelques exemplaires de formes bizarres et anormales par leurs dimensions minimes ou monstrueuses.

En Chine, on ne peut pas encore parler de l'avènement d'une science de la nature libre et pure, parcequ'on ne la cultive que dans un but essentiellement pratique.

État stationnaire des sciences en Chine.

L'avancement des sciences naturelles en Europe depuis le siècle dernier n'a que très-faiblement influé sur l'état des connaissances chez cette nation, de sorte que ses connaissances scientifiques ne diffèrent pas d'une manière sensible du tableau que Von Siebold a donné de l'histoire naturelle chez les Japonais, il y a cinquante ans (1). Au Japon au contraire, on peut constater, surtout en botanique, un avancement marqué à la même époque. Plusieurs naturalistes japonais, initiés plus ou moins, depuis le commencement du siècle actuel, aux sciences de l'Ouest par l'intermédiaire des livres et des médecins hollandais, grâce à l'introduction d'ouvrages hollandais et aux enseignements de médecine de cette nation, sont entrés et ont marché déjà dans la bonne voie. Tels sont par exemple les naturalistes et botanistes ONO RANZAN, MIDZUTANI HOBUN, IWASAKI-TSUNEMASA, YNUMA-CHOJUN, ITO KEISKÉ et bien d'autres qui se sont tous plus ou moins pénétrés de l'esprit des sciences occidentales.

Progrès de l'histoire naturelle, surtout de la Botanique, au Japon, depuis le siècle dernier.

Les Japonais ont surpassé de beaucoup en botanique leurs anciens maîtres, les Chinois, témoin les nouvelles flores du Japon selon le système de Linné. On cherchera en vain chez les Chinois comtemporains des livres d'une valeur scientifique aussi réelle. A VON SIEBOLD appartient, pour une grande part, l'honneur d'avoir mis en mouvement cet esprit de progrès, en fondant la société botanique d'Owari, avec l'aide de plusieurs de ses amis et élèves japonais ; d'un autre côté l'enseignement des sciences et de la médecine par les Hollandais à Nagasaki, depuis l'an 1856, et la réforme louable de l'instruction publique au Japon dans les derniers temps, ont contribué beaucoup aussi au progrès des sciences Européennes parmi les Japonais.

Après avoir tracé ainsi brièvement l'état actuel de l'histoire naturelle chez les Chinois et les Japonais, nous allons faire ressortir l'influence remarquable que le voisinage de la Chine a exercé sur le développement scientifique et social du Japon. Des faits historiques, ayant rapport aux anciennes relations entre ces deux pays, nous apprendront que la Chine, aussi bien que

Faits historiques prouvant l'influence que la Chine a exercée sur le Japon.

(1) *Ph. Fr. de Siebold.* De historiae naturalis in Japonia Statu. Wirceburgi. 1826.

la Corée, a puissamment aidé aux progrès scientifiques, philosophiques, techniques et religieux des Japonais.

660 av. J. C. Jinmu Tenno. Quelques Japonais croient, que bien avant JINMU TENNO (660 ans avant l'ère chrétienne) la littérature était déjà connue au Japon ; mais cela est peu probable, car on trouve à chaque instant la preuve dans les chroniques chinoises, que les Chinois du deuxième siècle avant Jésus-Christ considéraient les Japonais comme des « *sauvages.* » C'est un fait incontestable que la vieille civilisation des Chinois est, de deux mille ans au moins, antérieure au développement du Japon. Pour nous la question, si difficile à trancher, de l'origine des Japonais est de peu d'importance ; nous pouvons donc croire avec VON SIEBOLD (1), que plusieurs tribus de « Dats » (ancienne Tartarie) ont émigré vers le Japon ; nous pouvons, avec MALTE-BRUN et d'autres auteurs, considérer les Japonais comme *Autochthones* ou *Aborigènes* (2). Il nous serait même permis d'adhérer à l'étrange et presque ridicule hypothèse du pieux KAEMPFER (3), qui fait venir les Japonais de Babel au Japon ; nous pouvons enfin penser avec THUNBERG (4) que les habitants de cet archipel doivent leur origine aux Chinois. Ce qui est certain, c'est que, jusqu'au temps de JINMU TENNO, les Japonais formaient différentes tribus, vivant de la chasse, et que l'esprit éclairé du premier Empereur réunit et civilisa peu à peu. Contemporain du fondateur de l'ancien empire Romain et de Psammétik en Egypte, JINMU créa dans l'ancien Yamato les rudiments d'une nation organisée. Que JINMU TENNO ne soit pas un aborigène, mais plutôt

(1) *Siebold.* Verhandeling over de afkomst der Japanners. Verh. van het Batav. genootschap (Transactions de la Société de Batavia, 1831.)

(2) *Malte-Brun.* Précis de la géographie universelle. Tome III, p. 458.

(3) *Kaempfer.* Histoire du Japon. 1 vol. Chap. VI.

(4) *Thunberg.* Voyage au Japon, traduit par Langlès. Paris, 1796. Tome II. p. 97.

d'origine tartare, ce fait, bien que non prouvé, nous paraît néanmoins très-probable.

A partir de cette époque, les progrès des Japonais leur viennent de la Chine, soit directement, soit par la Corée. On ne sait pas au juste à quelle date eurent lieu les premières relations des Japonais avec les Chinois. Les chroniques japonaises *Nippon-o-dai-ichi-ran*(1) et *Wa-nen-kei* parlent d'un médecin chinois Jo-FUKU, qui vint au Japon en l'an 219 avant Jésus-Christ, sous le règne du Mikado KOREI, avec beaucoup d'autres colons chinois, et débarqua à Kumano, dans la province de Kii. On dit que ce JOFUKU vint au Japon par l'ordre de l'empereur chinois SCHI-HOANG-TI, pour y chercher l'herbe d'immortalité ; mais il est permis de douter de l'authenticité de cette histoire, que le professeur Hoffmann de Leyde considère comme un mythe. Néanmoins les Japonais ont dédié, à Kumano, un temple à ce pionnier légendaire de leur ancienne civilisation. Ce qui donne lieu de croire que dans ces temps reculés plusieurs colons chinois vinrent s'établir à Kumano, c'est qu'on a trouvé souvent des anciennes sapèques chinoises, en y creusant des tombeaux. Ces pièces de monnaie en bronze portent l'inscription *Han-riyo*, et ont été fondues en Chine, sous le règne de l'empereur chinois SCHI-HOAN-TI. A part la légende de JOFUKU, on trouve dans les chroniques très-peu d'autres récits concernant le premier contact des Japonais avec les Chinois. Quelques unes mentionnent l'arrivée au Japon de colons Coréens qui faisaient le trajet d'un port au sud-est de la Corée, appelé *Fu-san-kai* jusqu'à Tsushima, de là à Iki-shima et de cette île à plusieurs ports de l'île de Kiu-siu. En l'an 27 avant Jésus-Christ, un Coréen envoyé de *Sinra* (ancien royaume de Corée) vint au Japon et présenta au Mikado SUININ différents objets précieux. La suite

219 av. J.C. La Légende du médecin Jofuku.

27 av. J. C. Relations avec la Corée.

La fabrication de la porcelaine, invention d'origine chinoise est introduite de la Corée au Japon.

(1) Archives du Nippon T. VII. p. 107.

de cet ambassadeur fonda au Japon la première corporation de fabricants de porcelaine. Les relations
200 après C.J. Première guerre avec la Corée. avec la Corée devinrent hostiles en l'an 200 de notre ère ; l'impératrice JINGO-KWOGU livre alors la première bataille en Corée. Presqu'un siècle plus tard, en l'an 284 de l'ère chrétienne, le fils d'un roi de Corée, le
284-285. Ecriture chinoise. Livres de Confucius. prince ATOGI, apporta au Japon les premières notions de littérature chinoise (1) ; et l'année suivante (285) un philosophe chinois, WANG-SCHIEN (en japonais Wa-ni), fut envoyé au Japon pour y enseigner l'écriture chinoise. Il y apporta les livres de Confucius, appelés *Rongo* (en chinois Lun-yu) et le célèbre « livre des mille proverbes » appelé *Tsian-dsü-wen*. C'est lui qui fut le vrai fondateur de la science au Japon et qui développa le premier la philosophie morale du grand philosophe chinois dans le pays du soleil levant.
414. Médecin célèbre chinois. En 414 on fit venir au Japon un médecin chinois de Sinra pour guérir le Mikado IN-KIO. Il réussit heureusement dans sa mission, et fut comblé de présents.

463. Industrie de la soie. L'industrie de la soie fut introduite au Japon par des colons chinois en l'année 463. En l'an 468, des ouvriers chinois bâtirent au Japon la première maison à étage. Un roi de Corée envoyait en 543
543. La boussole introduite au Japon. une boussole et en faisait répandre l'usage au Japon ; mais ce fut principalement après l'introduction du Bouddhisme que les arts et les sciences pénétrèrent au Japon par l'entremise d'un grand nombre de prêtres et de docteurs. On dit qu'en l'an 540 le nombre des familles chinoises au Japon était déjà de 7,053.

552. La religion bouddhique introduite au Japon. La religion bouddhique fut apportée de l'Inde en Chine, de 58 à 75 ans après Jésus-Christ ; en l'an 372 elle se répandit en Corée, et des prêtres bouddhiques de ce dernier pays l'introduisirent au Japon en l'année 552 (2), sous le règne de l'Empereur KIN-

(1) Archives du Nippon T. VII, p. III.

(2) Archives du Nippon. T. VII. p. 121, tiré de la chronique japonaise *Nippon-ki*.

MEI-TENNO. Ce ne fut cependant qu'en 584 que le Bouddhisme commença à se consolider au Japon, grâce aux efforts et au zèle du prince impérial SHO-TOKU-DAI-SHI neveu du Mikado BITATSU. En 579 il avait fondé déjà neuf temples bouddhiques. Alors bon nombre d'artistes, d'ouvriers et de médecins accompagnèrent les prêtres bouddhiques dans leurs voyages au Japon.

Au septième siècle, des Japonais commencèrent à voyager à l'étranger pour y apprendre la médecine, les arts et les sciences. C'est ainsi qu'ONO-NO-IMOKO fut envoyé en 643, comme ambassadeur japonais à la Cour de Chine. Un prêtre Coréen, KUWAN-KIN de Petsi importa en 602, la chronologie et l'astronomie au Japon ; un autre prêtre Coréen, TAN-TSCHING de Kaoli, introduisit en 610 la fabrication du papier et de l'encre de Chine, industrie qui fut énergiquement favorisée par le fameux prince-prêtre SHO-TOKU-DAI-SHI (1). Jusqu'à ce moment les Japonais s'étaient servis, pour écrire, de tissus de soie et de chanvre. Le même prêtre fit construire le premier moulin à bras en pierre, tel qu'il est encore en usage sous le nom japonais de *Hiki-usu* (2). En 639, plusieurs Japonais, qui avaient étudié en Chine, retournent au Japon, et en 654 une autre expédition, comprenant plusieurs prêtres bouddhiques et médecins, fait voile pour la Chine, à bord de deux navires, afin d'y étudier la religion et la médecine. Les Chinois importent en 660 des horloges à eau (clepsydres) et se rendent de plus en plus au Japon, où l'on s'occupe avec ardeur des nouveautés importées par les habitants du Céleste-Empire. La poésie, selon le style chinois, commence à se développer sous le règne des Empereurs TEN-CHI et TEN-MU (662-686) et l'imprimerie, introduite de la Chine, fournit le premier

602. Astronomie.

610. Manufacture de papier & d'encre de Chine.

662—646. La poésie.

(1) Archives du Nippon T. VII. p. 126.
(2) Ibidem p. 127.—

673. Le premier livre est imprimé au Japon. livre imprimé au Japon en 673. On continue à s'appliquer avec ardeur aux études chinoises en religion, en littérature et en science. Favorisés par la religion bouddhique, les arts et les sciences font leur chemin au Japon, et peu à peu les chasseurs et les pêcheurs nomades de l'ancien Yamato se transforment en paysans simples et tranquilles avec des domiciles fixes et sédentaires.

670. Roues hydrauliques et forges. En 670 on introduit les roues hydrauliques (moulins à eau) et les forges, selon le modèle chinois, et en
668. Découverte de l'huile de pétrole à Yechigo. 668 on découvre l'huile de pétrole dans la province de Yechigo. Vers cette époque on commençait à s'occuper au Japon des procédés métallurgiques et de l'art monétaire, après en avoir reçu de la Chine les
708. La métallurgie. Première monnaie en bronze. premières notions. En l'année 708 de l'ère chrétienne, la première pièce de monnaie de bronze, appelée *Wa-do-kaï-zeni* fut fondue d'après le modèle de la monnaie chinoise, qui, jusqu'à ce moment, était seule en
674. Découverte de l'argent au Japon. circulation dans quelques endroits du Japon, bien que dans d'autres parties de l'archipel, il n'existât encore qu'un commerce d'échange. Cet événement fut immortalisé dans l'histoire japonaise par l'institution du *Wa-do-nengo* (période de la monnaie de cuivre japonaise), 708-714, nom sous lequel on désigne le règne du Mikado Genmai (1).

Bien que l'or et l'argent fussent connus des Chinois depuis les temps les plus reculés, le premier or ja-
749. Découverte de l'or au Japon. ponais fut trouvé et fondu en l'an 749 de notre ère, et le premier argent japonais en l'année 674. C'est un fait remarquable que la découverte de ces deux métaux précieux, qui étaient connus des Egyptiens, des Chinois et des anciens Grecs, et dont Moïse et Homère parlent déjà d'une manière distincte, n'ait pas été faite au Japon à une époque plus reculée.
700. La crémation au Japon. L'usage de la crémation est introduit au Japon en 700 par les prêtres de quelques sectes bouddhiques ;

(1) *Hoffmann :* Wa-nen-keï ou chronique du Japon, traduit de l'original dans le Nippon Archiv., p. 41.

le prêtre To-SHO fut le premier au Japon que l'on brûla après sa mort.

Plusieurs livres classiques commençaient à être publiés vers la même époque, comme en 713 le *Fu-to-ki* ou histoire naturelle des provinces, et en 720 la chronique japonaise *Nippon-ki*, que l'on a continuée plus tard. En 725 nous voyons s'ériger une Académie de la langue et de la littérature chinoises pour l'éducation des interprêtes, et en l'année 730, la première pharmacie, appelée *Se-yaku-in*, est fondée à l'usage de tout le monde(1). En même temps, la médecine Chinoise est professée et vulgarisée. Plusieurs livres sur l'histoire naturelle et la médecine chinoise sont commentés au Japon. En l'an 808 un médecin célèbre japonais, HIROSADA, de la province d'Idzumo, publie un traité sur la matière médicale en cent volumes, appelé *Dai-do-rui-ju* et peu de temps après, en 825, les premiers hôpitaux sont fondés (2). Le commerce avec la Chine, surtout en médecines ou en drogues, devient plus actif à partir de 1066 et s'est conservé de même jusqu'à nos jours. Plusieurs plantes pharmaceutiques, usitées dans la médecine chinoise et japonaise, viennent mieux au Japon qu'en Chine, tandis que c'est l'inverse pour beaucoup d'autres. Aussi y a-t-il eu toujours, depuis ce temps, entre les deux pays, un échange de produits médicinaux, et les commerçants chinois à Nagasaki se sont-ils occupés avec beaucoup de soin de ce commerce. En l'an 1080, il y avait au Japon un médecin fort célèbre, MASÉTADA, de la province de Tamba, qui, comme un autre Boerhaave, avait une telle réputation, que le roi de *Kaoli* (Corée) le pria instamment de venir à sa cour (3). L'empereur SHIRA-KAWA ne voulut pas

720. On commence la chronique *Nippon-ki*.

725. Académie de la littérature chinoise,

730. Première pharmacie.

808. Grand ouvrage sur la matière médicale : *Dai-do-rui-ju*.

825. Les premiers Hôpitaux.

1066. Commerce avec la Chine. Échange de drogues.

1080. *Masétada* de Tamba, célèbre médecin.

---

(1) *Hoffmann*. Wa-nen-kei, p. 42.

(2) *Hoffmann* ibidem, p. 46.

(3) *Hoffmann* in Nippon Archiv., T. VII. p. 137 (Extr. du *Nippon-o-daï-ichi-ran*).

cependant lui en donner la permission, et MASÉTADA resta dans son pays. Il est incontestable que les progrès des Japonais pendant les huitième et neuvième siècles furent réellement surprenants ; mais le mouvement ne tarda pas à s'arrêter, et même à rétrograder par suite des révolutions politiques, des querelles religieuses entre les prêtres des différentes sectes bouddhiques, et surtout des hostilités entre les deux grandes familles de TAIRA (*Hei*) et MINAMOTO (*Gen*), qui durèrent pendant la deuxième moitié du douzième siècle, et ne finirent qu'avec la destruction presque complète de la famille TAIRA, pour aboutir à la création du *Shogunat* (en 1186) par MINAMOTO-NO-YORITOMO.

1150-1186. Révolutions. Temps d'arrêt dans le mouvement progressif ; guerres civiles.

1186. Établissement de la domination des *Shogun* par *Yoritomo*.

Il convient toutefois de ne point passer sous silence le nom du Japonais KATOSHIRO-UYÉMON, qui dans ces temps de guerres civiles, s'était rendu en Chine, pour y apprendre à fond tous les secrets de la fabrication de la porcelaine. De retour dans son pays en 1211, il perfectionna l'art céramique à tel point que les porcelaines du Japon devinrent recherchées même en Chine. C'est lui qui a fait de la fabrication de la porcelaine une industrie vraiment nationale au Japon.

1211. Perfectionnement de la fabrication de la porcelaine par *Katoshiro Uyémon*.

De sanglantes guerres civiles, motivées par les querelles de succession au Shogunat ou par l'antagonisme religieux entre les adhérents de la vieille doctrine des *Kami* (Shintoïstes) et de *Confucius* et les partisans du Bouddhisme, arrêtèrent de nouveau, par intervalles, les progrès des arts et des sciences, à l'exception de l'art militaire. L'invasion des Mongols en 1274, sous KUBLAI-KAHN, fut heureusement détournée, grâce à une tempête et à la bravoure des guerriers du Japon. Malgré la prépondérance des idées militaires et de l'esprit de conquête qui dominaient alors, on est heureux de pouvoir constater de nouveaux progrès dans la poésie et la littérature. En 1303 paraissent les poésies lyriques *Shin-go-zen*

1274. Invasions des Mongols.

1303-1313. La Poésie.

Waka-shu, et en 1313 se publie la collection de poèmes *Tama-ha-no-atsumé*. Trois ans plus tard, en 1316, s'ouvre à *Kana-sawa*, province de Kaga, une bibliothèque restée célèbre, et l'année 1320 voit éclore les poèmes lyriques *Shoku-zen-tsaï*.

1316. Bibliothèque à *Kanasawa*.

De nouvelles luttes sanglantes fatales à la royauté viennent troubler le Japon en 1331, et ont pour résultat la destruction de la maison Ho-jô et l'avènement de la dynastie taïcounale d'Ashikaga (1338). Une série de six empereurs (Mikados) occupent par l'usurpation le trône impérial à Kiyoto, (1336—1392) sous le nom de cour du Nord ou *Hoku-chô*, tandis que la vraie dynastie est obligée de s'enfuir à Yoshino, dans la province de Yamato, et y établit la Cour du Sud ou *Nan-chô*.

1338. Le Shogunat dans la famille d'*Ashikaga*.

1336-1392 Cour du Nord et Cour du Sud.

Les relations avec la Chine, qui avaient été interrompues sous la dynastie des Mongols, furent rétablies sous la dynastie Ming ; des ambassadeurs japonais furent envoyés en Chine en 1403 ; les relations avec la Corée furent également reprises à cette époque. On ne trouve plus que très-peu de renseignements sur les progrès des sciences. Quant aux arts, on mentionne le retour d'un peintre célèbre, Setsu shu, (1469), qui avait été envoyé en Chine afin d'y faire ses études.

1469. Peintre célèbre : *Setsu-shu*.

Vers le milieu du seizième siècle le Japon est découvert par les Portugais. Ils se sont immortalisés dans l'histoire japonaise par l'introduction au Japon du catholicisme et..... des fusils et autres armes à feu. François Xavier (1549), et après lui un grand nombre de prêtres Portugais et Espagnols convertissent des milliers de Japonais au christianisme et fondent partout au Japon des églises catholiques. Malheureusement ces missionnaires, faisant tout le contraire de ce que leurs collègues avaient fait en Chine, n'ont que bien peu contribué à l'avancement des arts et des sciences au Japon ; autant par leurs intrigues exclusivement

1542. Découverte du Japon par les Portugais. Introduction des fusils et d'autres armes à feu.

politiques, et leur zèle mal entendu que par leurs querelles constantes avec les prêtres bouddhiques, ils mécontentèrent le gouvernement japonais à ce point que le christianisme fut sévèrement défendu et que tous les Européens furent chassés du pays (1639), sauf un petit nombre de Hollandais qui purent demeurer à Désima.

1568. Guerres civiles. Conquêtes de *Nobunaga.*

Puis viennent de nouvelles guerres civiles. Le fameux et redoutable NOBUNAGA, fils du prince d'Owari, fait la conquête de plusieurs provinces et entre victorieux dans la capitale de Kiyoto, où il s'établit dans le célèbre temple Kiyo-midzu (1568). Il élève son favori MINAMOTO-NO-YOSHIAKI au rang de Shogun, et commande à l'un de ses généraux, HIDÉYOSHI, de rester à Kiyoto pour la protection du nouveau Shogun. YOSHI-AKI

1573. Fin de la Dynastie d'*Ashikaga.*

1573-1586. *Nobunaga.* Guerres civiles.

cependant, fatigué de la protection abusive de NOBUNAGA, prend les armes contre lui (1573); mais il est battu et chassé de son trône. Ainsi finit la dynastie d'ASHIKAGA, après avoir duré 235 ans. NOBOUNAGA se fait proclamer Shogun et continue sa carrière belliqueuse. Ses généraux HIDÉYOSHI (Taïko-sama) et IYÉYASU devinrent, comme lui, fameux par leur intrépidité et leur génie militaire.

Cette partie de l'histoire du Japon n'est en réalité qu'un tissu d'intrigues et de cruautés. A une politique habile, les usurpateurs joignaient la plus grande féro-

1587. Kwambaku *Toyotomi Hidéyoshi.*

cité. On infligeait toutes sortes de supplices cruels aux défenseurs de l'ancienne dynastie, arbitrairement qualifiés de rebelles. TOYOTOMI HIDÉYOSHI voyant que ces dissensions intestines allaient ruiner le Japon, conçut l'idée d'entreprendre la conquête de la Chine et de la Corée, seul moyen de se débarrasser des princes,

1592. Guerre avec la Corée. Victoire de l'armée Japonaise.

dont l'ambition, l'envie et la jalousie étaient la cause principale de l'état déplorable dans lequel se trouvait le Japon. Il attaqua d'abord la Corée (1592), et y envoya de préférence les princes dont il avait le plus à craindre les projets. Après une première expédition victorieuse dans la Corée, HIDEYOSHI en prépara une seconde, (1597) contre la Chine. Cette campagne fut tout d'abord aussi heureuse, mais au moment où il pénétrait sur le territoire Chinois, la mort le surprit et les hostilités cessèrent. Dans toutes ces guerres, la supériorité des soldats japonais sur leurs anciens maîtres les Chinois et les Coréens parut évidente, tant sous le rapport de la bravoure que sous celui de la stratégie.

1597. Deuxième expédition en Corée. 1598. Mort de *Hideyoshi*. Supériorité des Japonais comme talents militaires.

MINAMOTO-NO-IYEYASU (1603), le Régent infidèle de HIDEYORI, fils mineur de HIDEYOSHI, s'empara à son tour du Shogunat, et attaqua en même temps le malheureux HIDEYORI, qui fut probablement brûlé dans le château d'Osaka (1615). L'usurpateur mourut peu de temps après (1616), laissant un code de lois d'une grande valeur et fondant la dynastie de la maison *Tokugawa*, qui s'est conservée jusqu'à la révolution de 1868. Il avait réussi à rétablir la paix à l'intérieur, et après lui on ne trouve plus de guerres civiles que dans les derniers temps (1868-69) au moment de l'abolition du Shogunat. Cette révolution causée indirectement par l'arrivée des Américains et des Européens fut provoquée par quelques princes du Sud-Ouest, qui replacèrent le pouvoir souverain entre les mains du Mikado. Elle aboutit à la destruction du Shogunat en 1868.

1603. *Iyeyasu* Régent 1605. Le Shogunat dans la famille de *Tokugawa*.

1868. Abolition du Shogunat.

Ce court résumé de quelques faits historiques ayant rapport au développement des arts et des sciences au Japon sera suffisant pour constater la vérité de ces paroles de VON SIEBOLD, (1) : « Les Hindous et les « Chinois ont été pour les Japonais ce que les Grecs « et les Romains on été pour l'Ouest de l'Europe, « c'est-à-dire, les créateurs du langage, des lettres, des « arts, des sciences, de la religion et de la politique. »

Nous allons mentionner maintenant d'une façon

(1) VON SIEBOLD.—Geschichte der Entwickelung der Volkscultur tc. p. 4.

aussi brève que possible les ouvrages indigènes les plus remarquables sur l'histoire naturelle qui nous ont aidé dans la description des produits de la nature. Cet aperçu de la littérature indigène sera en même temps utile à tous ceux qui veulent commencer à s'instruire sur cette matière.

Premières connaissances en histoire naturelle et en médecine chez les Chinois.

Selon les chroniques chinoises, c'est l'empereur mythologique CHIN-NUNG 神農, que l'on dit avoir existé vers l'an 3214 avant l'ère chrétienne, qui apprit au peuple à semer les cinq sortes de grains (*Go-koku*) et qui découvrit en un seul jour soixante-dix herbes médicinales et utiles. On lui attribue aussi l'invention des outils nécessaires à l'agriculture, et la fabrication du sel au moyen de l'eau de mer. Il enseigna le premier, dit-on, la manière de rendre la santé aux malades.

Le livre légendaire *Nuei-king* de Hoang-ti.

L'Empereur suivant, HOANG-TI, tout aussi légendaire, (que l'on dit avoir existé en l'an 2637 avant notre ère), aurait inventé les matières tinctoriales, la musique, les instruments à piler le riz, les fourneaux et fournaises, la monnaie, les navires et une foule d'autres choses utiles. Il ordonna à trois médecins de déterminer les qualités médicinales de plusieurs substances, afin de réunir et de consigner dans un livre, écrit au moyen de signes ou figures, toutes les connaissances ainsi acquises. On a appelé ce livre *Nuei-king* et on le regarde en Chine comme l'ouvrage le plus ancien sur les sciences et la médecine. Cependant personne n'a vu l'original, et nous même, après des recherches maintes fois répétées, nous n'avons obtenu que des renseignements bien vagues sur le Nuei-king. On croit généralement en Chine que le traité de médecine écrit par WAN-PING dans le 8me siècle est une réédition commentée du Hoang-ti Nuei-king, ou livre traditionnel et légendaire qui serait perdu. Quoique cette raison empêche d'admettre l'authenticité du

Nuei-king, nous pouvons en conclure du moins que certaines règles, certaines traditions de médecine et d'histoire naturelle ont été transmises en Chine de bouche en bouche depuis les temps les plus reculés. Les deux empereurs CHIN-NUNG et HOANG-TI sont considérés par les Chinois comme les pères de la médecine et de l'histoire naturelle (1).

A.-Ouvrages indigènes en histoire naturelle générale.

Sous la cinquième dynastie HAN (300 années environ avant notre ère) parut l'ouvrage de *Luh-pien* sur l'histoire naturelle : ce livre contenait en même temps un traité de matière médicale. Un peu plus tard LI-TANG-CHI publia un autre ouvrage du même genre.

Les *Pun-tsaou*, ou anciens Herbiers de la Chine.

Les *Herbiers* de HWA-TO et de WANG-SHU sont également assez connus en Chine. (2) Tous ces livres portent le nom générique de PUN-TSAOU ou PENTSAO 本草, en Japonais *Honzo* c'est-à-dire Origine des plantes ou Herbiers.

Au milieu du seizième siècle, il y avait déjà en Chine trente-neuf ouvrages différents sur les produits de la nature, qui tous peuvent être d'une certaine utilité, soit en médecine, soit pour les usages journaliers de la vie. Il serait superflu de donner ici la nomenclature de tous ces anciens herbiers, parce qu'ils n'ont aujourd'hui que peu de valeur, même aux yeux des Chinois qui estiment fort cependant tout ce qui est vieux. La cause réelle de l'abandon relatif où ils sont tombés est la grande supériorité du traité d'histoire naturelle et de matière médicale de LI-SHI-CHIN sur tous ceux qui ont été publiés antérieurement. Ce livre classique qui nous a servi de base pour nos travaux, porte le

Le *Pun-ts'aou-kang-muh* de *Li-shi-chin*. — 1596.

(1) Cf. Dr O. DAPPER.—Gesandtschappen der Nederlanders naar China, Amsterdam, 1670 p. 434.
DUHALDE.—Description géographique, historique, etc. de la Chine, La Haye 1736, Vol. I. p. 269.

(2) C. f. Duhalde, tome III, page 543, énumeration de tous les herbiers au nombre de 40 qui ont paru en Chine jusqu'au milieu du 17me siècle.

nom de *Pun-ts'aou kang-mûh* (1) 本草綱目 c'est-à-dire Manuel de Botanique ou Herbier, (le mot Japonais est *Hon-zo-ko-moku) ;* c'est une vaste compilation faite par le célèbre Li-shi-Chin 李時珍 né à *Ki-cho* 蘄州, ville située sur la rive droite de la rivière Yangtsze, dans l'Est de la Province de Hupeh, en Chine. L'ouvrage fut écrit d'après les ordres de l'Empereur Kia-Tsing qui vivait au milieu du seizième siècle. L'auteur y travaillait depuis quarante ans quand la mort le surprit : son fils l'acheva et le présenta en 1596 à l'Empereur Wan-Lih de la dynastie de Ming.

Plus de huit cents ouvrages d'auteurs chinois sur la médecine et l'histoire naturelle ont servi à cette compilation. Les traités de matière médicale publiés antérieurement différant entre eux d'une façon notable, quant aux effets curatifs attribués aux diverses drogues, il en était résulté une grande confusion d'idées et de préceptes dans le monde médical. L'Empereur Kia-Tsing fit exécuter ce travail pour qu'il y eut plus de précision et d'exactitude dans leurs méthodes. Le *Pun-Tsaou* (Hon-zo), de Li-shi-Chin, a parfaitement atteint son but, car il s'est substitué d'une manière presque exclusive à tous les autres ouvrages de ce genre, et il est considéré en Chine et au Japon, même de nos jours, comme le traité le plus complet d'histoire naturelle et de matière médicale.

Il s'est publié, à différentes reprises, dans quelques langues occidentales, certains extraits du *Pun-Tsaou.* Duhalde dans son ouvrage (l. c. Tome III, page 539) et Daniel Hanbury dans ses «*Notes on Chinese Materia medica* » ont donné un aperçu sommaire de ce livre ; mais l'étude de toutes les substances qui y sont mentionnées n'a jamais été entreprise avant nous.

---

(1) On l'écrit aussi Pen-thsao-kang-mo, Pen-tsao-cang-mou, Pen-tsâo Kang mô etc.

La réputation de Li-shi-Chin pénétra bientôt au Japon, et une réédition du *Pun-tsaou-kang-mûh*, avec commentaires, fut publiée en 1714 par le médecin japonais Ina-waka-sui 稻若水. L'ouvrage fut quatre fois réimprimé en Chine : la dernière édition date de 1826 (6me année de Taukwang.) Un peu plus tard parut également une réédition japonaise, imprimée en caractères plus exacts et plus élégants.

Édition Japonaise du *Pun-ts'aou-kang-mûh*, par *Ina-Wakasuï* 1714.

Le nombre des plantes usuelles mentionnées dans le livre de Li-shi-Chin est de 1096, celui des substances diverses est de 1892 : sur ce chiffre, 1518 avaient déjà été décrites dans des ouvrages antérieurs, de telle sorte que l'auteur en a ajouté 374 à celles que l'on connaissait.

L'ouvrage comprend 52 volumes et un atlas de 1110 figures, d'un dessin grossier. On y trouve 16 grandes classes et 62 divisions. Les deux premiers volumes présentent un aperçu général des différents auteurs qui ont écrit sur l'histoire naturelle et la pharmacologie, depuis le temps de l'Empereur Chin-Nung jusqu'à Li-shi-Chin. Les deux volumes suivants (3 & 4) forment un traité général des *substances pharmaceutiques ;* le 5me décrit les *eaux* (43 espèces) ; le 6me traite du *Feu* (11 espèces) ; le 7me *de la Terre* dans laquelle il ne distingue pas moins de 60 espèces. Le 8me volume contient les *Métaux* (28 espèces), et les *Pierres précieuses* (14 espèces). Les volumes 9 et 10 traitent des Minéraux, et le 11me volume des *Pierres salines et des sels.* Les volumes 12 à 38 renferment la description des *Herbacées* et des *arbres :* les volumes 39 à 52 traitent des produits du règne animal.

Nous publierons un tableau synoptique du contenu de cet ouvrage, afin de démontrer que les classifications du savant Chinois, bien qu'imparfaites comparativement à l'état actuel de la science, ne sont pas néanmoins sans quelque mérite, car il faut tenir compte qu'il a écrit son livre il y a environ trois siècles.

Li-shi-Chin décrit l'origine, la forme et l'histoire générale des substances, ainsi que la manière de les recueillir ou de les fabriquer : il mentionne également l'usage de chacune ; il enseigne les procédés qu'il faut employer pour leur conservation, et comment on peut les appliquer à différentes maladies. Toutefois, ces renseignements utiles se trouvent mêlés à une quantité de recettes purement imaginaires et spéculatives, et par cela même presque toujours absolument fausses. En un mot, à côté d'indications intéressantes, le livre est surchargé d'un fatras soi-disant scientifique sans aucune valeur. Nous verrons plus tard qu'il assigne à certaines substances des propriétés très-problématiques comme emploi dans l'industrie, la médecine, ou même dans les usages journaliers de la vie. Néanmoins on y trouve la description d'un grand nombre de substances qui méritent certainement l'attention. Une traduction complète de ce volumineux ouvrage ne vaudrait pas en réalité ce qu'elle coûterait de peine et de travail : mais les renseignements exacts qu'il donne sur différents produits auront toujours une certaine valeur tant scientifique que pratique.

Le commentaire japonais du *Pun-ts'a-ou-kang-mùh* (*Hon-zo-ko-moku-keï-mo*) 1804 et 1847.

On considère comme ayant une corrélation directe avec le *Pun-Tsaou* le grand commentaire du célèbre naturaliste Japonais Ono Ranzan 小野蘭山 ayant pour titre *Hon-zo-ko-moku-kei-mo* 本草綱目啓蒙.

L'ouvrage ne fut publié qu'après la mort de son auteur, en 1804, par son petit-fils Ono Tsunenori ; une seconde édition, revue, corrigée et augmentée parut en 1847, sous le titre de *Cho-shu-Hon-zo-ko-mokukei-mo* 重修本草綱目啓蒙 par les soins du même Ono-Tsunénori et d'un collaborateur du nom de Te-ken-shi-yeki.

Le livre de Ranzan donne avec beaucoup d'exactitude et de précision les synonymes des nombreux produits naturels du Japon décrits dans l'ouvrage Chinois et les lieux de leur provenance au Japon. L'auteur se livre de temps en temps à une critique très-rationnelle des idées extravagantes du philosophe Chinois, et l'on voit déjà chez lui l'esprit d'investigation et la méthode scientifique des Européens. Mais son travail emprunte surtout un grand intérêt aux recherches d'identité et de nomenclature sur les substances mentionnées dans l'ouvrage Chinois et sur celles que l'on trouve au Japon. Aussi est-il un véritable et très-important trait-d'union entre la Flore de la Chine et celle du Japon. RANZAN a démontré clairement que la plupart des produits naturels en usage chez les Chinois existent également au Japon. Plusieurs plantes Chinoises qui, dans l'origine, ne se trouvaient pas dans ce pays, y ont été importées de Chine, et s'y sont aisément acclimatées. Le nombre de ces plantes venues de Chine et même des Indes, et acclimatées au Japon est plus considérable qu'on ne le suppose généralement, et beaucoup d'entre elles, classées dans les flores Européennes comme d'origine Japonaise, ne le sont en aucune façon.

Ono-Ranzan, le Linné du Japon.

L'ouvrage de RANZAN, que l'on appelle fréquemment par abréviation le *Kei-mo*, comprend 35 volumes réunis souvent en trente-et-un. VON SIEBOLD donne à l'auteur, qui est célèbre dans tout le pays, le surnom de *Linné du Japon*, et c'est justice, car son livre a été d'un grand secours à SIEBOLD et à ses collaborateurs pour établir leur Flore et leur Faune Japonaises. Il ne faut pas le confondre avec un autre ouvrage du même ONO RANZAN, intitulé *Honzo-kei-mo-mei-so*, que nous citerons plus loin dans la nomenclature des dictionnaires indigènes d'histoire naturelle.

Histoire naturelle japonaise *Yamato hon-zo*, par *Kaibara*. 1709.

L'histoire naturelle Japonaise, *Yamato-Hon-zo* 大和本草 c'est-à-dire *Herbier du Japon*, fut publiée en 1709, sous le règne de l'Empereur TOZAN, par le médecin KAIBARA 貝原, et renferme un traité des produits naturels d'origine purement Japonaise. L'ouvrage comprend 16 volumes, et est accompagné d'un atlas de figures grossièrement dessinées. Plus tard, un supplément en deux volumes lui fut ajouté, et l'ouvrage total se compose actuellement de dix-huit parties. Les deux premiers volumes contiennent l'introduction, et un aperçu sur les drogues en général : le troisième volume décrit l'eau (12 espèces), le feu (10 espèces), les métaux, les pierres précieuses, la terre et les minéraux (en tout 67 espèces). Les volumes 4 à 12 traitent des produits du règne végétal (860 espèces), et les volumes 13 à 16 de ceux du règne animal (414 espèces). Le supplément décrit encore 106 produits végétaux, 88 substances animales et 11 minéraux, de sorte que le chiffre total des matières mentionnées et étudiées s'élève à 1568. Nous donnerons plus loin un tableau synoptique du contenu de cette histoire naturelle Japonaise.

Partie de la grande encyclopédie *Wa-kan-san-sai-dzu-yé* ayant trait à l'histoire naturelle.

La grande Encyclopédie sinico-Japonaise *Wa-kan-san-sai-dzu-ye* 倭漢三才圖會, en cent cinq volumes, est en majeure partie consacrée à l'histoire naturelle. Les volumes 59, 60 et 61 contiennent la description des métaux, des pierres précieuses et des minéraux : les volumes 82 à 105 traitent du règne végétal, et les volumes 37 à 54 du règne animal.

B.-Dictionnaires et vocabulaires indigènes de l'histoire naturelle générale. Le *Butsu-hin-shiki-mei*, par *Midzutani Sugeroku* 1809.

Nous devons mentionner aussi les principaux dictionnaires d'histoire naturelle et de matière médicale. Un des meilleurs est sans contredit le *Butsu-hin-shiki-mei* 物品識名, par Midzutani Hobun (ou Midzutani Sugeroku 水谷助六) disciple d'Ono Ranzan. Cet ouvrage, comprenant deux volumes in-12 et un supplément également en deux volumes, fut publié en 1809. Les noms des produits appartenant à l'histoire naturelle sont écrits d'après l'*Irova*, ou alphabet Japonais.

Le *Hon-zo sei-mo-mei-ko* par *Ono-Ranzan*. — 1804.

Une autre nomenclature des éléments d'histoire naturelle est le *Hon-zo-kei-mo-mei-so* 本草啓蒙名疏 d'Ono Ranzan, publié en 1804 par son petit-fils Ono

TSUNÉNORI. Ce dictionnaire très-répandu se compose de sept volumes in-8°.

Le *Hon-zo-wa-mei-sho* par *Fukayé Tojin*. 1797.

On se sert en outre d'un petit vocabulaire des produits appartenant à l'histoire naturelle Japonaise intitulé *Hon-zo-wa-mei-sho* 本草和名抄, publié en deux volumes par FUKAYE TOJIN (1797).

Vocabulaire Anglais-Japonais par *Miyazato Masayasu*. - 1874.

Vocabulaire médical Anglais-japonais *Ito-Uzuru*. 1874.

Ces dernières années, les Japonais ont commencé à écrire de petits vocabulaires de chimie, de minéralogie et de médecine Européennes. Il faut convenir que ces essais sont loin de valoir les dictionnaires publiés par eux, selon la méthode Chinoise, sur la flore et la faune du Japon. En 1874, on a imprimé à Yédo un petit livre sous le titre : « *Chemical and Minéralogical Dic-* « *tionnary in English and Japonese*—Tokei 2534. » Cet ouvrage, qui n'est qu'une compilation faite par MIYAZATO-MASAYASU, est rempli d'inexactitudes, tant sous le rapport des termes Japonais que sous celui des dénominations Anglaises. Un petit vocabulaire des substances médicinales Européennes, plus exact, mais moins complet, a été publié également à Yédo en 1874 par ITO-UZURU, fils d'ITO KEISKE, sous le titre de *Yaku-hin-mei-i*.

C. Ouvrages sur la Minéralogie.

Ainsi que nous l'avons dit plus haut, les ouvrages de minéralogie Chinois et Japonais sont peu nombreux. La grande histoire naturelle Chinoise *Hon-zo-ko-moku*, que nous avons citée précédemment, renferme une partie consacrée aux métaux et aux minéraux (vol. 8. 9 et 10) ; mais comparativement à celle beaucoup plus importante et plus détaillée qui traite des végétaux, cette partie minéralogique est insignifiante. C'est à peine si l'on y trouve mentionnées et décrites 150 substances minérales d'espèces différentes.

Hon-zo-ko-moku-kei-mo de *Ranzan*.

Chez ONO-RANZAN, les connaissances en minéralogie sont également bien inférieures à celles qu'il possède en botanique et en zoologie. Son ouvrage *Hon-zo-ko-moku-kei-mo*, cité plus haut, est loin d'être complet quant aux minéraux utiles qui se trouvent au Japon.

Le troisième volume du *Yamato-hon-zo* contient la description d'environ 70 substances appartenant au règne minéral.

Minéralogie japonaise (*Un-kon-shi*. 15 vol.)

Le traité le plus complet de Minéralogie Japonaise est le *Un-kon-shi* 雲根志 c'est-à-dire littéralement : « Idées sur l'origine des nuages,» titre un peu poétique pour une science purement matérielle. Cet ouvrage, écrit de 1772 à 1801 par KINO-UJI-SHOBAN de Yamada, province d'Omi, comprend 15 volumes in-8° et est illustré de figures. On n'y trouve pas un système de classification, mais seulement l'histoire et la description de quelques substances minérales. Une grande partie est consacrée à l'archéologie et aux antiquités Japonaises, telles que les anciens instruments de pierre usités au Japon, les flèches à têtes barbelées et à pointes de silex, les têtes de lances, les couteaux, les grattoirs et les haches de basalte ou de jade, les pierres précieuses droites et curvilignes des temps préhistoriques (*Maga-Tama* et *Kuda-Tama*), et les pots de terre cuite dans lesquels on trouve ces pierres. (1) Il y est fait également mention de plusieurs pierres bizarres par leur forme, mais sans la moindre valeur ni le moindre intérêt scientifique : tels sont par exemple les petro-silex ou les schiefer silicatés, arrondis et corrodés par l'action de l'eau de telle manière qu'ils affectent la forme d'un pied de cheval, d'une pomme de terre, d'une tomate ou de quelque autre fruit. Cette partie de l'ouvrage qui traite des antiquités préhistoriques est certainement fort curieuse : mais à part cela, on n'y trouve guères que la description de pierres bizarres, monstreuses et qui n'ont d'intérêt pour les Japonais eux-mêmes qu'en raison de leur rareté. Il va de soi qu'on attribue à ces pierres toutes sortes de vertus surnaturelles et de propriétés médicales, conformément

(1) Siebold a traduit quelques parties de cet ouvrage dans son tude sur les *Maga-Tama* (Nippon Archiv Archéologie p. 1 à 8.)

aux traditions de la philosophie Chinoise qui voit dans tout produit de la nature, à la condition qu'il soit rare, un remède excellent.

Le *Seki-hin-san-sho-ko* (2 vol.)

Un autre livre beaucoup plus récent est le *Seki-hin-san-sho-ko* 石品産所考 ou indication des lieux de provenance des diverses espèces de minéraux. Il ne comprend que deux volumes in-8° et donne, en suivant l'ordre des provinces au Japon, une liste pure et simple des noms des minéraux et des localités de chaque province où il est possible de les trouver. Rien n'y est dit des propriétés physiques ou de la composition chimique de ces minéraux. Cet ouvrage est cependant considéré par les savants Japonais comme le meilleur qui ait été fait chez eux sur la minéralogie, ce qui est une preuve éclatante que cette branche de l'histoire naturelle est moins avancée dans leur pays que celle de la botanique. Il ne se trouve même dans le *Seki-hin-san-sho-ko* aucune classification de minéraux. Néanmoins il nous a été de quelque utilité en raison de ses indications sur les lieux de leur provenance, et nous a ainsi facilité la recherche d'un certain nombre de sujets pour notre collection.

Les vol. 59, 60 et 61 de la grande Encyclopédie (*Wa-kan-san-sai-dzu-yé.*)

La grande Encyclopédie, déjà citée plus haut, donne, comme nous l'avons dit, dans les volumes 59, 60 et 61 la description de plusieurs métaux, minéraux et pierres précieuses.

Le *Ko-san-sei-ran-sen* ou nomenclature des Mines au Japon.

Le *Ko-san-sei-ran-sen* 礦山捷覽全 ou « indication « des montagnes qui renferment des minéraux utiles » n'est qu'un petit vocabulaire de quelques pages (in-16) dans lequel sont indiqués les gisements des mines de houille, d'argent, de cuivre, d'or, de plomb, de fer, de plomb argentifère, de soufre, d'alun, de sulfate de cuivre, d'arsenic et de certains minéraux que l'auteur considère comme inconnus. Ce petit livre nous a été également utile pour nos recherches minéralogiques.

Une autre nomenclature des mines du Japon, plus complète que la précédente, existe dans un petit

Le *Nai-guwai-ichi-ran*. (Indicateur des Mines) 1871.

ouvrage de statistique publié à Yédo en 1871 sous le titre de « *Nai-guwai-ichi-ran* 內外一覽 c'est-à-dire « Aperçu de ce qu'on peut voir à l'intérieur et à l'extérieur. » (1)

D.—La Métallurgie au Japon.

Comme maint autre élément de civilisation, les connaissances que possèdent les Japonais en métallurgie leur sont venues de la Chine, par l'intermédiaire de la Corée. Il n'est donc pas étonnant que leur métallurgie ne diffère pas beaucoup de celle des Chinois, et que, comme elle, elle repose sur la routine, sans avoir une base scientifique. La chimie comme science était inconnue tant aux Chinois qu'aux Japonais. Il est vrai que les premiers ont encore de nos jours les idées les plus extravagantes sinon les plus absurdes sur les transformations de la matière. Dès l'origine, et après de longs et patients essais, les Chinois, peuple chercheur et positif, trouvèrent les différents procédés qu'ils emploient encore pour fondre les métaux. Depuis les temps les plus reculés, ils ont creusé leurs mines et fondu leurs métaux, sans avoir aucune notion des éléments les plus simples de la géologie et de la chimie. Sous ce rapport ils ne diffèrent pas des anciens Celtes, Egyptiens, et autres peuples d'Europe qui, dès la plus haute antiquité, avaient quelques procédés grossiers et primitifs pour fondre les métaux, mais ne possédaient pas la moindre connaissance scientifique de la matière. La chimie est la plus récente des sciences naturelles, et même en Europe, jusqu'au milieu du dix-huitième siècle (quand Lavoisier, Scheele et Priestley fondèrent la méthode quantitative), les idées les plus extraordinaires et les plus fausses prévalaient encore à propos des changements auxquels la matière se prête. Mais les nations occidentales ont largement profité des découvertes de la chimie en les appliquant à l'amélioration

(1) La partie de ce livre qui a trait aux mines a été traduite en anglais dans le *Japan Mail* du 6 Août 1873—(Fortnightly), page 506.

des procédés métallurgiques, tandis que les Chinois et les Japonais n'ont fait aucun progrès dans cette direction. Leurs méthodes sont encore les mêmes qu'il y a des siècles ; de là vient que chez eux la fonte des métaux est restée si en arrière des nouveaux procédés occidentaux. Cependant, pour être juste, il nous faut reconnaître que les procédés employés par les Japonais, notamment dans la manipulation du sable aurifère, dans la fonte du cuivre etc., sont très-pratiques et d'un mérite très-appréciable, attendu qu'ils ne se servent pas de machines compliquées, et que l'exploitation de leurs mines n'exige pas de gros capitaux.

Jusqu'à présent la métallurgie des Japonais n'a été décrite par aucun auteur. L'ouvrage classique et sans contredit le meilleur qui ait jamais été écrit sur le Japon (le *Nippon-Archiv* par von Siebold) n'a pas été terminé et ne contient que peu de chose sur ce sujet, tandis que l'*Histoire du Japon* de Kaempfer ne contient que quelques passages insignifiants, qui souvent sont tout-à-fait erronés (1).

Technologie chinoise *Ten-ko-kai-butsu, 1771.*

Les traités japonais sur la Métallurgie sont en très-petit nombre. Le meilleur ouvrage qu'ils possèdent est une édition japonaise d'un ancien traité chinois en technologie, intitulé : *Thien-kong-khai-wou* 天工開物 en japonais *Ten-ko-kai-butsu.* Ce livre écrit par l'auteur chinois *So-wo-sei* 宋應星, et publié en Chine pour la seconde fois en 1637, a été réédité au Japon en 1771 par le japonais Nan-to 南塘. Il se compose de neuf volumes, et contient beaucoup de renseignements utiles et intéressants sur les arts et les manufactures des Chinois. Mr Stanislas Julien (2) et son collaborateur

(1) Par exemple : p. 81, « l'antimoine manque absolument ». (Les minerais d'antimoine sont très-abondants dans ce pays). D'après Kaempfer « le plomb n'existe pas au Japon, » tandis que les minerais de plomb se trouvent à profusion.

(2) *Stan. Julien* et *Champion.* Industries anciennes et modernes de l'empire chinois. (Paris. Lacroix. 1869 1 vol. in-8o.)

Mr Paul Champion nous ont fait connaître déjà beaucoup d'industries chinoises, dont la description a été en grande partie empruntée à ce travail. La plupart des illustrations que renferme leur livre sont dessinées d'après les figures de l'ouvrage chinois. Les volumes VI, VII et VIII de l'édition japonaise traitent de la Métallurgie et des Métaux.

Technologie Japonaise *San-kai-mei butsu-dzu-yé.*

Un autre ouvrage, d'origine japonaise, auquel nous avons emprunté quelques renseignements sur la Métallurgie porte le titre de *San-kai-mei-butsu-dzu-yé* 山海名物圖會, c'est-à-dire : « Description et représentation des productions des montagnes et de la mer.» L'ouvrage, écrit par Hirasé Tatsuyaï et illustré par Haségawa Mitsuno, a été publié à Osaka en cinq volumes in-8o. Le premier volume contient une nomenclature générale et une très-courte description des travaux de mines et de fonderie, comme aussi la manière d'établir les galeries, le bureau de mine, la forge pour réparer les outils, les différents ustensiles et instruments du mineur japonais, les galeries de ventilation et d'écoulement de l'eau, le travail des mineurs dans la mine, la concassation grossière des minerais de cuivre avant le grillage, la lavure des minerais d'argent avant la fonte, le fête du dieu protecteur de la mine, le grillage des minerais de cuivre (*kamaya*), les fourneaux pour la fonte du cuivre brut après le grillage du minerai (*Tokoya*), la fonte du plomb, le raffinage du cuivre brut en cuivre pur (*mabukido*), la pulvérisation et la lévigation du quartz aurifère, les fourneaux de liquation pour l'extraction de l'argent au moyen du plomb, la lavure du minerai de fer magnétique sablonneux dans les fleuves, le grand soufflet des fourneaux de fonte, la préparation d'un fond de cendres de lessive pour la cupellation du plomb argentifère, et enfin le commerce des métaux. Le second volume traite la fabrication du bleu et du vert de montagne (*Kon-jo* et *Roku-sho*), de la préparation du vitriol vert ou sulfate de fer (*Roku-ban*), de la glu des oiseaux (*Tori-mochi*), de la récolte et de la dessiccation des *Kaki* (*Diospyros kaki Linn*), des fourneaux de charbon de bois, des scieries de bois, des radeaux, de la fabrication du *Kan-peo* (espèces de *Lagenaria*) de la culture, du grillage, de l'assortiment et de la préparation du thé d'Udji dans la province de Yamashiro, de la récolte et du commerce des oranges de la province de *Kii*, des navets de la province d'*Omi*, des radis gigantesques (*daikon*) d'*Owari*. Le troisième volume nous décrit la fabrication des ustensiles en bois de *Nikko*, dans la province de Kotsuké, le marché aux chevaux dans la province de Sendai, la construction des ponts en pierre à *Fukui* dans la province de Yechizen, la fabrication du papier « *Hocho* » dans la province de Yechizen, la distillation du camphre, les écrevisses célèbres de Sanuki (*Heike-gané* — *Dorippe Japonica* SIEBOLD), le charbon de bois de chêne de la province de Setsu (*Ikéda-sumi*), les coquilles du rivage de *Sumi-yoshi* près Osaka, les couteaux de *Sakai*, les algues marines comestibles de Yedo (*Asakusa-nori*) les brocarts et étoffes de soie de *Kiyoto* (Nishijin), la récolte du vernis de l'arbre à vernis (*Rhus vernicifera* DEC.,) les bonbons sucrés (*Amé*) de Hirano dans la province de Setsu, la désiccation des navets de *Tennoji* près Osaka, les singes de rivière (*kawataro*) dans la province de Bungo, la fabrication des tuiles à Osaka, la fabrication du sel de l'eau de mer à Shiwo-hama, le sucre d'*Osima* dans la province de Satsuma, les restaurants de *Kohama* à Osaka, et la fabrication de la cire végétale des fruits de la *Rhus succedanaea* (LINN).

Dans le quatrième volume on trouve la manière de fabriquer les mesures cubiques (*Takara-ichi*) à *Sumi-yoshi*, la préparation du vermicelle (*Somen*) à Miwa dans la province de Yamato, les racines gigantesques de Bardane (*Gombo*) de la province d'Iyo, la récolte de l'algue marine *Laminaria japonica* ARESCH (*Konbu*) à Matsumai, la fabrication de la suie (*soyen*) pour l'encre japonaise, les fabriques de chapeaux en bambou dans la province de Kaga, les vaches de *Tennodji*, les poupées en terre cuite de *Fukokusa* à Kiyoto, le commerce maritime et les fêtes de bateau de *Miyajima* dans la province d'*Aki*, la confection des corbillons en bambou à *Arima* près *Hiogo*, le blanchiment des tissus, le célèbre Mokusa (*Artemisia vulgaris* L.) d'Ibuki et de *Mino-yama* dans la province d'Omi, les fabriques d'éventails de *Koyama* dans la province de Kawachi, la fabrication du papier à *Sendai* dans la province d'Oshiu, le commerce des champignons comestibles (Matsudaké) à Temma-ichi près Osaka et la préparation d'une espèce de riz frié (*Do-miyo-ji*) par des femmes bonzes.

Le cinquième livre enfin décrit toutes sortes de pêche, comme celle des chevrettes, des carpes, des anguilles, des différents poissons à coquille, des sèches (*Tako*), des sardines (*Iwashi*), des poissons de mer, et enseigne plusieurs méthodes pour s'emparer des baleines.

Autre Technologie japonaise *San-kai-mei-san-dzu-yé.*

En outre de ce traité, nous avons fait usage pour l'étude de quelques autres produits du Japon, d'une Technologie, intitulée : *San-kai-mei-san-dzu-yé* 山海名産圖會 ou « Représentation et description des produits remarquables de la terre et de la mer (1). » Cet ouvrage écrit par Kimura Kokiyo, et illustré par Hokiyo Kuwan-getsu, parut en 1799 à Osaka en cinq volumes in-8°. Dans le premier volume se trouve une description du *saké* (vin de riz) ; le 2me volume traite des carrières de pierres de construction (*Teshima-ishi*), du granit (*Mikagé-ishi*), de la pierre à aiguiser (*To-ishi*), de la récolte des champignons, de la production du miel et de la cire d'abeilles, de la capture des petites sala-

(1) Cet ouvrage a été cité par M. Hoffmann (Notice sur les principales Fabriques de Porcelaine au Japon, Journal asiatique 1855) comme un des plus précieux traités des branches les plus importantes de l'industrie japonaise.

mandres destinées aux usages médecinaux (*San-sho-no-uwo*), de la fabrication d'une espèce d'amidon appelé *Kudzu* (*de Pueraria thunbergiana,* (BENTH)), de la pêche des grenouilles, de la récolte de quelques autres substances végétales, et de la chasse au faucon, au malart, et à l'ours. Dans le troisième livre se trouve la description de la pêche de Haliotis (*Awabi*), des écrevisses et de plusieurs poissons de mer, et dans le quatrième volume la pêche du Bonite du Japon (*Katsuwo* ou *Thynnus pelamys* (CUV. VAL), de la bêche de mer (*Namako*), des holothuries (*Iriko* ou *Trepang edulis* (JOEGER), des saumons, des anguilles, des sèches etc. Le dernier volume enfin contient la pêche aux Méduses (*Kuragé*), puis l'exploitation des carrières de chaux et le travail des chaufourniers, la fabrication de la porcelaine *Imari-yaki* dans la province de Hizen, la confection des tissus faits avec les fibres de l'*urtica nivea* (*Nuno* LOUR), la chasse aux chiens marins par les *Aïnos*, le commerce avec la Chine, la description du quartier chinois à Nagasaki, le commerce avec les Hollandais et le tableau de l'ancien quartier néerlandais à Désima.

Dans plusieurs encyclopédies indigènes, on n'a décrit que très-superficiellement les procédés métallurgiques employés pour plusieurs métaux.

Ainsi que nous l'avons démontré plus haut, il existe au Japon plusieurs ouvrages indigènes sur la Flore de ce pays. Les Japonais ont surpassé de beaucoup dans cette science leurs voisins les Chinois, car ils ont déjà des traités de botanique scientifique, où toutefois il n'est pas question de l'emploi pratique des plantes. En Chine, comme nous l'avons dit, c'est le but utilitaire qui est le grand objectif de toute science. Un des premiers livres qui traitent de la description et de la configuration de quelques plantes d'une manière un peu plus avancée, est le *Kuwa-wi* 花彙 c'est-à-dire "*Choix de plantes*," publié en 1765 par le botaniste YONANSHI 雍南子 et son élève ONO-RANZAN 小野蘭山.

Traités de Botanique descriptive générale.

Botanique *Kuwa-wi* de *Yonanshi* 1765.

L'ouvrage composé de huit volumes in-8°, et illustré de dessins, donne une description assez sommaire de cent plantes herbacées et de cent arbres ; il a été traduit en français par le Dr. SAVATIER, avec l'aide du Japonais SABA, sous le titre « *Botanique japonaise.* » (Livres *Kwa-wi*. Paris, 1873, 1 vol. in-8°) ; le docteur hollandais TCHULTES avait, du reste, déjà déterminé les plantes de ce recueil en 1850.

Hon-zo-ko moku-keimo d'*Ono-Ranzan*. (1804.)

ONO-RANZAN écrivit quelques années plus tard son *Hon-zo-ko-moku-keï-mo,* le grand livre cité précédemment, dans lequel la flore du Japon est traitée d'une manière beaucoup plus exacte que dans tous les ouvrages précédents. Avec RANZAN commence au Japon une nouvelle période pour l'histoire naturelle et surtout pour la botanique. Un traité plus complet encore de botanique générale fut publié, vers l'an 1828, sous le titre de *Hon-zo-dzu-fu* 本草圖譜 c'est-à-dire : « *Traité illustré de botanique.* » Ce vaste recueil, écrit par le botaniste IWASAKI TSUNÉMASA de Yédo, comprend quatre-vingt-seize volumes, dans lesquels on trouve les figures et la description d'environ quinze cents espèces d'herbes, d'arbres, d'algues etc. L'ouvrage entier est difficile à trouver, parce que la plupart des volumes paraissent avoir péri dans un incendie. SAVATIER le cite dans son catalogue de la Flore du Japon. (1) Le *Hon-zo-dzu-fu* a été pendant quelque temps l'ouvrage le plus détaillé sur la Flore de ce pays ; mais il fut bientôt éclipsé par un autre ouvrage, plus complet et plus exact, savoir le *So-moku-dzu-setsu* 草木圖說 ou « *Traité illustré des herbes et des arbres* » par YNUMA CHOJUN, élève de MIDZUTANI SUGEROKU. C'est actuellement sans contredit l'ouvrage indigène le plus complet sur la Flore du Japon ; il est en outre très-remarquable par sa classification, établie selon le

Le *Hon-zo dzu-fu* par *Iwasaki-Tsunémasa* 1828.

So-mo-ku-dzu-setsu de *Ynma-Cuho jun.*—1856.

(1) A. Franchet et L. Savatier : Enumeratio plantarum, in Japonia sponte crescentium etc. Préface p. VI. Paris, Savy. 1874.

système de Linné. L'auteur avait appris ce système dans les livres botaniques hollandais, grâce à ses rapports avec plusieurs médecins de l'ancienne Désima. Outre les noms latins linnéens, on y trouve fréquemment des noms hollandais, et plusieurs traces des enseignements dûs aux médecins de cette factorerie.

La Flore du Japon n'ayant pas encore été étudiée d'une manière suffisante avant l'apparition des travaux de *Blume, Zuccarini, Asa Gray, Miquel, Maximowicz* et autres spécialistes, on ne doit pas s'étonner si les noms latins, donnés pour la plupart d'après *Linné* et *Thunberg,* ne sont pas toujours appliqués avec exactitude. Les médecins de Désima, et Siebold lui-même, quelqu'ait été leur zèle et si consciencieuses que soient leurs recherches, n'étaient pas assez versés dans la partie descriptive de la botanique, et n'avaient pas des connaissances techniques assez étendues pour diagnostiquer d'une façon précise les plantes recueillies par eux. La mort d'*Ynuma* interrompit malheureusement la série de ses travaux après l'impression du vingtième volume de son ouvrage.

Le *Somo-ku-dzu-se-tsu* interrompu.

La publication d'une nouvelle édition de cet ouvrage devenu célèbre serait fort intéressante et fort utile. Un jeune botaniste japonais, déjà très-connu, Mr. TANAKA, vient d'entreprendre récemment ce travail (1875), qui sera amélioré et augmenté, grâce aux noms scientifiques latins empruntés au livre de Mess. A. FRANCHET et SAVATIER. Cette nouvelle édition aura certainement une valeur réelle pour les botanistes Européens qui étudient la Flore du Japon, grâce aux termes techniques imprimés en caractères romains sur chaque planche, et grâce à ce que plusieurs dessins sont relativement assez bien exécutés.

Nouvelle édition publiée par M. *Tanaka,* 1875.

Le *So-moku-dzu-setsu* a décrit un nombre assez considérable d'espèces encore fort peu connues avant les travaux de MM. MAMIMOWICZ, FRANCHET et SAVATIER. Aussi a-t-il été une sorte d'indicateur préalable pour plusieurs sujets nouveaux de la Flore Japonaise. Espérons que Mr. TANAKA pourra d'ici à peu mener à bonne fin ce prodrome illustré de la Flore de son pays, qui embrasse maintenant (1876) 20 volumes des Herbacées.

Pour terminer l'énumération des ouvrages de botanique générale, il nous faut encore citer les travaux de Mr. ITO KEISKE, le célèbre botaniste Japonais, qui a le premier observé et décrit une quantité de plantes nouvelles, et enrichi le musée de Leyde d'un herbier fort intéressant et très-précieux. Il a publié en 1823 une traduction critique de la Flore Japonaise de *Thunberg*, comprenant trois volumes in-8°. Ce livre intitulé *Tai-sei-hon-zo-mei-su* 泰西本草名數 est très-difficile à trouver aujourd'hui chez les libraires de Kiyoto ou de Yédo.

Dai-sai-honzo-mei-su ou traité des plantes d'après Thunberg, par *Ito-Keiske*. 1823.

En 1827, le même auteur publiait son traité d'Histoire naturelle intitulé *Shu-yo-do-hon-zo-kuwai-moku-roku* 修養堂本草會目錄, c'est-à-dire *Mémoires de la société des Naturalistes du chateau de Shuyodo, province d'Owari.*

So-moku-sei-fu. 1823 à 1827. 3 Vol.

De 1823 à 1827, la même société, fondée à l'instigation de SIEBOLD par KEISKE et OKOCHI SONJIN, avait commencé à publier un excellent ouvrage, le *So-moku-seifu* 木草性譜, c'est-à-dire *Description des herbes et des arbres*. Les dessins de ce livre sont les meilleurs que nous connaissions parmi tout ce qui a été fait dans ce genre au Japon. Malheureusement, il n'en a été publié que trois volumes, comprenant les figures d'environ cinquante plantes. La même Société de botanique fit imprimer en même temps, comme appendice à l'ouvrage dont nous parlons, un Traité très-complet des plantes et des arbres vénéneux du Japon, sous le titre *Yu-doku-so-moku-dzu-setsu* 有毒草木圖說. Ce livre se compose de deux volumes, avec 123 planches, à peu près du même genre que celles du *So-moku-sei-fu*. Il a obtenu, même en Europe, une certaine célébrité, très-méritée du reste.

Yu-doku-so-moku dzu-setsu. Traité illustré des plantes vénéneuses du Japon. 1827. 2 vol.

Mais il nous faut surtout parler du dernier ouvrage que vient de publier, malgré son grand âge, Mr. ITO-KEISKE, en collaboration cette fois avec son fils, Mr. ITO-UDZURU. C'est le *Ni-hon-shoku-butsu-dzuye*, 日本植物圖繪 ou *Description des plantes Japonaises encore inconnues*. Dans le premier volume de cet ouvrage, publié en 1874, Mr. ITO-KEISKE a décrit et dessiné environ une cinquantaine de plantes nouvelles découvertes par lui. Ces plantes n'avaient été déterminées d'une manière aussi exacte dans aucun ouvrage Japonais. Mr. le Docteur SAVATIER a écrit une préface pour ce livre, et il y fait à juste titre un grand éloge du zèle et du savoir du doyen des botanistes Japonais contemporains. Dans ce dernier travail de Mr. ITO-KEISKE, le nom scientifique figure en caractères romains à la suite de la plupart des plantes qui y sont décrites. Espérons que le vénérable savant vivra encore assez pour continuer et terminer cet ouvrage si intéressant et si utile.

Le *Ni-hon shoku-butsu dzu-ye*, ou Description des plantes découvertes par *Ito-Keiske*. 1874.

N'oublions pas de noter, pour en finir avec ce qui touche à la botanique descriptive, que la partie botanique de la Grande Encyclopédie *Wa-kan-san-sai-dzu-ye* décrit dans les volumes 82 à 105 plus de onze cents espèces de végétaux.

Encyclopédie *Wa-kan-san-saï-dzu-ye*. Vol. 82 à 105.

Les ouvrages qui s'occupent de la description et des procédés de culture des plantes employées dans l'économie domestique sont très-nombreux au Japon et en Chine. Ceux qu'on a publiés au Japon ces derniers temps contiennent beaucoup de renseignements intéressants et utiles. Au Japon comme en Chine, l'agriculture mérite réellement notre admiration. Les soins avec lesquels on cultive toutes sortes de substances

F.—Ouvrages de botanique appliquée.

alimentaires peuvent même servir d'exemple et de modèle à beaucoup de paysans Européens.

Or, en jetant les yeux sur les nombreux traités populaires et scientifiques de l'art de l'agriculteur, on obtient la certitude que la masse du peuple, dans ces pays de l'extrême-Orient, est beaucoup plus naïvement observatrice de la nature que la plupart des agriculteurs Européens. Nous citerons quelques uns des meilleurs ouvrages en ce genre.

No-giyo-dzen-sho, ou Traité de l'art de l'agriculteur.

Le *No-giyo-dzen-sho* 農業全書 ou « *Traité complet des occupations de l'agriculteur,* » publié par MIYASAKI-YASUSADA et KAÏBARA-RAKUKEN, est un des plus anciens : il se compose de dix volumes avec un supplément. Le 1er volume donne des notions générales de culture ; le 2me traite des grains ; les 3me et 4me contiennent la culture des légumes et herbes potagères ; le 5me décrit les légumes de montagne (herbes potagères sauvages) ; le 6me fait mention des plantes textiles et de leur emploi dans le tissage ; le 7me volume traite des « quatre arbrisseaux utiles, » le thé, l'arbre à papier, l'arbre à vernis et le mûrier ; le 8me s'occupe des arbres fruitiers ; le 9me décrit les différentes espèces de bois, et le 10me les drogues les plus essentielles du règne végétal et les substances alimentaires du régne animal.

Kiu-ko-ya-fu. Traité des plantes, qui peuvent servir dans la famine. 1716

En Chine, fut publié sous la dynastie Ming, un livre fort curieux sur les plantes sauvages qui peuvent servir de nourriture dans les temps de mauvaise récolte. Cet ouvrage porte le nom de *Kiu-ko-ya-fu* 救荒野譜 ou *Kiu-ko-hon-zo* 救荒本草 c'est-à-dire « *Traité des plantes, qui peuvent servir de nourriture pendant une famine* » par les auteurs chinois O-SEI-RO et CHO-KA-SE. Il fut réimprimé au Japon en 1716 et donne, en sept volumes, la description et la représentation d'environ 460 plantes. Quoiqu'il contienne bien des renseignements utiles, l'exécution des dessins laisse beaucoup à désirer ; c'est, du reste, trop souvent le cas avec presque tous les anciens ouvrages botaniques d'origine chinoise. Néanmoins le *Kiu-ko-hon-zo* a conservé jusqu'à nos jours sa réputation de livre classique. Le plus grand traité Chinois des substances alimentaires est cependant le *Shi-chin Shoku-motsu-Honzo* 珍時食物本草 en 24 volumes, écrit par *Li-shi-chin*, l'auteur du *Hon-zo-ko-moku*. La méthode suivie dans ce volumineux ouvrage est la même que celle de la grande histoire naturelle de cet auteur. Le 1er volume contient l'introduction et l'Index. Le 2me volume décrit les plantes qui peuvent servir de nourriture dans la famine, tandis que les quatre volumes suivants contiennent la description de 750 espèces d'eaux. Le 5me vol. après celui qui traite de l'eau fait connaître les graines, pois, fèves etc. et le 6me les légumes d'une odeur et d'une saveur piquante. Dans le 7me vol. on trouve l'énumération des herbes potagères cultivées ; dans le 8me, les fruits d'arbres cultivés et sauvages, dans le 9me livre, les fruits d'arbres exotiques, les fruits des plantes cucurbitacées et des plantes aquatiques ; le 10me vol. traite des poissons à écaille et glabres ; le 11me vol. des tortues, mollusques, serpents et insectes ; le 12me des oiseaux de montagne. Dans le 13me vol. se trouvent décrits les quadrupèdes domestiques ; dans le 14me livre, les quadrupèdes de campagne, les rongeurs et les singes. Le 15me vol. contient les boissons préparées par fermentation et les substances ordoriférantes ; le 16 traite des matières propres à stimuler l'appétit, et d'autres substances diverses. Dans les 17me et 18me vols., l'auteur décrit les herbes de montagne et celles qui croissent en terre humide ; dans le 19me livre, il traite des plantes odoriférantes, des plantes rampantes, aquatiques, vénéneuses, des lichens, des mousses et des plantes de rocher. Le 20me vol. contient la description des arbres, des parasites et des plantes flexibles ; le 21me traite du feu, des métaux, des pierres précieuses, des pierres et de la terre ; enfin le 22me donne des règles et des renseignements sur l'usage de certaines substances alimentaires.

Shoku-motsu-hon-zo ou Traité des plantes alimentaires.

Un autre petit livre, traitant des substances alimentaires, est le *Shoku-motsu-hon-zo* 食物本草. On n'y trouve que les noms et une très-courte description des plantes alimentaires. Incomparablement meilleurs sont les deux ouvrages suivants, qui ont paru dans ces derniers temps : Premièrement, le *Sei-kei-dzu-setsu* 成形圖說 ou « *Description et représentation de tous les produits de l'agriculture,* » publié sur l'ordre du gouvernement de la province de Satsuma, par plusieurs savants japonais, 鹿兒島藩藏板 (*Kagoshima-han-zo-han*). Cet important ouvrage est illustré de grands dessins, bien exécutés, et forme, selon nous, le traité le plus complet et le plus estimé sur l'agriculture. Malheureusement il est devenu très-rare dans le commerce, et l'on a beaucoup de peine à le trouver.

Seï-kei-dzu-setsu. Grand ouvrage d'agriculture, publié sur l'ordre du Prince de *Satsuma.*

L'autre grand ouvrage sur l'agriculture est le *Somoku-roku-bu-kô-shu-hô* 草木六部耕種法 ou « *la manière de semer, de cultiver et de récolter les plantes et les arbres alimentaires* » par SATÔ-SHIN-YEN, (vingt volumes in-8°, 1874). Quoique les illustrations n'y soient pas nombreuses, et que le travail matériel ne soit pas aussi soigné que pour l'ouvrage de Satsuma, il me paraît cependant contenir un texte très-raisonné et instructif pour l'agriculteur. Les Japonais croient que ce livre et le précédent sont aujourd'hui les meilleurs traités d'agriculture qu'ils possèdent dans leur langue.

Ni-hon-san-butsu-shi ou Traité des produits remarquables des différentes provinces du Japon. 1875.

Nous terminerons la nomenclature des ouvrages indigènes sur les produits économiques, en citant le nouveau traité sur les produits de la nature des différentes provinces du Japon, qui vient de paraître tout récemment sous les auspices du Ministère de l'instruction publique (*Mombusho*), et qui porte pour titre *Ni-hon-san-butsu-shi* 日本產物志 ou « *Traité illustré des produits de la nature au Japon.* » Jusqu'à présent,

(1875) il n'a paru que quatre volumes de cet ouvrage, qui promet d'être très-instructif : deux volumes traitant des productions remarquables ou curieuses de la province de *Musashi*, et deux volumes de ceux de la province de *Yamashiro*. Ces quatre volumes contiennent déjà beaucoup de découvertes récentes en histoire naturelle, et attestent que les savants japonais ont étudié les travaux européens sur la Flore et la Faune du Japon.

G.— Différents ouvrages de *Pharmacologie* du règne végétal.

Au Japon comme en Europe ce sont les médecins et les droguistes qui ont initié le public à l'étude de l'histoire naturelle. Ces derniers ont cherché partout à recueillir de bonnes drogues et ont attribué des propriétés médicales à un très-grand nombre de végétaux. Nous avons vu que le grand herbier chinois doit son origine à l'art médical ; aussi tous les autres anciens ouvrages de botanique sont-ils plus ou moins écrits dans ce but particulier. Après avoir passé en revue ces traités généraux sur les plantes, on trouve encore des ouvrages spéciaux de pharmacologie. Outre le *Hon-zo ko-moku* de LI-SHI-CHIN, le *Hon-zo-ko-moku-kei-mo* d'ONO-RANZAN et le *Yamato-hon-zo* de KAIBARA, les principaux ouvrages sont, en première ligne : le *Hon-zo-yaku-mei-bi-ko-wa-kun-sho* 本草藥名備考和訓稱 ou « *Traité et nomenclature japonaise des drogues végétales,* » par TAMBA-YORISUJI (Kiyoto, 1807, sept volumes in-8°) ; le deuxième livre moins important est le *Yaku-mei-sho-ko* 藥名照考 ou « *Vocabulaire des drogues,* » par KIWARA-SOTEÏ (Kiyoto, 1823, un volume) ; le troisième et le meilleur de tous les anciens traités pharmacologiques qui sont venus à notre connaissance est l'excellent ouvrage de NAITO-SHOKÉ, intitulé *Ko-ho-yaku-hin-ko* 古方藥品考 ou « *Traité illustré des anciennes drogues.* » Cet ouvrage fut publié en 1841 à Kiyoto, et contient cinq volumes, illustrés de dessins très-convenablement exécutés et parfois même très-exacts. Il est sans aucun doute un des plus précieux pour l'étude de la matière médicale sinico-japonaise. On peut se procurer encore plusieurs autres ouvrages indigènes de pharmacologie, d'une réputation inférieure à ceux que nous avons cités.

H.-Ouvrages indigènes sur la culture des fleurs et des plantes d'ornement.

Les plantes d'ornement ont été étudiées avec un soin extraordinaire par les Japonais. On trouve une foule de traités sur le jardinage et les moyens de cultiver, de multiplier et d'améliorer les fleurs. Ce qui caractérise avant tout le goût japonais en horticulture, c'est la reproduction fidèle des tableaux frappants de la nature ; ce goût national se remarque dans tous les jardinets ou petites cours qui entourent les maisons, dans les parcs des temples et dans ceux des anciens châteaux. Les jardins japonais donnent, en miniature, une copie fidèle de la belle et pittoresque végétation du Japon, de sorte que l'on peut dire, sans exagération, que les Japonais sont de véritables maîtres dans la culture des plantes d'ornement et dans l'art de dessiner les jardins. C'est une justice à rendre aux horticulteurs du Japon, que le grand nombre de plantes d'agrément introduites en Europe, surtout par les soins zélés de von Siebold, depuis 1830, y ont excité un goût spécial pour les belles plantes japonaises. Nous nous bornerons à mentionner les traités indigènes les plus remarquables du jardinage pratique, parce que le nombre de ces livres est infini.

Goût des Japonais pour le jardinage.

7me vol. du *Yamato-Hon-zo*.

Le septième volume du *Yamato-honzo* décrit environ 90 espèces de fleurs et de plantes d'ornement. Le même auteur a publié plus tard un livre séparé sur les règles pratiques à observer dans la culture et dans la multiplication des plantes à fleurs ou ornementales. Ce livre, qui forme cinq volumes in-8°, est intitulé : *Kuwa-fu* 花譜 ou « *Livre des Fleurs,* » par Kaibara-Rakuken.

Kuwa-fu ou Livre des Fleurs.

Chi-kin-sho ou Manière de décorer les jardins.

Un autre ouvrage, fort en usage chez les jardiniers, parce qu'il est écrit dans un langage simple et en caractères Hiragana, est le *Chi-kin sho* 地錦抄 ou

« *Manière de décorer les jardins.* » L'ouvrage entier se compose de vingt petits volumes in-12°, et est divisé en trois parties, savoir 1° le *Ko-yeki-chi-kin-sho* 廣益地錦抄 comprenant huit parties ; 2° le *Zo-ho-chi-kin-sho* 增補地錦抄 ou « Premier *supplément* » au susdit ouvrage, en huit volumes, et 3° le *Chi-kin-sho-fu-roku* 地錦抄附錄 ou « *Appendice* » en quatre volumes. Les nombreuses figures de cet ouvrage ne sont cependant que très-médiocrement exécutées.

Très-estimé par les amateurs de fleurs et les horticulteurs est le livre *Hi-den-kuwa-kiyo* 秘傳花鏡 ou « *Miroir secret des fleurs* » par le botaniste chinois *Sei-ko-chin-fu-yo* 西湖陳扶搖. Comme c'est souvent le cas pour une quantité de livres d'origine chinoise, on a fait une réédition japonaise de cet ouvrage.

Hi-den-kuwa-kiyo ou *Miroir secret des fleurs.*

Un très-bel ouvrage, et l'un des plus précieux qui existent au Japon sur les plantes et arbres à feuilles panachées de blanc et de jaune et la manière de les produire artificiellement, est le *So-moku-kin-yo-shu* 草木錦葉集 c'est-à-dire : « *Traité des herbes et des arbres à feuilles ornées.* » Ce livre intéressant se compose de sept volumes grand in-8°, avec 209 planches bien exécutées représentant les variétés innombrables de plantes et d'arbres d'ornement. Tout observateur a pu voir au Japon que l'on y cultive un très-grand nombre de variétés à feuilles panachées de toutes sortes de plantes et d'arbres ; les amateurs du jardinage ont pu remarquer surtout le feuillage si varié et si élégant des conifères du Japon. Et bien, en exposant les plantes à l'influence du froid, sans que la gelée soit assez forte pour détruire la végétation, les jardiniers savent changer le coloris du feuillage et même des tiges d'une manière étonnante. Une étude détaillée de ce livre, faite d'après une traduction exacte, serait sans aucun doute fort utile et fort intéressante pour nos horticulteurs.

So-moku-kin-yo-shu ou Monographie sur la culture des arbres et des plantes à *feuilles panachées.*

Un autre ouvrage illustré très-intéressant sur la culture des fleurs et des arbres d'ornement, et dans lequel se trouve une description assez complète de la greffe, du marcottage et de la construction des serres froides etc., est le *Somoku-iku-shu* 草木育種 c'est-à-dire : « *Traité de culture des herbes et des arbres,* » publié par le botaniste Iwasaki, en 1808.

So-moku-iku-shu ou Manuel de l'horticulteur

Ce manuel se compose de quatre volumes grand in-8°, et jouit également d'une certaine réputation parmi les horticulteurs praticiens.

En outre, on rencontre en Chine et au Japon une foule de monographies illustrées sur la culture des plantes favorites du pays, comme les orchidées (*Ran*), les chrysanthèmes (*Kiku*), les Pruniers (*Mume* et *Momo*), le Bambou (*Také*), les Erables (*Momiji*), les Cerisiers (*Sakura*), les Camélias (*Tsubaki*), les Pivoines (*Botan*), les Iris (*Ayame*), les variétés de Pharbitis nil (*Asagawo*) etc., toutes plantes dont on cultive un grand nombre de variétés horticoles. C'est surtout le botaniste japonais Matsuwoka, ami d'Ono-Ranzan, qui a écrit beaucoup pendant la deuxième moitié du siècle dernier sur les variétés horticoles des plantes d'ornement, et qui a donné à chaque variété un nom convenable.

Grand nombre de Monographies illustrées sur les variétés horticoles des plantes d'ornement.

I.- Traités indigènes de oologie.

La zoologie n'a pas été en Chine ni au Japon l'objet d'études aussi sérieuses que la botanique. On y trouve rarement des ouvrages séparés de zoologie descriptive. Les auteurs Chinois et Japonais ont décrit la Faune dans leurs ouvrages d'histoire naturelle générale, mais connaissent mieux les animaux qui peuvent leur être d'un certain usage. Ainsi la grande histoire naturelle chinoise de Li-shi-chin décrit (vol. 39-52) environ trois cents espèces d'animaux. Le commentaire sur cet ouvrage, le *Hon-zo-ko-moku-kei-mo* d'Ono-Razan donne dans les volumes 27 à 35 la description, les noms et les synonymes japonais d'un nombre égal d'animaux.

Vol. 39-52 du *Hon-zo-ko-moku* de *Li-shi-chin.*

Vol. 27-35 du *Hon-zo-ko-moku-kei-mo-d'Ono Ranzan.*

L'Herbier du Japon, ou *Yamato-honzo*, de KAIBARA, distingue et décrit environ quatre cents espèces dans les volumes 13-16, et la grande Encyclopédie *Wa-kan-san-sai-dzu-yé* mentionne dans les volumes 37-54 près de six cent cinquante espèces d'animaux. Un sinologue hollandais, Mr. L. SERRURIER, vient de publier récemment la traduction du chapitre des quadrupèdes et de la première partie de celui des oiseaux (1). En outre, il y a encore quelques petits livres d'un intérêt moindre, et plusieurs ouvrages populaires dans lesquels on donne la description de quelques animaux.

Vol. 13-16 du *Yamato-Hon-zo*.

Vol. 37-54 de la grande Encyclopédie japonaise.

Traduction de cette partie par Mr. *Serrurier*.

Le musée de Leyde a maintenant les plus riches matériaux sur la Faune du Japon, grâce au zèle des collectionneurs BLOMHOFF, de SIEBOLD et BÜRGER. A l'exception des insectes et de quelques ordres inférieurs, des types de presque tous les animaux du Japon ont été rassemblés et décrits par les savants hollandais TEMMINCK, SCHLEGEL et DE HAAN, de sorte que la Faune du Japon est aujourd'hui une de celles qui offrent le moins de champ aux nouvelles conquêtes de la science. Nous savons maintenant qu'elle diffère beaucoup moins de celle du midi de l'Europe, que la Flore japonaise ne diffère de la nôtre. Malgré la grande distance qui sépare le Japon de l'Europe centrale, on y trouve relativement très-peu de différences essentielles dans la forme du plus grand nombre d'animaux dont ces contrées sont peuplées. La nature a reproduit à l'extrémité orientale de l'Asie, dans l'Amérique du Nord, et dans l'Europe centrale les mêmes types d'animaux, dont quelques espèces seulement ont subi de légères transformations par suite des influences locales. A côté de ces affinités générales, on trouve cependant au Japon quelques dissemblances radicales et quelques formes originales et nouvelles.

(1) L. SERRURIER. Encyclopédie japonaise. Le chapitre des quadrupèdes avec la première partie de celui des oiseaux. Traduction française sur le texte original avec fac-simile. Leyde. E. J. Brill. (1 vol. texte et 1 vol. atlas avec 42 planches). 1875.

Les Chinois ont attribué, dans leurs ouvrages d'histoire naturelle, des propriétés surnaturelles et fantastiques à plusieurs animaux. Par exemple les restes des animaux fossiles gigantesques et de formes bizarres leur ont servi de matériaux pour la description de différentes espèces de dragons, qui n'existent ou n'ont jamais existé en réalité. De même, on parle de plusieurs chéloniens fabuleux, de singes à cuirasse de tortue (*Kawataro*), du Dragon à huit têtes (*Yatsukashira*), qui ravagea la province de Yamato au temps du célèbre guerrier *Yamato-daké-no-mikoto*, tandis qu'on attribue des vertus médicales à presque tous les animaux de structure étrange, et même à leurs excréments. VON SIEBOLD le fait assez entendre quand il dit : «les « *Stercoraria* d'un charlatan chinois forment aujourd'hui une pharmacopée plus considérable que tous « les médicaments employés par un médecin rationnel « en Europe.» Cependant ce ne sont pas seulement les « charlatans » qui recommandent ces substances ; le célèbre auteur de la grande histoire naturelle chinoise LI-SHI-CHIN les a lui-même décrites et ordonnées pour plusieurs maladies. Les Japonais, quoique moins superstitieux ou crédules que leurs voisins, ont pourtant attribué aussi des vertus médicales à d'autres substances animales. La crédulité de la masse du peuple et la force du préjugé ont conservé encore jusqu'à nos jours à plusieurs drogues provenant des animaux des propriétés curatives.

Travaux des Européens sur l'histoire naturelle de la Chine et du Japon.

Après avoir mentionné les principaux travaux indigènes, nous allons citer les ouvrages les plus importants écrits par les Européens snr l'histoire naturelle de la Chine et du Japon. Bien que les Portugais eussent obtenu déjà en 1514 l'autorisation de l'Empereur Chinois *U-tsung* de s'établir à *Macao* pour y faire du commerce, on trouve peu de traces de leurs travaux scientifiques. (1) Les premières notions, dignes de foi, relatives à l'histoire naturelle, à la médecine et à l'industrie des Chinois, se trouvent dans différents mémoires et ouvrages, publiés vers 1665 et plus tard, par les ambassades de la compagnie Orientale Néerlandaise, et dans plusieurs ouvrages des missionnaires de la Compagnie de Jésus. Le missionnaire polonais MICHEL BOYM, qui se rendit en Chine en 1643 et y mourut en 1656, a le premier étudié la Flore Chinoise et relate ses observations sur les plantes et les animaux dans la « *Flora Sinica.* » Les missionnaires N. TRICAULT (1616) (2), A. KIRCHER (1667) (3), VERBIEST (1668) (4) et LE COMTE (1697) (5) ont jeté dans leurs ouvrages quelques notes éparses, sur les produits naturels de la Chine, et le DR. O. DAPPER (1670) (6) attaché à l'ambassade de la Compagnie Orientale Néerlandaise, donne, dans les pages 195 à 229 du deuxième volume de son ouvrage, la description de plusieurs produits du règne végétal. De la page 229 à la page 244 il décrit quelques animaux, et dans les pages 244 à 251 il cite plusieurs produits du règne minéral. On trouve dans son livre les dessins de quatorze arbres fruitiers, mais quant

Les mémoires des ambassades de la Compagnie orientale néerlandaise.

Les ouvrages des missionnaires.

Michel Boym 1643-1656. *Flora Sinica*

Ouvrages de plusieurs missionnaires. — 1616 1697.

Dr *O. Dapper*, Histoire de la Chine, 1670.

(1) L'ouvrage du père J. G. DE MENDOÇA : Historia de las cosas mas notables, ritos y costumbres, del gran reyno de la china, sobidas assi por los libros de los mismos chinas &c. (Anvers. 1596) traite spécialement de la religion, des voyages etc, mais ne contient rien sur l'histoire naturelle.

L'ouvrage de J. A. Schall : Historica narratio de initio et progressu missionis Soc. Jesu ap. chinenses ; Vienne, 1665, traite aussi seulement de la religion.

(2) TRICAUTIUS. Histoire de l'expédition chrétienne du royaume de la Chine etc. Lyon. 1616.

(3) A. Kircher. China, monumentis qua Sacris qua profanis, nec non variis naturae et artis spectaculis etc. Amsterdam, 1667.

(4) VERBIEST. Observationes astronomicae etc. 1670.

(5) LECOMTE. Mémoires sur l'état de la Chine etc. Amsterdam 1697.

(6) Dr O. DAPPER. Le premier volume sous le titre : Het twee de en het derde Gezandschap der Nederlandsche Oost-Indische Maetschappye naar china Amsterdam. 1670. Le deuxième volume intitule ; « Beschryving des keizerrijks van Taising of Sina » Amsterdam, 1670.

à la description, il a beaucoup emprunté à MICHEL BOYM, qui doit être considéré en réalité comme le premier observateur européen de la nature chinoise. Après lui, le médecin A. CLEYER, d'abord au service de la Compagnie Orientale en Chine et plus tard en 1683 et 1686 chef de la Factorerie hollandaise à Désima, publiait en 1682 la première Monographie sur la Médecine et la matière médicale des Chinois. Ce curieux livre (1) se compose de six divisions, et donne dans la cinquième partie (V. c.) une liste de 289 différentes drogues simples, dont la plupart cependant sont restées indéterminées. Les noms chinois des drogues sont écrits d'après l'orthographie portugaise, mais les caractères chinois correspondants n'y figurent point. Nous sommes d'avis, avec HANBURY, (2) que MICHEL BOYM est le véritable auteur du spécimen *Medecinae sinicae,* et que c'est lui qui a été désigné par CLEYER sous le nom d'un « *Eruditus Europœus.* » Après la mort de BOYM en 1656, ses manuscrits furent envoyés en Europe par les soins de la Compagnie Orientale, et publiés ensuite sous le nom de CLEYER, vraisemblablement à cause de quelques discussions religieuses entre les Jésuites et la Compagnie. Pour être juste, il nous faut dire que CLEYER faisait peu de temps après connaître le premier quelques notions de la Flore japonaise. Pendant son séjour à Nagasaki, comme chef de la factorerie

Dr *A. Cleyer*. Specimen Medicinae Sinicae. 1682.

(1) A. CLEYER. Specimen Medicinae Sinicae, sive opuscula medica ad mentem Sinensium, continens :

I. De pulsibus libros quatuor e Sinico translatos.
II. Tractatio de Pulsibus ab ERUDITO EUROPAEO collectos.
III. Fragmentun operis Medici ibidem ab ERUDITO EUROPAEO.
IV. Excerpta Literis ERUDITI EUROPAEI in China.
V. Schemata ad meliorem praecedentium Intelligentiam.
   a. Pulsibus explanatis medendi regula.
   b. Octo interioribus Pulsibus medicandi regula.
   c. MEDICAMENTA SIMPLICIA, quae a Chinensibus ad usum medicum adhibentur.
VI. De indiciis morborum ex linguae coloribus et affectionibus. Cum Figuris aeneïs et ligneïs. Edidit Andreas Cleyer etc. Francofurti. 1682.

(2) Cf. HANBURY : Notes on chinese materia medica p. 2.

il avait fait dessiner, par des peintres indigènes, 1360 figures de plantes japonaises, qu'il envoya au docteur A. MENZEL à Berlin, lequel en composa la première Flore japonaise, qui forme maintenant deux volumes manuscrits appartenant à la bibliothèque royale de Berlin. (1) Après son retour du Japon, (2) CLEYER publia, vers 1700, en Allemagne, une série d'observations sur les plantes japonaises, dans les Annales de l'Académie *Naturae Curiosorum*.

Cleyer-Menzel. Premières Notions sur les plantes du Japon. 1700.

Un autre membre d'une ambassade de la Compagnie Orientale des Provinces-Unies, M. J. NIEUHOF, (3) a publié en 1693 quelques renseignements utiles sur les productions naturelles de la Chine. A peu près vers le même temps, (1690) le docteur E. KAEMPFER arriva au Japon, comme médecin de la factorerie hollandaise de Désima. Pendant les deux années de son séjour au Japon, il réunit une collection d'environ 500 plantes, qu'il a décrites et en partie reproduites en dessins dans le cinquième fascicule de ses AMOENITATES EXOTICAE(4), (pages 767 à 912.) Les noms sinico-japonais, avec leurs caractères correspondants, sont mentionnés par KAEMPFER avec beaucoup d'exactitude. Après sa mort en 1716, toutes les collections de plantes et les manuscrits inédits de Kaempfer furent rassemblés par le chevalier SLOANE, qui les offrit plus tard au Musée Britannique. Sir Joseph Banks publia en 1791 d'après ces spécimens une série de 49 planches,

Nieuhof. Description de la Chine 1693.

Engelbert Kaempfer Amoenitates exoticae. Fasc. V. p. 767 à 912. — 1712.

Joseph Banks. Icones Kaempferianae. — 1791.

(1) Cf. THUNBERG. Flora japonica, Praefatio p. XXVI.

(2) Dans sa position de chef de la Factorerie à Désima, CLEYER se conduisit assez mal. Il fut banni du Japon en 1686 comme contrebandier. Cf. MEYLAN. Handel der Europezen op Japan. (Transactions de la Société de Batavia, tome XIV, 1833, page 145.)

(3) J. NIEUHOF. Gezandtschap der Nederlandsche Oost-Indische compagnie aan den grooten Tartarischen cham, benevens beschryving van Steden, Gewassen, dieren enz. Amsterdam. 1693. Av. planches.

(4) ENGELBERTUS KAEMPFERUS. Amoenitatum exoticarum politico-physico-medicarum Fasciculi V, quibus continentur variae relationes, observationes et descriptiones Rerum Persicarum et ulterioris Asiae Lemgoviae. 1712.—1 vol. in 4o.

qui sont connues sous le nom d'ICONES KAEMPFERIANAE. Les manuscrits de KAEMPFER sur l'histoire du Japon comprenaient en partie le travail du Gouverneur général des Indes, J. CAMPHUIS, qui avait été auparavant jusqu'à trois fois (en 1672, 1674, 1676) au Japon, comme Directeur de la Compagnie hollandaise, et qui se trouvait à Batavia, quand Kaempfer vint à Java. CAMPHUIS lui donna tous ses manuscrits sur le Japon, n'ayant plus le temps ni l'envie de s'en occuper lui-même pour les livrer à l'impression. (1) KAEMPFER personnellement n'a rien publié de son histoire du Japon. Son manuscrit fut après sa mort traduit en anglais, sur la demande du chevalier SLOANE, par M. J. G. SCHEUCHZER, qui y a ajouté une biographie de Kaempfer et un aperçu très-intéressant sur les anciens ouvrages européens relatifs au Japon. Dans son histoire du Japon, (2) Kaempfer mentionne quelques produits du règne minéral (livre Ier, chapitre VIII) ; dans le IXme chapitre il décrit quelques productions du règne végétal, et dans les Xme et XIme chapitres il fait mention de plusieurs animaux et substances animales.

L'histoire du Japon de E. Kaempfer est en partie le travail du gouverneur général Camphuis. 1729.

Parmi les auteurs naturalistes en Chine appartenant à cette période nous trouvons vingt-huit missionnaires jésuites, dont les travaux ont été réunis et collationnés par le P. J. B. DU HALDE (1736) dans un grand ouvrage en quatre volumes. (3) Bien que la partie d'histoire naturelle de cet ouvrage ne soit pas écrite avec assez d'eclectisme et ne soit pas toujours exempte des erreurs de la crédulité chinoise, on y rencontre pourtant, dans les tomes I. p. 17-37 ; II. p. 170-186 et III. p. 461-652, beaucoup de renseignements utiles et intéressants sur un grand nombre

J. B. Du-Halde. Description de la Chine-1736.

(1) Cf. HENDRIK DOEFF. Herinneringen uit. Japan. Haarlem 1833 p. 5.

(2) KAEMPFER. Beschryving van Japan. s'Hage. 1729.

(3) J. B. DUHALDE. Description géographique, historique, chronologique, politique et physique de la Chine et de la Tartarie chinoise, La Haye 1736. 4 volumes 4° avec planches.

de produits de la nature chinoise. Mais il nous faut surtout mentionner ici le travail précieux des Missionnaires de Péking (1), qui contient une multitude de détails précieux sur les produits, les arts et les sciences des Chinois.

Mémoires des missionnaires de Péking. 1776 et suiv.

En 1775, le médecin suédois CAROLUS PETRUS THUNBERG arriva au Japon, afin d'y étudier l'histoire naturelle, à la demande de plusieurs riches Mécènes d'Amsterdam. Au bout d'une année il avait formé une collection d'environ mille espèces de plantes, dont il décrit la plus grande partie dans sa FLORE DU JAPON (2). Il mentionne de temps en temps l'usage que l'on fait au Japon de certaines substances végétales, mais bien souvent on ne trouve pas chez lui toute l'exactitude désirable. C'est surtout le cas avec beaucoup de noms japonais et les diagnostics de plusieurs plantes. Le professeur HOFFMANN a raison quand il dit qu'à peine la sixième partie des noms japonais est exempte de fautes d'orthographe ou d'impression. Dans son autre ouvrage sur le Japon (3), Thunberg mentionne aussi brièvement plusieurs produits naturels du pays, de sorte que nous pouvons regarder KAEMPFER et THUNBERG comme les premiers *naturalistes* européens qui aient fait une étude un peu plus approfondie de l'histoire naturelle de ce pays. C'est avec justice que SIEBOLD a érigé en 1826 à Desima en l'honneur *de ces naturalistes,* le petit monument dont le dessin est reproduit, à la première page de sa FLORA JAPONICA, et qui se trouve maintenant dans un autre endroit de Desima, près de l'ancien consulat hollandais. (4) Ce petit monument, formé

Thunberg Flora japonica.—1794.

C. P. Thunberg. Voyage au Japon. —1796.

Monument de Kaempfer et de Thunberg à Desima.

(1) Mémoires, concernant l'histoire, les sciences, les arts etc. des Chinois, par les missionnaires de Péking, Paris 1776 et années suiv. 15 volumes 4°.

(2) C. P. THUNBERG. Flora japonica. Lipsiae 1784. 1 vol 8°.

(3) C. P. THUNBERG. Voyage au Japon, traduit par L. LANGLÈS. Paris 1796. Cf. Tome III. p. 419-445 et Tome IV p. 33-86.

(4) Ce petit monument porte l'inscription : E. KAEMPFER, C. P. THUNBERG, Ecce ! virent vestrae hic Plantae florentque quotannis Cultorum memores serta feruntque pia.

d'un pyramide de gneiss, était autrefois au jardin botanique de Desima, qui a été complétement détruit en 1859. Espérons que bientôt on érigera à ses côtés un cénotaphe à la mémoire de VON SIEBOLD et de BÜRGER, et qu'on leur donnera à tous deux une place plus convenable dans la petite île de Désima !

J. Loureiro. Flora Cochinchinensis.—1793.

En Chine, un missionnaire-botaniste de Lisbonne, JOHANNES LOUREIRO, fit vers la même époque, et pendant une série d'environ trente années, de longues études sur la Flore de ce pays. Il écrivit une Flore de la Cochinchine (1), dont WILLDENOW publia une réédition en Allemagne. On trouve dans ce livre la nomenclature et les noms chinois en caractères européens ; des sujets étudiés par l'auteur qui y mentionne l'usage de plusieurs plantes ; mais comme cette Flore est dépourvue de figures, les descriptions des plantes sont souvent bien insuffisantes, et les noms indigènes n'étant pas écrits en caractères chinois, ce livre ne peut pas être actuellement d'une bien grande valeur scientifique. Deux autres voyageurs en Chine, L'ABBÉ GROSIER (2) (1787) et JOHN BARROW (3) (1806) nous donnent également dans leurs ouvrages l'histoire de plusieurs produits de la nature, surtout des drogues chinoises.

L'abbé Grosier. Description de la Chine. 1787.

John-Barrow. Travels in China.—1807.

Expédition russe de *von Krusenstern von Langsdorff et Tilesius.*—1804.

Au Japon, nous voyons venir à cette époque l'expédition à la fois politique et scientifique, formée d'après les ordres de l'Empereur de Russie Alexandre dans le but de conclure un traité d'amitié et de commerce avec le Japon. Cette expédition, placée sous le commandement du célèbre VON KRUSENSTERN, comprenait, outre l'ambassadeur VON RESANOFF, les deux savants

---

(1) LOUREIRO. Flora cochin chinensis, sistens Plantas in regno cochin china etc nascentes, omnes dispositae secundum systema sexuale Linneanum ; denuo in Germania edita cum notis CAROLI LUDOVICI WILLDENOW. 2 vol. Berolini 1793.

(2) L'ABBÉ GROSIER. Description de la Chine. Paris 1787. VIII vol.

(3) John Barrow. Travels in China. 3 volumes 1807. cf. vol II, p. 219-237.

C. H. von Langsdorff et Tilesius, dont la mission spéciale était de recueillir des collections et de s'occuper d'explorations scientifiques. Malheureusement le but politique de l'expédition ne put être atteint par suite du refus opiniâtre des Japonais d'admettre des étrangers dans leur pays. Nonobstant les conditions défavorables dans lesquelles elle se trouvait, cette expédition a contribué d'une manière relativement considérable à augmenter nos connaissances sur le Japon, grâce aux soins zélés de von Langsdorff et Tilesius. (1)

Mais une époque beaucoup plus glorieuse pour l'histoire naturelle du Japon s'ouvrit à l'arrivée de Ph. Fr. von Siebold en 1823. Envoyé dans ce pays par le gouverneur général des Indes néerlandaises, M. le Baron van der Capellen, le nouvel voyageur fut aidé énergiquement par la société de sciences et des arts de Batavia; nul explorateur naturaliste n'était encore venu dans des circonstances aussi favorables. Un crédit illimité du gouvernement des Indes pour l'achat des objets d'histoire naturelle, d'ethnographie, d'industrie etc., l'adjonction d'interprêtes nombreux et les services de plusieurs dessinateurs artistes stimulèrent puissamment l'ardeur et le zèle de ce célèbre naturaliste. Quoique les travaux et les recherches de von Siebold s'étendissent sur maintes branches de la science, il s'appliqua surtout avec une prédilection marquée à l'étude de la Flore et de la Faune de ces pays. A l'aide de plusieurs savants japonais, tels que Midzutani-Hobun-Sugeroku, Sonjin, Fushiwoka-Shogen, Ito-Keiske, Kaiso, Kesaku et d'autres avec lesquels il entretenait des relations d'amitié, von Siebold réunit en six ans une collection d'environ deux mille

Ph. Fr. de Siebold au Japon. 1823-1829 & 1859-1862.

(1) A. J. von Krusenstern. Reise um die Welt in den Jahren 1803-1806. Saint-Pétersbourg, 1810. 3 volumes in-4° avec Atlas.
C. H. von Langsdorff. Reis rondom de wereld in de jaren 1803-1807. Amsterdam. 4 vol. in-8e.
Tilesius. Mémoires de l'Académie de Saint-Pétersbourg. 1815. vol. V.

espèces de plantes et un grand nombre d'animaux du Japon. Ces riches matériaux furent placés dans le Musée de Leyde, et augmentés plus tard d'une manière considérable par les collections de M. BÜRGER et de quelques autres naturalistes hollandais. M. le Prof. ZUCCARINI, de München, s'occupait de déterminer et de décrire exactement les plantes recueillies par von SIEBOLD, mais sa mort survenue en 1848 l'empêcha d'achever son travail. La publication de la Flore du Japon, commencée par VON SIEBOLD et ZUCCARINI en 1835 (1) se trouva arrêtée au premier volume de la section première, contenant les plantes d'ornement. Ce n'est qu'en 1870 que M. le Prof. MIQUEL d'Utrecht put terminer le deuxième volume de la section première, avec les matériaux du Musée. Mais là se sont arrêtées les études de SIEBOLD sur la Flore japonaise. Son ouvrage ne contient en tout que la description et les dessins excellents de 151 espèces de plantes. ZUCCARINI a publié ses recherches sur environ 840 espèces de plantes japonaises dans les annales de l'académie royale de München, vol. III et IV. 1841-43, et plus tard dans un ouvrage séparé, (2) qui a eu le même sort que la flore japonaise c'est-à-dire est resté inachevé. VON SIEBOLD avait déjà publié vers 1826 un petit catalogue des plantes usuelles du Japon, (3) mais sur un nombre de 447 espèces de plantes, mentionnées dans cette liste, il en reste 66 d'indéterminées, tandis que plusieurs autres n'ont reçu que des noms provisoires et quelquefois inexacts. De même l'usage que l'on fait

Siebold et Zuccarini. Flora japonica. 1re Section, Vol. 1, 1835-44; vol. 2, 1870.

La Flore du Japon de von Siebold non achevée.

Siebold et Zuccarini. Florae japonicae Familiae naturales 1843.

Siebold. Synopsis plantarum economicarum 1826.

1) Flora japonia sive plantae quas in Imperio japonico colle git, descripsit, et exparte in ipsis locis pingendas curavit Dr. PH. FR. SIEBOLD. Sectio prima. Plantae ornatui vel usui inservientes. Digessit Dr. J. G. ZUCCARINI. Lugd. Batav. 1835-44.

(2) VON SIEBOLD ET ZUCCARINI. Florae japonicae familiae naturales adjectis generum et specierum exemplis selectis. Plantae dicotyledoneae. München. 1843.

(3) SIEBOLD. Synopsis plantarum œconomicarum universi regni Japonici. Verhandelingen van het Bataviaasch genootschap. vol. XII. Batavia. 1826.

au Japon de certaines plantes n'est pas toujours indiqué ni précisé d'une manière satisfaisante dans ce mémoire.

Après son voyage en Europe vers 1830, et surtout après son deuxième retour du Japon en 1862, von Siebold s'occupa avec ardeur de l'introduction et de l'acclimatation des plantes japonaises en Europe. Aux environs de sa maison de campagne " Nippon " près Leyde, il avait créé un jardin d'acclimatation, dans lequel il cultivait nombre de belles plantes japonaises et de variétés horticoles, jusque là complètement inconnues des horticulteurs européens. C'est là qu'il introduisit ces beaux érables du Japon, l'Aucuba japonica à feuilles panachées, les cerisiers du Japon, plusieurs jolies espèces de la Diervilla, une série de nouvelles Hydrangées, le beau Rhododendron Metternichii, la Stuartia grandiflora, la Planera japonica où orme du Japon, plusieurs espèces et variétés de conifères, de lis et quantités d'autres plantes japonaises, qui ornent maintenant nos parcs et nos jardins. (1) C'est le grand mérite de Siebold, d'avoir popularisé les plantes du Japon en Occident. Après le retour de von Siebold en Europe en 1829, son successeur à Désima, le Dr. Burger, pharmacien militaire de l'armée des Indes néerlandaises, augmenta considérablement les collections du Musée de Leyde. Il envoya environ trois cents nouvelles espèces de plantes et beaucoup d'animaux. En 1835 Mr Temminck de Leyde, pouvait

Von Siebold. Sur l'horticulture au Japon etc. 1863.

Le Dr. *H. Bürger* au Japon 1829.

(1) Cf. Siebold. Liste des plantes anciennement et nouvellement importées du Japon et de la Chine, cultivées dans la pépinière de la société royale pour l'encouragement de l'horticulture dans les Pays-Bas, [Annuaire de cette société de 1844, 1845.] et

Siebold. Sur l'état de l'Horticulture au Japon et sur l'importance des plantes usuelles et d'ornement introduites et cultivées dans le jardin d'acclimatation de M. von Siebold à Leyde. 1863. 28 pages in-8o.

déjà écrire : (1) « Les nombreux matériaux, rassemblés « par M. VON SIEBOLD, mais surtout ceux d'histoire « naturelle que son successeur au Japon, M. le Dr « BURGER continue d'adresser au musée des Pays-Bas, « nous mettront bientôt à même de publier une Faune « à peu-près complète de cette partie du monde, na- « guère si peu connue. » Les auteurs de la « FAUNA JAPONICA » (2) commencèrent en 1838 à publier ce précieux et magnifique ouvrage. TEMMINCK décrivit les mammifères et les oiseaux, SCHLEGEL les reptiles et les poissons, et DE HAAN les crustacés, tandis que Mr VON SIEBOLD dirigeait la publication, surveillait le dessin des illustrations nombreuses et vraiment splendides de l'ouvrage, et ajoutait des notes générales sur les lieux de provenance, les noms japonais etc. Espérons que bientôt une nouvelle édition de ce travail essentiellement classique, augmentée des découvertes récentes sur la Faune du Japon, va satisfaire les demandes répétées que l'on fait de ce livre, qui ne se trouve plus maintenant dans le commerce.

Fauna japonica de Siebold, Temminck, Schlegel et de Haan.— 1837-50.

En même temps que SIEBOLD et ZUCCARINI s'occupaient de leur Flore du Japon, le Prof. HOFFMANN, de Leyde, publiait, en collaboration avec M. H. SCHULTES, un catalogue des noms chinois, japonais et scientifiques d'environ 630 plantes de ce pays (3). Ce travail fort utile donne avec beaucoup de précision les noms Chinois et les caractères latins et chinois d'un grand nombre de plantes, tandis qu'une table alphabétique

Hoffman et Schultes. Catalogue des noms indigènes d'un choix de plantes du Japon et de la Chine.-1853.

---

(1) TEMMINCK. Coup-d'œil sur la Faune des îles de la Sonde et de l'empire du Japon. [Introduction de la Fauna japonica] Leyde. 1836. p. 28.

(2) FAUNA JAPONICA. Sive descriptio animalium, quae in itinere per Japoniam suscepto, annis 1823-1830. collegit, notis, observationibus et adumbrationibus illustravit PH. FR. DE SIEBOLD, conjunctis studiis, C. J. TEMMINCK, H. SCHLEGEL atque W. DE HAAN. Lugduni-Batav. 1838-50. V volumes imp. 4o

(3) HOFFMANN ET SCHULTES. Noms indigènes d'un choix de plantes du Japon et de la Chine, déterminés d'après les échantillons de l'herbier des Pays-Bas. (Journal Asiatique de l'année 1852.)

des termes chinois et japonais facilite extrêmement l'usage de cet index à ceux qui veulent s'initier à l'étude de la Fore japonaise ou chinoise. Ce catalogue rend également plus intelligibles et plus pratiques les nombreux ouvrages de botanique japonais qui nous offrent, comme nous l'avons montré déjà plus loin, une ample moisson de notices intéressantes sur la distribution géographique et sur l'emploi dans l'industrie et les arts d'un grand nombre de plantes. C'est surtout pour les savants japonais que cette nomenclature a prouvé déja sa grande utilité, parce qu'ils y trouvent un lien qui unit nos écrits sur la botanique à leurs ouvrages descriptifs. Malheureusement, le nombre des plantes mentionnées dans ce catalogue est resté très-limité, à cause de la mort de Zuccarini. Les savants auteurs du catalogue ne pouvaient faire usage des déterminations provisoires de M. von Siebold, qui se bornaient pour les formes nouvelles, aux noms du genre, tandis que l'espèce était désignée, comme dans le Synopsis, par le nom japonais. Les déterminations de Siebold subirent de nombreux changements et furent plus tard remplacées par de nouveaux noms systématiques empruntés aux botanistes de profession. L'index de Hoffmann et Schultes est sans doute le meilleur traité qui ait été fait jusqu'à présent sur les noms indigènes et la synonymie des plantes japonaises. Après Bürger, quelques autres médecins ou voyageurs de Désima ont recueilli des plantes. Le Dr J. Pierot (1840) et M. C. Textor (1842), qui furent envoyés au Japon par la société royale pour l'horticulture dans les Pays-Bas, firent parvenir leurs herbiers au musée de Leyde ; le Docteur Mohnike, qui se trouvait à Désima pendant les années 1848-52, et qui introduisit le premier la vaccine au Japon, envoya également un certain nombre de sujets.

Autres naturalistes hollandais à Désima. — 1840-52.

Nous sommes arrivés maintenant à l'époque intéressante de l'Expédition Américaine sous le commodore Perry. La grande importance que cette expédition a eue

Expédition Américaine du commodore Perry. — 1852-54.

pour le Japon est devenue si évidente que nous n'avons pas besoin d'y insister beaucoup. L'ouverture du Japon à plusieurs nations différentes, et jusqu'à un certain point la révolution au Japon de 1867-68, furent les conséquences de l'entreprise américaine. Or cette expédition n'était pas seulement motivée par des vues diplomatiques ; elle avait aussi un but scientifique, mission plus facile, plus pacifique, mais qui n'en était pas moins utile. Grâce aux efforts de plusieurs naturalistes zélés, elle a largement contribué à étendre nos connaissances de la nature au Japon ; elle a surtout permis de recueillir des données sérieuses sur les produits naturels de l'île de Yézo et des provinces

Voyageurs naturalistes américains *Wells-Williams* et *Morrow* 1854. Le Prof. *Asa - Gray.* On Botany of Japan. 1858.

du Nord. Bon nombre de plantes furent recueillies par S. WELLS WILLIAMS et JAMES MORROW, et de nouvelles espèces furent décrites par le Prof. ASA GRAY et M. N. J. ANDERSON, dans l'appendice du récit de l'expédition (1), et dans les annales de l'académie des sciences et des arts. (2)

Charles Wright et *J. Small.* 1855.

Plus tard, (1855) les voyageurs américains CHARLES WRIGHT et J. SMALL, membres de l'expédition de JOHN RODGERS, envoyèrent leurs collections de plantes japonaises en Amérique ; les nouvelles espèces furent de même déterminées par ASA GRAY, en collaboration avec MM. SULLIVANT et HARVEY (3) Les duplicatas des plantes recueillies par ces voyageurs américains furent envoyés par le Prof. ASA GRAY au Musée de Leyde.

Voyageurs naturalistes anglais. *John Veitch* 1859-62.

Les Anglais ont commencé à recueillir des collections depuis 1859. Un botaniste-horticulteur M. VEITCH, attaché à la Légation britannique sous Sir RUTHERFORD

(1) FR. HAWKS.—Narrative of the expedition of Comm. M. C. PERRY to the China Seas and Japan. Appendix vol. I., Natural history. Washington. 1858.

(2) ASA GRAY.—On the Botany of Japan. Proceedings of the American Academy of arts and Sciences. Vol. V. VI. VII.

(3) ASA GRAY.—Diagnostic characters of new Species of Phaneragemous plants collected in Japan, by CHARLES WRIGHT. (Proc. American Academy of Arts and Sciences. Vol VI.)

ALCOCK (1859-62), pour collectionner des plantes et des arbres destinés à l'horticulture anglaise, en envoya quelques uns en Angleterre. On peut trouver la liste des plantes qu'il emporta dans l'ouvrage d'ALCOCK sur le Japon (1). ANDREW MURRAY publia dans le journal de la « Royal Agricultural society » une Monographie des conifères du Japon, importés par M. VEITCH et autres. (2)

Le botaniste anglais R. FORTUNE, bien connu par ses voyages en Chine, visita le Japon en 1861 et y recueillit plusieurs espèces de plantes intéressantes pour l'horticulture. (3) Mais le naturaliste RICHARD OLDHAM, envoyé au Japon et dans l'archipel coréen par la direction du Musée de KEW, a réuni des collections plus importantes pendant les années 1862-63. Les duplicatas de ses plantes furent envoyés à Leyde par les soins de M. HOOKER de Kew.

R. Fortune. 1861.

Richard Oldham 1862-63.

Deux autres collectionneurs anglais, M. PEMBERTON HODGSON, consul à Hakodaté et M. WILFORD envoyèrent aussi quelques plantes japonaises au Musée de Kew, tandis que M. HOOKER donnait dans le livre de HODGSON sur le Japon (4) un catalogue d'environ 1700 espèces de plantes du Japon, connues à cette époque.

Catalogue de *Hooker*.

Le botaniste russe M. MAXIMOWICZ, connu par ses précieux travaux sur la Flore des pays de l'Amour et

Le botaniste russe *C. J. Maximowicz* au Japon. — 1861-64.

HARVEY.—Characters of new Algae, chiefly from Japan and adjacent regions, collected by CHARLES WRIGHT in the North Pacific exploring Expedition under Capt. JOHN RODGERS. (Proc. Americ. Acad. of Arts and Sc. Vol IV., p. 327.)

(1) SIR RUTHERFORD ALCOCK.—Three years in Japan. Cf Vol. II. p. 475. Notes on the Agriculture, Trees and Flora of Japan by JOHN VEITCH. London. 1863.

(2) A. MURRAY.—The Pines and Firs of Japan. London 1863.

(3) ROBERT FORTUNE.-Yedo and Peking. A narrative of a journey to the capitals of China and Japan. London. 1863, 1 vol, in-8°.

Two visits to the tea-countries of China and the British plantations in the Himalaya. 3. Ed. 2 vol. in-8°.

(4) PEMBERTON HODGSON.-A Residence of Nagasaki and Hakodate London. 1865.

de la Transbaïkalie, (1), visita le Japon de 1861 à 64, et explora plusieurs parties de cet empire, où nul voyageur n'avait pénétré jusqu'alors. Ses riches collections de plantes sont d'une fort grande valeur et se trouvent maintenant au Musée de Saint-Pétersbourg ; plusieurs duplicatas en ont été envoyés à l'herbier de Leyde. MAXIMOWICZ s'occupe en ce moment de l'étude et la classification de ses nombreux matériaux ; il nous a fait connaître déjà plus de cent cinquante espèces nouvelles de plantes japonaises. Nous pourrons regarder la Flore du Japon comme à peu près connue, dès que MAXIMOWICZ aura terminé l'étude de ses matériaux. On peut trouver ses travaux dans les mémoires et les Mélanges biologiques de l'Académie des sciences de St.-Pétersbourg. (2)

Miquel. Prolusio Florae japonicae 1867.

Les collections de l'herbier des Pays-Bas s'étant augmentées considérablement après VON SIEBOLD par de derniers envois et l'échange de plusieurs plantes japonaises, et la publication de la Flore de SIEBOLD et ZUCCARINI ayant été arrêtée par la mort des auteurs, le Prof. F. A. GUIL. MIQUEL d'Utrecht commença l'examen de tous ces matériaux, décrivit plus de 350 nouvelles espèces, et réunit tout ce qui était connu des plantes du Japon dans les annales du Musée de Leyde (3). Ce travail vraiment gigantesque, est, comme tous ceux que sont dus à MIQUEL, un modèle d'érudition et de précision, et embrasse tout ce que l'on savait en 1867 de la Flore japonaise. On peut se procurer l'ouvrage qui a été publié séparément sous le titre de « *Prolusio Florae Japonicae,* » (Amstelodami, 1867, 1

(1) C. J. MAXIMOWICZ.-Primitiae Florae Amurensis. Petersbourg. 1859. (Mémoire de l'académie imp. des sciences de St-Pétersbourg, Vol. IX.)

(2) MÉMOIRES Acad. imp. de St-Pétersbourg, VII série. vol X. Mélanges biologiques du Bullet. de l'Acad. imp. des sciences de St-Pétersbourg, Vol. IV. VI. VII. VIII. IX. et suiv.

(3) MIQUEL.-Annales Musei botanici Lugduno-Batavi. Vol. I. II. III. 1863-69.

vol. imp). Comme l'auteur n'avait d'autre but que de déterminer et de faire connaître les matériaux déposés au Musée dont il fut le directeur, il n'a jamais eu l'intention de donner une Flore proprement dite, mais simplement un *Prolusio* ou prélude de la Flore japonaise, parce qu'il savait parfaitement qu'il restait encore bien des plantes à découvrir dans l'intérieur du Japon et sur les hautes montagnes de ce pays ; sa modestie ne voulut pas qu'on attribuât à son travail le mérite d'une Flore complète.

MIQUEL mourut en 1871, regretté de tous ceux qui l'avaient connu et avaient pu apprécier son humanité, sa modestie et son érudition profonde. Ses beaux travaux : la Flore de l'Archipel des Indes orientales et la *Prolusio Florae japonicae* resteront toujours comme des monuments impérissables de son savoir et de son exactitude. La partie des mousses (Musci frondosi) dans la Prolusio, (pag. 180) fut écrite par le botaniste hollandais C. M. VAN DER SANDE LACOSTE. Les Phytogeographes trouveront des statistiques intéressantes dans les Mémoires de Miquel 1° « *Sur les affinités de la Flore du Japon avec celles de l'Asie et de l'Amérique du Nord* » (1) et 2° « *Sur le caractère et l'origine de la Flore du Japon.* » (2) Le dernier travail de ce botaniste célèbre fut son catalogue des plantes japonaises qui se trouvent au Musée de Leyde. (3) On trouve mentionné dans ce livre : la liste d'environ 2200 plantes japonaises ; l'herbier du botaniste japonais ITO-KEISKE, contenant 627 espèces de plantes ; l'herbier du botaniste japonais KAISO ; un herbier d'un médecin japonais de Yedo ; dix volumes du livre japonais *So-moku-dzu-setsu* dans lesquels MIQUEL a ajouté les noms scientifiques, quand les espèces purent être déterminées ; les

Miquel. Sur les affinités de la Flore du Japon avec celles de l'Asie et de l'Amérique du Nord. 1867.

Miquel. Sur le caractère et l'origine de la Flore du Japon. 1867.

Miquel. Catalogus- Musei botanici Lugduni. Batavi. 1870.

---

(1) MIQUEL.-Archives Neerlandaises. Tome II. 1867. et Annales de l'Académie des sciences d'Amsterdam 1866-68.

(2) — Ibidem.

(3) MIQUEL.-Catalogus Museï botanici Lugduno-Batavi. Pars prima. Flora japonica, La Haye. 1870.

livres Kwa-wi, dans lesquels M. Schultes avait déjà donné en 1850 les noms scientifiques ; quelques planches de plantes du Japon, des plantes en bouteilles (450 espèces), des plantes entières ou en partie conservées dans l'esprit de vin (194 espèces) ; quarante-deux sortes de champignons en partie déterminés ; cent cinquante morceaux de bois japonais ; une collection de drogues simples en usage au Japon (environ 100 espèces), et une autre collection de drogues simples indéterminées (209 espèces). Peu de temps après (1870) M. Suringar, professeur à Leyde, publiait une monographie excellente sur les Algues Japonaises du musée de Leyde, ouvrage illustré de magnifiques figures (1).

Suringar. Algae japonicae 1870.

Botanistes Français. *A. Franchet* et *Lud. Savatier* Enumeratio plantarum &c. 1874-75.

Nous ne devons pas, en terminant, passer sous silence le dernier ouvrage, qui a paru sur la Flore du Japon, savoir le catalogue des Botanistes français A. Franchet et Lud. Savatier (2). Les auteurs ont dû emprunter naturellement une grande partie de leur matière à l'excellent travail de Miquel, mais ils y ont ajouté leurs récentes découvertes et celles de *Maximowicz*. Le premier volume, comprenant les dicotylédones et les conifères, fait l'énumération de 1699 espèces de plantes du Japon, parmi lesquelles environ 150 espèces inconnues à Miquel, de sorte qu'on y trouve aisément tout ce qui est connu jusqu'à ce jour de la Flore du Japon. Les auteurs ont décrit avec plus de détails les nouvelles espèces découvertes par eux-mêmes. Il est fâcheux que ce travail si exact du reste et si utile n'ait pas toute l'exactitude désirable quant aux noms japonais. Il aurait eu beaucoup plus

(1) W. F. R. Suringar. Algae japonicae Musei botanic : Lugd Batavi, Harlemi. 1870 et Verhandelingen van de Koninklyke Akademie van Wetenschappen te Amsterdam. Afd. Natuurk. 1869, 1870, 1871.

(2) Enumeratio Plantarum in Japonia, sponte crescentium hucusque rite cognitarum etc. auctoribus A. Franchet et Lud. Savatier. Vol. I. pars 1 et 2. Parisiis. Savy. 1874 et 75.

de valeur pour les savants japonais, si les auteurs avaient ajouté les noms indigènes en caractères chinois, et pour les plantes qui ne possèdent pas de noms chinois, en *kana*. SAVATIER a publié en outre dans le journal de la société asiatique du Japon (juin 1874), une liste de plantes inconnues au Japon jusqu'ici, et qui ne sont pas mentionnées dans son catalogue. En 1873 il nous a donné également une traduction française des livres *Kuwa-wi* (1).

L. Savatier. Botanique japonaise. Livres *Kuwa-wi.* — 1873.

Enfin Mr. SAVATIER a prêté aux botanistes japonais TANAKA et ITO-KEISKE, pour leurs dernières publications, un concours très-important et tout-à-fait désintéressé. (2) L'herbier de plantes japonaises recueillies par lui pendant un séjour de plusieurs années dans ce pays sera sans doute le plus complet qui existe au monde.

Savatier. Herbier très-complet du Japon.

Dernièrement un article sur la Botanique du Japon a été publié dans un journal de Yokohama, (3) ; mais nous n'avons pas besoin d'en citer l'auteur, qui a trouvé « qu'à l'exception de l'ancienne Flore de THUN-« BERG et *l'Enumeratio* de Savatier, il n'y a pas de « guides pour l'étude de la Flore japonaise ! »

En dehors des travaux de ZUCCARINI, faits en collaboration avec DE SIEBOLD, on ne trouve pas beaucoup d'ouvrages allemands sur l'histoire naturelle de la Chine ou du Japon. Le botaniste A. WICHURA, qui se trouvait parmi l'expédition prussienne au Japon dans les années 1860-61, a recueilli quelques plantes ; mais la mort l'a empêché d'étudier les matériaux qu'il avait emportés en Prusse. GEORG VON MARTENS a publié plus tard, dans la partie botanique du récit de l'Expédition, ses recherches sur quelques algues japonaises, recueillies par ED. VON MARTENS, SCHOTTMULLER et WICHURA.

Naturalistes Allemands. *A. Wichura.* 1860-61.

---

(1) L. SAVATIER. Botanique japonaise, livres *Kwa-wi.* Paris,
(2) Cf. p....
(3) V. « Japan Mail» (Fortnightly) des 10 et 25 Septembre 1875.

Naturalistes en *Chine*.
F. Bunge. Enumeratio etc. 1828.
Regel. Flora ussuriensis. 1861.
Herder et Regel. Flore de la Sibérie orientale.— 1861-70.
Maximowicz. Flore des pays de l'Amour.— 1859.
R. Bentham. Flora Hongkongensis. 1861.
S. Wells-Williams. Chinese commercial Guide 6 Ed.
Le père *Armand David*. 1862-74.

En Chine, les naturalistes russes ont contribué beaucoup à étendre nos connaissances de la Flore. BUNGE a exploré le Nord de la Chine et publié la nomenclature des plantes recueillies par lui dans les annales de l'Académie de Saint-Pétersbourg. (1) REGEL, un autre botaniste russe, a écrit en 1861 son « TENTAMEN FLORAE USSURIENSIS » (2) et en collaboration avec DE HERDER, (3) ce savant a étudié dans les dernières années la Flore de la partie méridionale de la Sibérie orientale, tandis que M. MAXIMOWICZ publiait sa Flore des pays de l'Amour (4) et plusieurs monographies sur différentes familles et genres de l'Asie orientale. (5) Le botaniste anglais R. BENTHAM nous a fait connaître dans un très-bel ouvrage la Flore des environs de Hongkong (6). Le Dr. S. WELLS WILLIAM (7) nous a donné dans les pages 79-151 de son précieux livre l'histoire et la valeur commerciale de plusieurs productions de la nature chinoise, et le missionaire français ARMAND DAVID (1862-1874) a réuni de nombreuses collections de plantes et d'animaux au Nord et à l'Ouest de la Chine (8). On peut trouver en outre beaucoup de renseignements utiles dans plusieurs articles publiés çà et là dans les « *Hongkong Notes and*

(1) F. BUNGE. Enumeratio plantarum quas in China boreali collegit. Petropoli. 1830. (Mémoires des savants étrangers, Académ. St.-Pétersbourg, Vol. II.)

(2) REGEL. Mémoires de l'Acad. imp. des sciences de St. Pétersbourg. VIIe série. Tome IV. No 4. 1861.

(3) REGEL ET DE HERDER. Reisen in den Süden von Ost-Sibiriën Dicotyledoneae polypetalae Vol I et II. Dicotyledoneae monopetalae vol III. 1861-70. (Bulletin Soc. imp. des Sc. nat. de Moscou 1861-71.)

(4) C. J. MAXIMOWICZ. Primiliae Amurensis. Pétersbourg. 1859.

(5) — Mém. Acad. imp. des sciences de St.-Pétersbourg. Tome X. XVI.

et Mélanges biologiques du Bullet. Acad. imp. de St.-Petersbourg. Tome VI. VIII.

(6) R. BENTHAM. Flora Hongkongensis. London 1861. 1 vol.

(7) S. WELLS WILLIAMS. Chinese commercial Guide. Sixth Edition Hongkong. 1872.

(8) Journal of the North China Branch of the Royal Asiatic Society. Vol. VII. 1872. p. 205. « Quelques renseignements sur « l'histoire naturelle de la Chine septentrionale et occidentale.»

Queries,» le journal de la Société asiatique de Hongkong et de celle de Shanghai, dans le « *Chinese Recorder.* (Vol. 3. 1870-71,) » ainsi que dans les comptes-rendus de la douane maritime chinoise, qui ont paru pendant ces dernières années sous la direction de M. R. HART. (1)

Ouvrages Européens sur la matière médicale des Chinois.

Dernièrement, M. VON MOELLENDORFF a écrit un excellent article sur quelques animaux de la Chine. (2)

La matière médicale chinoise, qui sera insérée dans notre ouvrage, a été étudiée en partie par quelques auteurs européens. Le livre de A. CLEYER contient une liste de drogues dont la plupart restent indéterminées. Le médecin russe ALEXANDRE TATARINOV (3) a mentionné dans son catalogue environ 500 différentes drogues, dont la plus grande partie fut déterminée par le professeur PAUL HORANINOW de Saint-Pétersbourg. Les noms indigènes en caractères chinois et en lettres russes et latines sont en général écrits avec exactitude. Mais les qualités des drogues, pas plus que les lieux de leur provenance, ni leur emploi ne s'y trouvent décrits.

A. Tatarinov. Catalogus medicamentorum sinensium. — 1856.

Plus détaillé et plus exact est l'excellent travail de M. DANIEL HANBURY (4) traitant d'environ 140 différentes drogues chinoises. Les noms chinois sont écrits en caractères chinois et en lettres européennes avec beaucoup de précision par les sinologues LOCKHART et W. G. STRONACH. Plusieurs figures (par ex. des fruits du Quisqualis chinensis (LINDL.), des fruits de la Gardenia

Daniel Hanbury Notes on Chinese Materia medica 1862.

---

(1) CUSTOM'S REPORTS of the open ports in China, published by M. R. HART, Inspector-general of maritime customs in China.

(2) O. F. VON MOELLENDORFF. Contributions to the natural history of North China, dans les Mittheilungen der Deutschen Gesellschaft etc. fuer Ost-Asien. 9e Heft. Maerz. 1876. pag. 7.

(3) CATALOGUS Médicamentorum Sinensium, quae Pekini Comparanda et determinanda curavit ALEXANDER TATARINOV, Doctor Medecinae, Medicus Missionis Rossicae Pekinensis, spatio Annorum 1840—1850. Petropoli 1856. 1 vol. 8o.

(4) DANIEL HANBURY. Notes on Chinese Materia medica (reprinted with some corrections from the Pharmaceutical journal and transactions for July and Aug. 1860) London E. Taylor. 1862. 48 pages in 8o.

florida (LINN), du Daphnidium cubeba (NEES) etc.), augmentent la valeur de cette monographie, dans laquelle on trouve en outre un aperçu tabellaire de l'histoire naturelle chinoise PUN-TS'AOU-KANG-MUH (pronon. japonaise : *Hon-zo-ko-moku*) plus exact que celui donné par le Père DU HALDE dans son ouvrage.

J. O. Debeaux. Pharmacie et matière médicale des Chinois.—1865.

Un auteur français, M. J. O. DEBEAUX (1) a publié en 1865 dans un petit livre de 120 pages, la description d'environ 350 drogues chinoises. Il nous semble que les travaux antérieurs de Tatarinov et de Hanbury sont restés inconnus à cet auteur, car il a écrit les noms chinois des drogues d'une manière très-incorrecte. Nous n'avons pu reconnaître un grand nombre de ses terminaisons, ce qui prouve qu'il est absolument nécessaire de mentionner les caractères chinois afin d'être sûr de la substance dont on parle. Les manières d'écrire les mots japonais ou Chinois d'après la perception phonétique sont tellement différentes chez diverses nations, que l'on s'égare bien vite dans ce labyrinthe, quand on n'a pas soin d'ajouter au moins le nom indigène principal en caractères chinoinois, étant donné que le nombre des synonymes en Chine et au Japon est souvent très-considérable, et que plusieurs substances ont les mêmes noms, quand on les prononce, mais diffèrent quant aux caractères avec lesquels on les désigne. Du reste, le livre de Debeaux contient beaucoup de renseignements intéressants sur la pharmacie chinoise. La première partie de son travail traite des opérations pharmaceutiques, comme la récolte, la dessication, la torréfaction, la division, la pulvérisation, la distillation, l'extraction des sucs végétaux employés dans la pharmacie chinoise ; dans la deuxième partie il nous décrit les différentes formes médicamenteuses, comme les bols et pilules,

(1) J. O. DEBEAUX, Pharmacien major, attaché, etc. Essai sur la Pharmacie et la matière médicale des Chinois. Paris, 1865.

les poudres simples et composées, les onguents, pommades et épithèmes, les conserves et électuaires, les vins et alcoolés médicinaux, les infusés et décoctés et les sucs de plantes fraîches. La troisième partie enfin est consacrée à la description des drogues simples du règne minéral, végétal et animal.

Fr. Porter Smith. Matière médicale Chinoise. 1871.

Le dernier travail sur les drogues chinoises fut publié en 1871 par M. Fr. Porter Smith (1). Les noms indigènes chinois sont mentionnés en général avec exactitude en caractères chinois et en lettres européennes, mais la détermination scientifique des plantes dont les drogues dérivent laisse souvent bien à désirer, et prouve que l'auteur n'était pas aussi versé dans la Flore chinoise et japonaise, qu'il s'est montré instruit dans la langue chinoise. Le travail de Debeaux a dû lui être inconnu.

La médecine chez les Chinois et les Japonais.

La médecine se trouve en Chine dans un état déplorable et bien inférieur à celui de l'art de guérir chez les anciens Grecs, dans les temps d'Hippocrate. Il y a à notre avis deux raisons pour lesquelles la médecine est restée si fort en arrière dans ce pays : la première, c'est que les médecins chinois n'estiment pas assez la *vérité*, et la seconde qu'ils ne considèrent pas l'*observation exacte* comme *base* de toute science de la nature. Une philosophie arbitraire et spéculative, sans observations, sans expériences préalables, voilà la base de la médecine chinoise, telle qu'elle a été depuis des siècles et telle qu'elle est encore de nos jours. Quand une science naturelle quelconque (et la médecine n'est en réalité qu'une science de la nature appliquée) quitte la méthode expérimentale et inductive pour se lancer

(1) Fr. Porter Smith, Medical Missionnary in Central China. Contribution towards the Materia medica and natural history of China, for the use of medical missionnaries and native medical students. Shanghai. American presbyterian mission press and London Trübner. 1871.

sur le terrain de la spéculation elle cesse d'être une véritable science. Or, l'anatomie, la physique, la chimie, la physiologie, qui forment la base de la médecine rationelle, sont des sciences jusqu'ici inconnues aux Chinois. Les médecins japonais suivaient autrefois et suivent encore en partie de nos jours le système de leurs voisins aux livres desquels ils ont emprunté leurs connaissances. Mais grâce à l'influence de plusieurs médecins hollandais de l'ancienne Désima, les Japonais ont commencé déjà vers la fin du siècle dernier à traduire dans leur langue plusieurs traités de médecine européenne. L'école de médecine fondée en 1857 à Nagasaki par le médecin hollandais Pompe van Meerdervoort a aidé considérablement à la vulgarisation de notre système. A l'école de médecine de Nagasaki, de Yédo et dans plusieurs hopitaux des capitales des différentes provinces du Japon, on trouve maintenant des médecins européens, qui forment un grand nombres d'élèves. Pour l'enseignement de la chimie et de la pharmacie pratiques, le gouvernement japonais a établi dernièrement des laboratoires à Yédo, à Kiyoto et à Osaka. Le système chinois ne trouve presque plus d'adhérents que parmi les docteurs d'un certain âge, et il tend de plus en plus à être remplacé par la méthode européenne ; cependant, quoique les Japonais instruits montrent aujourd'hui peu de confiance dans les drogues indigènes, la masse du peuple dans l'intérieur du Japon préfère encore souvent les médecins de l'ancien style. Ces idées ne se modifieront que peu à peu, au fur et à mesure que l'ancienne génération de médecins sera remplacée par les adeptes du système actuel. Quant aux Chinois, bien que plusieurs médecins européens, et surtout le Dr Hobson, se soient donné beaucoup de peine à introduire chez eux notre système de l'art de guérir, ils ont jusqu'ici très-mal réussi, faute de coopération de la part du gouvernement chinois. Nous quitterons le terrain infertile de la médecine chinoise en rappellant ces mots de HENDERSON : « *In Chinese medecine every-« thing is false simply because everything rests on a « false foundation.* » (1)

Kiyoto, Juillet 1876.

G.

---

(1) On peut trouver des renseignements plus nombreux et plus précis à ce sujet dans :

CLEYER.—Specimen Medicinae Sinicoe.

DU HALDE.—Description de la Chine.

MÉMOIRES.—Des Missionnaires de Péking.

SIEBOLD.—Iets over de Acupunctuur. Getrokken uit een brief van den japanschen keizerlyken naaldensteker ISISAKA-SOTELS (Journal de la Société des sciences et des arts de Batavia, vol. 14. p. 380. 1833.)

DR. JAMES HENDERSON.—The Medicine and medical practice of the Chinese. [Transactions of the North China branch of the Royal Asiatic Society N° 1. Décembre 1864. page 21.]

P. DABRY et J. L. SOUBEIRAN.—La médecine chez les Chinois, 1 vol 8°. Paris 1863.

DR. LARIVIÈRE.—Etudes sur la médecine chinoise (Journal de médecine de Bordeaux. 1863).

DR. LAPEYRE.—Recueil des Mémoires de médecine, chirurgie et pharmacie militaires. Tome 6. 1861.

DR. HOBSON.—Medical Times and Gazette. Nov. 18th, 1860.

DR. HOFFMANN.—Die Heilkunde in Japan und japanische Aerzte. (Mittheilungen der Deutschen Gesellschaft fuer Natur-und Volker-kunde Ost-Asiens. 1 und 4 Heft. 1873-74.)

J. DUDGEON.—Chinese arts of healing. Chinese Recorder and Missionary journal 1870, vol. 3.

GEERTS.—Ueber die Pharmacopoee Japan's. Mitth. Deustch. Ost-Asiat. Gesellsch. Heft 4, 5, 6 1873-75.

SYSTÈME D'ORTHOGRAPHIE

ADOPTÉ DANS CE LIVRE.

Dans cet ouvrage le nom principal des substances sera écrit en caractères chinois, et les synonymes en lettres romaines. Nous avons adopté l'orthographie, suivie par le Dr. J. C. HEPBURN dans la deuxième édition de son dictionnaire japonais-anglais. La transcription des sons japonais en lettres romaines est toujours une chose difficile, sinon quelquefois impossible. Le système de HEPBURN est fondé sur l'alphabet que les philologues ont adopté comme alphabet international, et se recommande en outre par l'usage universel que l'on en fait à présent. On observera donc les règles suivantes :

a.....a le son de l'a français à la fin d'une syllabe.

i......a le son de l'i dans *Chine*.

ĭ......a le son de l'i très-court et sans accentuation.

u.....a le son français *ou* ou le son allemand dans *Bruder, Mutter*, excepté quand il se trouve à la fin des syllabes *tsu, dzu, su*. Dans ces cas il a un son très-bref et sans accentuation par ex. *Butsu* pron. *Buts'*.

o.....a le son français dans *mot, peau, beau*.

ai.....a le son allemand dans *bleiben*.

au....a le son anglais dans *cow, how*.

ch....a le son anglais dans *cheap* ou le son allemand *tsch*.

sh....comme dans le mot français *chanter* ou l'anglais *shall* ou l'allemand *scherz*.

f......a un son particulier qui résulte quand on souffle avec les lèvres à moitié fermées.

g......se prononce à Yédo comma *ng* dans le mot français *sanglant*, mais à Kiyoto et à Nagasaki il a le son du *g* dans *garnier*.

r .....dans les combinaisons *ra*, *re*, *ro*, *ru* a le son ordinaire; dans *ri* il a un son tout particulier pour les Européens. Ce son tient le milieu entre *ri*, *di*, *li*.

j......se prononce comme dans les mots français *joli*, *Japon*.

n......à la fin d'un mot se prononce toujours *ng* comme dans le mot français *sang*. Au milieu d'un mot il a le son ordinaire. Suivi par une syllabe qui commence par *b*, *m*, ou *p*, il change à cause de l'euphonie en *m*; par ex. *ban-min—bamming; mon-ban—mombang; shin-paï—shimpai.*

w ....se prononce comme dans *Wallon*.

Les consonnes *b*, *d*, *h*, *k*, *m*, *n*, *p*, *s*, *t*, *y*, *z* ont les sons ordinaires, excepté le *h*, qui a parfois un son aspiré tout particulier.

La consonne *f* change quelquefois, à cause de l'euphonie, en *b*; de même *t* en *d*; *k* en *g*; s en *z*.

En reproduisant d'une manière exacte les dénominations chinoises et japonaises à coté de nos noms systématiques, nous obtiendrons ce résultat que le voyageur-naturaliste sera considérablement aidé dans la recherche des objets d'histoire naturelle. Les noms indigènes le mettront à même de se procurer des renseignements détaillés sur ces objets. En même temps, on trouvera dans ces mêmes noms indigènes des images historiques, propres à éclairer les idées de cette nation orientale. Dans bien des cas, ces noms donnent le sens de la nature, des propriétés saillantes et des formes particulières des sujets décrits, comme ils indiquent aussi souvent les endroits où croissent les plantes et où habitent les animaux.

Bien souvent cependant la détermination scientifique des noms Chinois de plantes et des animaux est extrêmement difficile, sinon impossible, à cause de la grande confusion qui existe dans les ouvrages indigènes en regard de plusieurs produits végétaux et animaux.

LISTE DES OUVRAGES EUROPÉENS

CITÉS

SUR L'HISTOIRE NATURELLE

ET LA MATIÈRE MÉDICALE DE LA CHINE ET DU JAPON.

ALCOCK.—Sir Rutherford. Three years in Japan. London 1863. *Veitch*: Notes on the Agriculture, Trees and Flora of Japan in vol II. p. 475.

BACHOZ.—J. Herbier colorié du Japon. Paris 1870.

BANKS.—J. Icones selectae plantarum, quas in Japoniâ collegit et delineavit *Engelbertus Kaempfer*. Londini, 1791, in folio, 59 tab.

BARROW.—John. Reizen in China. Haarlem. 1807. 3. vol. vol. II p. 219-237.

BASILEWSKY.—Ichthyographia Chinae borealis (Nouv. Mém. de la Soc. des Scienc. Nat. de Moscou. X 185).

BENTHAM.—Flora Hongkongensis. London, 1861. 1 vol. in-8°.

BERKELEY.—On some tuberiform vegetable productions from China (journal of the Linnean Soc. III. N° 10. 1858). (Proc. Americ. Ac. of science and arts vol. IV.)

BLACK.—Catalogue of japanese plants in *Hodgson's* residence at Nagasaki and Hakodaté.

BLEEKER.—Over Visschen van Peking. Nederlandsch Tydschrift voor de Dierkunde 1869.

BLEEKER.—Sur les Cyprinoïdes de la Chine. Verhandelingen der koninkl. Akademie van Wetenschappen Amsterdam. XII. 1871.

BLONDEL.—S. Le Jade. Etude historique, archéologique et littéraire sur la pierre appelée *yu* par les Chinois. Paris 1874.

BLUME.—Museum botanicum Lugd. Batavum. Lugd. Bat. 1849-1856. 2 vol. in folio, 56 tab.

BLUME.—Flora Javae. Lugd. Batav. 1858. 1 vol. in folio, 71 tab.

BONTIUS.—Jac. De medica Indorum Libri IV. Lugd. Bat. 1745. 1 vol. in 4°.

BOYM.—Flora Sinensis. Vindohon. 1656. (75 pages; très-rare).

Bremer.—Beitraege zur Schmetterlings-fauna des nördlichen China's. St.-Petersburg. 1853.

Bretschneider.—Chinese Recorder, Vol. 3. 1870-71. The Study and Value of Chinese Botanical Works.

Bridgman.—Chinese Chrestomathy 1841. pag. 429-514.

Bunge.—Enumeratio plantarum quas in Chinâ boreali collegit. Petropoli, 1830 in 8o. (Mém. des sav. étrangers. Acad. de St-Péters. II. pag. 75-148).

Bürger H.— Beschryving der japansche Kopermynen en der bereiding van het Koper (Verhandelingen van het Bataviaasch Genootschap. XVIe Deel, 1836.

Cleyer, Andries.—Specimen medecinae Sinicae etc. Frankfurt, 1682. 1 vol. in 4o.

Crépin.—Description d'une nouvelle rose du Japon. Bruxelles, 1871. Bulletin de la Soc. bot. de Belgique, t. X. pag. 323-24).

Custom's.—Reports of the open ports in China, published by *R. Hart*, Inspector.

Dabry et Léon Soubeiran.—La médecine chez les Chinois. Paris. 1863, 1 vol. in-8o.

Dapper O.—Gesandtschappen der Nederlanders naar China. Amsterdam. 1670, 1 vol. in-folio.

David, le père A.—Histoire naturelle de Péking et de ses environs (Nouv. Archiv. du Mus. d'Hist. Nat. Bull. III.) Paris, 1867.

David, le père A.—Quelques renseignements sur l'histoire naturelle de la Chine septentrionale et occidentale. (Journ. North china Branch of the R. Asiat. Soc. VII, pag. 205-234). Shanghai, 1873.

David, le père A.—Catalogue des oiseaux de Chine, observés dans la partie septentrionale de l'empire. (Nouv. Arch. du Mus. d'Hist. Nat. Bull. VII. 1872).

Debeaux J. O.—Essai sur la Pharmacie et la matière médicale des Chinois. Paris, 1865, 1 vol in 8o.

Denys, le Baron Léon d'Hervey Saint.—Recherches sur l'Agriculture et l'Horticulture des Chinois. Paris. Allouard et Kaeppelin. 1850, 8o.

Donovan.—Epitome of the insects of China. London, 1798.—2nd edition by Westwood, 1842.

Duhalde J. B.—Description géographique, chronologique, politique et physique de la Chine et de la Tartarie chinoise. La Haye, 1736. 4 vol. gr. in-4o, avec pl.

Durieu de Maissonneuve.—Description du Dolichos bicontortus, Bordeaux, 1869, in 4° (Extr. du catalogue du jardin botanique de Bordeaux, pour l'année 1869.)

EATON.—Characters of some new Filices, in-8° (Proc. of Americ. Acad. of Science and Arts.)

FALDERMANN —Coleopterorum ab illustr. *Bungio* in China boreali, Mongolia et montibus Altaïcis collectorum descriptio. (Mém. Acad. imp. d. Scienc. de St-Pétersb. II. 1835).

FORTUNE R.—Yedo and Peking. A narrative of a journey to the capitals of China and Japan etc. London. 1863. 1 vol. in-8°.

FORTUNE.—Two visits to the tea-countries of China and the british plantations in the Himalaya. 2 vol in-8°. London. 1862.

FRANCHET et LUD. SAVATIER.—Enumeratio plantarum in Japoniâ sponte crescentium etc. Paris. 1874-75. 1 vol. in-8°. le 2e vol. paraîtra bientôt.

GMELIN J. G.—Flora Sibirica. Petrop. 1747. 4 vol. in-4° c. 288 tab.

GRAY Asa.—List of dried plants, collected in Japan by *Wells Williams* and *James Morrow*.—Diagnostic characters of new species of phanerogamous plants, collected in Japan by *Charles Wright*. Appendix : Salices e Japoniâ quas descripsit *N. J. Anderson*. Boston and Cambridge. 1859. 1 vol. in-4°.

GRAY ASA.—On botany of Japan (Mem. Americ. Acad. of arts and sciences).

GROSIER (l'abbé).—Description de la Chine. Paris 1787.

HANBURY (Daniel).—Notes on Chinese materia medica (reprinted with some corrections from the Pharmaceutical journal and Transactions for July and August 1860). London. 1862. 2 vol. 8°.

HANCE H. F.—Symbolae ad floram Sinicam adjectis paucissimarum stirpium Japonicarum diagnosibus. (Ext. des Ann. des Sc. Nat. ppt. 8° 11 pag.)

HANCE, Henri F.—Annales des Sciences Naturelles, 1863-72., Ser IV, T. 15-18.

HANCE H. F.—Journal of botany of Dr. *Seemann* T. VI, VII, VIII.

HANCE H. F.—Supplement to the Fiora Hongkongensis of Mr *Bentham*. (Reprinted from the journal of the Linneau Society). London 1872.

HANCE H. F.—Adversaria in Stirpes imprimis Asiae Orientalis criticas minusve notas interjectis novarum plurimarum Diagnosibus scripsit H. F. Hance. Paris. Masson 1866.

HARVEY.—Characters of new Algae, chiefly from Japan and adjacent regions, collected by *Charles Wright*. (Proc. Amer. Acad. of. arts and sciences. vol. IV. p. 37. 1859).

HAWKS.—Narrative of the Expedition of comm. Perry, 2 vol. in-folio. Washington. 1856.

HASSKARL.—Catalogus plantarum in horto botanico Bogoriensis cultarum. Batavia, 1844. 1 vol. in-8°.

HASSKARL.—Aanteekeningen over het nut, door de bewoners van Java aan eenige planten van dat eiland toegeschreven. Amsterdam 1865. 1 vol. in-8°.

HENDERSON (James).—The medecine and medical practice of the Chinese. (Journal of the North-China-branch of the Royal Asiatic Society. Dec. 1864. p. 21).

HERDER DE et REGEL.—Vide Regel.

HOBSON.—Medical Vocabulary. Shanghai. 1858.

HOBSON.—Medical Times and Gazette. Nov. 18th 1860.

HOBSON.—Medical Works in Chinese and English. 6 vol. Shanghai.

HODGSON (Pemberton.)—Residence at Nagasaki and Hakodaté. List of Japanese plants compiled by Sir *William Hooker*. London, 1861.

HONGKONG.—The Notes and Queries of the last years.

HOFFMANN et H. SCHULTES.—Noms indigènes d'un choix de plantes du Japon et de la Chine. Leyde. 1864. 1 vol. in-12°.

JULIEN, STANISLAS ET PAUL CHAMPION.—Industries anciennes et modernes de l'empire Chinois, d'après des notices, traduites du chinois etc. Paris. 1869. 1 vol. in-8°.

JULIEN, *Stanislas*.—Résumé des principaux traités chinois sur la culture des mûriers et l'éducation des vers-à-soie. Paris, imp. royale. 1837, 8°.

JULIEN, *Stanislas*.—Histoire et Fabrication de la Porcelaine chinoise, ouvrage traduit du chinois, augmenté d'un mémoire sur la Porcelaine du Japon, traduit du japonais par M. le Dr. *Hoffmann*. Paris. Mallet-Bachelier. 1856, 8°.

KAEMPFER (E.)—Amoenitates exoticae. fasc. V. Lemgoviae 1712. 1 vol. in-4°.

KAEMPFER.—Histoire du Japon. 1729.

LAPEYRE.—Recueil des mémoires de médecine, chirurgie et pharmacie militaires. Tome VI. 1861.

LARIVIÈRE.—Etudes sur la médecine chinoise. (Journal de médecine de Bordeaux, 1863).

LÖFFLER, Carl.—Das chinesische Zuckerrohr (Kaolien). Braunschweig. Vieweg. gr. 8°.

LOUREIRO (J).—Flora Cochinchinensis, denuo in Germania edita cum notis *C. L. Willdenow*. vol. II. Berolini 1793.

MAXIMOWICZ C. J.—Primitiae Florae Amurensis. Petersb. 1859. (Mem. Acad. imp. des sciences de St.-Pétersb. t. IX. pag. 1-504.)

MAXIMOWICZ.—Rhamneae orientali Asiaticae. Petersb. 1866. 1 vol. (Mém. Acad. imp. Pétersb. t. X. N° 11.)

MAXIMOWICZ.—Revisio Hydrangearum Asiae Orientalis. 1870. (Loc. cit. t. X. N° 16.)

MAXIMOWICZ.—Rhododendreae Asiae orientalis. 1870 (Loc. cit. t. XVI. N_o 9).

MAXIMOWICZ.—Diagnoses breves Plantarum novarum Japoniae et Mandshuriae. Déc. I-XII. Pétersb. 1866-1872 in-8°. St.-Péterb. t. VI-VIII).

MAXIMOWICZ C. J.—Golownia, eine neue Gattung der Gentianëen. Pétersb. 1861. (Mél. biol. t. IV.).

MAXIMOWICZ.—Ophiopogonis species in herb. petrop. servatas. Pétersb. 1870. (Mél. biol. t. IV.)

MAXIMOWICZ.—Nachtrag zu meiner Abhandlung " Rhododendreae Asiae Orientalis " Petersb. 1871. (Mél. biol. t. VIII).

MÉMOIRES.—Concernant l'histoire, les sciences, les arts etc. des Chinois, par les Missionnaires de Peking. Paris. 1776 et suiv. vol. 15.

MENZEL.—Flora japonica. vol. II. Manuscriptum in biblioth. berolinensi, plantis color vivis pictis.

METTENIUS.—Genus Plagiogyria. Frankfurt am Main 1858. (Mém. soc. natur. curios. Francf. t. III).

METTENIUS.—Filices horti botanici Lipsiensis. Leipzig. 1856. 1 vol. in-folio. 30 tab.

MILNE-EDWARDS. A.—Note sur le Milon ou Sseu-pusiang, mammifère du nord de la Chine. (Ann. des sciences Nat. 5e Sér. Zoöl. V. 1866. p. 380).

MILNE-EDWARDS. A.—Etudes pour servir à l'histoire de la Faune mammalogique de la Chine. (Recherches pour servir à l'histoire naturelle des Mammifères. Paris. 1870. fol.)

MIQUEL.—F. A. G. Annales Musei botanici Lugd. Batav. t. I et II. 1863-66. 2 vol. in-folio, 20 tab.

MIQUEL.—Prolusio Florae japonicae. Amstelodami. 1866-67. 1 vol. in folio, tab. 2.

MIQUEL.—Flore des Indes Néerlandaises. 1855-61. 5 vol.

MIQUEL.—Catalogus Musei Lugduno-Batavi. Pars prima. Flora japonica. La Haye. 1870. 1 vol. in-8°.

MIQUEL.—Sur les affinités de la Flore du Japon avec celles de l'Asie et de l'Amérique du Nord. (Archives Néerlandaises. Tome II. p. 136—1867.

MIQUEL.—Sur le caractère et l'origine de la Flore du Japon (Archives Néerlandaises. Tome II. 1867).

MIQUEL.—Verslagen en mededeelingen der kon. Akademie van wetenschappen. Afd. Natuurk. 1860-70.

MITTHEILUNGEN.—der Deutschen Gesellschaft für Natur und Volkerkunde Ostasien's 1tes Heft 1873-10tes Heft. 1876. Yokohama.

MURRAY (Andrew). — The Pines and Firs of Japan. Illustrated by upwards of 200 woodcuts. London. 1863. in-8° (Proceedings of the Royal Agricultural Society).

OLIVER.—Notes upon a few of the plants collected chiefly near Nagasaki and the islands of the Corean archipelago, in the years 1862-63. by *Richard Oldham*. (Journal of the Linnean Soc, vol. IX. pag. 163-170).

OSBECK.—P. Dagbok ofver en ostindisk resa, med anmarkingar uti naturgkundigheten; med Torren resa til surate och Ost-Indien. Stockholm. 1757. in-8° (Deutsch übersetzt von *Gottl. George*. Rostock. 1765).

PFIZMAYER, Aug.—Die Sprache in den botanischen Werken der Japaner. Wien. 1866. in-8°.

REGEL.—Tentamen Florae Ussuriensis. Petersb. 1861. 1 vol. in-4° c. 12 tab. (Mém. Acad. imp. Sc. Petersb. VIIe Série t. IV. No 4).

REGEL.—Reisen in den Süden von Ost-Sibirien ausgefuehrt in den Jahren 1855-1859 durch *G. Radde*. Dictoyledoneae, polypetalae vol. I. pars 1 et 2. Moscou 1862. 1 vol. in-8° c. 9 tab. (Bull. Soc. Imp. des sc. nat. de Moscou 1861-62).

REGEL et DE HERDER.—Ejusdem operis : Dicotyledoneae, monopetalae. vol. III. pars 1, 2, 3 et 4. Moscou. 1864-70 in-8° (Bull. Soc. imp. Sc. nat. de Moscou).

RICHTHOFEN, Baron von.—Petermann's Geographische Mittheilungen. 1867-74.

RICHTHOFEN. Baron von.—First preliminary Notice of geological explorations in China. 8°.

RONDOT. *Natalis* —Etude pratique du commerce d'Exportation de la Chine. 1844. Paris.

RONDOT. *Natalis.*—Chambre de Commerce de Lyon, Musée d'Art et d'Industrie.—Rapport. Lyon, Perrin, 1859. 4°.

RONDOT. *Natalis.*—Notice du vert de Chine et de la teinture en vert chez les Chinois ....suivie d'une étude des propriétés chimiques et tinctoriales du *Lo-kao* par *J. Persoz* et de recherches sur la matière colorante des nerpruns indigènes par *M. A. F. Michel*. Paris. Lahure. 1858. 8°.

SAVATIER et A. FRANCHET.—Vide Franchet.

SAVATIER.—Botanique japonaise. Livres Kwa-wi. Paris. 1874. 1 vol. in-8°.

SCHMIDT Fr.—Reisen im Amurlande und auf der Insel Sachalien. Petersb. 1868. 1 vol in-4° c. 8 tab., 2 mappae. (Mém. Acad. imp. Sc. Petersb. VIIe serie. t. XII, N° 2).

SERRURIER L.—Encyclopédie japonaise. Le chapitre des quadrupèdes avec la première partie de celui des oiseaux. Leyde. Brill. 1875.—1 vol. texte et 1 vol. atlas.

SIEBOLD Ph. F. von. — De historiae naturalis in Japonia statu. Würzburg. 1826.

SIEBOLD.—Synopsis plantarum oeconomicarum universi regni Japonici. Batavia 1826. (Verh. v. h. Bataviaasch Genootschap. vol. XII.)

SIEBOLD.—Einige Worte über den Zustand der Botanik auf Japan.—Eine Monographie der Gattung Hydrangea.—Einige Proben japanischer Literatur ueber die Kraeuterkunde. Desima 1825. in-4°.

SIEBOLD.—Sur l'état de l'horticulture au Japon et sur l'importance des plantes usuelles et d'ornement introduites et cultivées dans le jardin d'acclimatation de M. von Siebold à Leide. 1863. in-8°.

SIEBOLD.—Aardryks en volkenkundige Toelichtingen tot de ontdekkingen van Maerten Gerritsz. VRIES. Amsterdan 1858. in-8° (cette monographie contient une liste des plantes et des animaux de Yéso).

SIEBOLD et ZUCCARINI.—Flora japonica. Sectio prima, continens plantas ornatui vel usui inservientes. Lugd. Batav. 1835. 1 vol. in-folio. vol. II continué par *Miquel*, 1868.

SIEBOLD et ZUCCARINI.—Plantarum, quas in Japonia collegit D^r Ph. F. de Siebold Genera nova, notis characteristicis delineationibusque illustrata. Muenchen. 1843. (Abh. der Mathem. phys. Classe der kon. Bayr. Acad. der Wissenschaften. Band. III.

SIEBOLD et ZUCCARINI.—Florae japonicae Familiae naturales adjectis generum et specierum exemplis selectis. Sectio I et II. Plantae dicotyledoneae Muenchen. 1843 in-8°, 3 tab. (Abh. k. Bayr. Ak. Bd. IV).

SIEBOLD, TEMMINCK, SCHLEGEL et DE HAAN.—Fauna japonica. Lugd. Batav. 1842-50., 5 vol. imp. 4°.

SMITH (Fr. Porter).—Contributions towards the Materies medica and natural history of China. Shanghai and London. 1871.

SURINGAR.—Algae japonicae Musei botanici Lugd. Batav. Harlem 1870. 1 vol. in-4° (Verh. v. d. hollandsche maatschappy van Wetenschappen en Verslagen v. d. kon. Akad. van wetensch. afd. Natuurkunde. 1869-70.)

SWINHOE *Robert.*—Zoological Notes of a journey from Canton to Peking and Kalgan. (reprinted from the Proceed. Zool. soc. of London. 1870. p. 427-451).

SWINHOE. R.—The natural history of Hainan. (Republished from the "*Field*") London. Horace cox. 1870.

SWINHOE. R.—On the ornithology of Hainan. (reprint. from the "Ibis" for January 1870).

SWINHOE. R.—On the cervine Animals of the island of Hainan (China) (Proc. Zool. Soc. London. Dec. 9. 1869).

SWINHOE. R.—On the Mammals of Hainan. (Proc. Zool. Soc. London. April 28. 1870).

SWINHOE. R.—List of Reptiles und Batrachians collected in the island of Hainan (China) (Proc. Zool. Soc. London. 1870).

SWINHOE. R.—A revised catalogue of the Birds of China and its Islands. (Proc. Zool. Soc. London. May. 2 1871).

SWINHOE. R.—Birds and Beasts from Formosa. (Journ. North China Branch Royal. Asiat. Soc. 1866. p. 39-52).

TATARINOV. — Catalogus medicamentorum Sinensium, quae Pekini comparanda et determinanda curavit A. Tatarinov, spatio Annorum 1840-50. Petropoli 1856. 1 vol. in-8°.

THUNBERG.—Flora japonica. Lipsiae. 1784. 1 vol. in-8° c. 39 tab.

THUNBERG.—Icones plantarum japonicarum. Upsaliae. 1794. in-folio. 50 tab.

THUNBERG.—Voyage au Japon. Traduit par *Langlès*. Paris 1796., 2 vol. in-8° c. 16 tab.

TILESIUS.—Mémoires de l'académie imp. de St.-Pétersbourg. 1815. vol. V.

TRANSACTIONS.—of the North China branch of the Royal Asiatic Society. Shanghai.

TRANSACTIONS.—of the Asiatic. Society of Japan. Vol. I. 1872.—Vol. IV. 1876. Yokohama.—*Geerts*, useful Minerals and Metallurgy of the Japanese.—*Savatier*. On the increase of the flora of Japan.

WARING, E. J.— Pharmacopoeia of India.

WALLSTROEM.—Plantarum japonicarum novae species. Upsaliae 1824. in-4°, 1 tab.

WILLIAMS. S. *Wells.*—Chinese commercial Guide, 6th ed. Hongkong. 1872.

WILLIAMS. S. *Wells.*—The Middle Kingdom. 4th Ed. New-York. 2 vol. 1857.

WILLIAMS. S. *Wells.*—in Bridgman's chrestomathy, 1841, pag. 429-496. Macas 1841.

WURMB (Baron de).—Over eenige japansche Fossilia (Verhandelingen v. h. Batav. Genootsch. Ve Deel. pag. 566.)

ZOLLINGER H.—Systematisches Verzeichniss in der Indischen Archipel in den Jahren 1842-48 gesammelten, sowie der aus Japan empfangenen Pflanzen. Zuerich. 1854., 1 vol. in-8o, 1 tab.

LISTE DES PRINCIPAUX OUVRAGES
JAPONAIS ET CHINOIS
SUR L'HISTOIRE NATURELLE
ET LA MATIÈRE MÉDICALE INDIGÈNES.

---

1. BAÏ-HIN, 梅品. Description des pruniers japonais par *Matsu-woka*. 1 vol.
2. BUTSU-HIN-SHIKI-MEÏ, 物品識名. Lexicon Sinico-japonic. de histor. natur. Vol. IV. auctore *Midzutani-Hobun-Sugeroku*. 1809.
3. BUTSU-RUI-HIN-SHITSU, 物類品隲. Manuel des drogues et des substances alimentaires, par *Hiraga*. 6 vol. 1752.
4. CHI-KIN-SHO, 地錦抄. Manière de décorer les jardins. 20 volumes 12°.
5. DAI-DO-RUI-JU-HO, 大同類聚方. Histoire naturelle et matière médicale par *Inuyé-Yorikuni*. 100 vol. en 10 livres. 1827.
6. DAI-SAÏ-HON-ZO-MEÏ-SU. Synops. Plantar. a Thunbergio descript. auctore *Ito-Keiske*. 1823. 3 vol.
7. HI-DEN-KUWA-KIYO, 秘傳花鏡. Miroir secret des plantes. Ouvrage d'origine chinoise. 6 vol.
8. HI-KO-SO-MOKU-DZU, 備荒草木圖. Description de quelques arbres et herbes indigènes. 2 vol. illustrés par *Sugita Hakugen*.
9. HON-ZO-KEÏ-MO-MEÏ-SO, 本草啓蒙名疏. Dictionnaire d'histoire naturelle. 7 volumes. 1804.
10. HON-ZO-KO-MOKU. 本草綱目 Grande histoire naturelle et Matière médicale chinoise de *Li-shi-chin*. 1596. 52 volumes. Edition japonaise par *Ina-waka-sui*. 1714.
11. HON-ZO-KO-MOKU-KEÏ-MO, 本草綱目啓蒙. Commentaire de ce dernier ouvrage par *Ono-Ranzan*. Ed. 1804. par *Ono-Tsunenori*. 2me Ed. en 1847 par *Te-ken-shi-yeki*. 35 vol. gr. 8°
12. HON-ZO-WA-MEÔ-SHO, 本草和名杪. Histoire naturelle par *Fukaji-Tozin*. 1797. 2. vol. 8°.

13. Hon-zo-yaku-meï-bi-ko-wa-kun-sho, 本草藥名備考和訓稱. Pharmacognosie par Tamba-Yorisuji. 1807. 7 vol.

14. Hon-zo-dzu-fu, 本草圖譜. Flora japonica, auctore *Iwasaki Tsunémasa*. 1828. 96 vol. c. 1795 tab.

15. Ji-chin-shoku-butsu Hon-zo, 時珍食物本草. Traité complet des substances alimentaires par l'auteur chinois *Li-shi-chin*. XXII vol. avec 2 vol. introduction.

16. Kiu-ko-ya-fu ou Kiu-ko-hon-zo 救荒野譜 ou 救荒本草 Traité des plantes sauvages qui peuvent servir de nourriture dans une famine. Ouvrage d'origine chinoise. 7 volumes gr. 8° 1716. c. tab.

17. Ko-ho-yaku-hin-ko, 古方藥品考. Traité de drogues simples selon l'ancien style par *Naito*. 5 vol. c. tab.

18. Ko-san-seï-ran-sen, 礦山撻覽全. Indication des montagnes qui produisent des minerais. 1 vol. in-16.

19. Kuwa-fu, 花譜. Sur la culture des fleurs par *Kaibara Rakuken*. 5 vol. 8°.

20. Kuwa-wi, 花彙. Flore du Japon, par *Yonan-shi*. 1759. 8 volumes c. 200 tab.

21. Mo-shi-hin-butsu-dzu-ko. 毛詩品物圖攷. Description et défiguration de quelques sujets appartenant à l'histoires naturelle par *Oka Koyoku*. 7. vol. 1784.

22. Mo-shi-meï-butsu-dzu-setsu, 毛詩名物圖說. Description des sujets célèbres du règne animal et du règne végétal par *Niwa Genkan*. 2 vol. 1808.

23. Nai-guwai-ichi-ran, 內外一覽. Statistique du Japon. 1871. 1 vol. 12°.

24. Nihon-san-butsu-shi, 日本產物誌. Description des productions célèbres des différentes provinces du Japon, par le Ministère de l'Instruction publique. 1874. 4 vol. ont paru.

25. Ni-hon-shoku-butsu-dzu-setsu, 日本植物圖說. Nouvelles plantes découvertes par *Ito-keiské*. 1874.

26. No-giyo-dzen-sho, 農業全書. Traité complet des occupations de l'agriculteur par *Miyasaki-Yasusada* et *Kaibara Rakuken*. 10 vol.

27. No-ka-hitsu-doku, 農暇必讀. Traité pratique de l'agriculteur, par *Yamasaki Yoshinari* et *Machina Masafusa*. 3 vol. illustrés.

28. Riyo-ko-yo-jin-shu, 旅行用心集. Manuel du voyageur par *Yasumi Yen an*. 1 vol. 1810.

29. San-kaï-meï-butsu-dzu-yé, 山海名物圖會. Description et représentation des productions montagneuses et marines par *Hirasé-Tatsuyaï* et *Haségawa-Mitsuno*. Ouvrage illustré en 5 volumes.

30. San-kaï-meï-san-dzu-yé, 山海名產圖會. Description et représentation des productions célèbres, terrestres et maritimes par *Kimura-kokiyo* et *Hokiyo kuwangetsu*. 1799, cinq volumes illustrés.

31. Seï-keï-dzu-setsu. Traité complet et illustré de l'agriculture, publié par ordre du prince de Satsuma.

32. Seki-hin-san-sho-ko, 石品產所考. Minéralogie japonaise. 2 vol. 8°.

33. Shoku-motsu-hon-zo, 食物本草. Traité des substances alimentaires. 1 vol.

34. Shu-yo-do-hon-zo-kuwaï-moku-roku. Description des plantes par la société botanique du chateau de *Shuyodo*, dans la province d'Owari.

35. So-kuwa-shiki. Plantes et Fleurs par *Hokiô Harugawa*. 3 vol. 1820.

36. So-moku-kin-yo-shu, 草木錦葉集. Traité des arbres et des herbes à feuilles ornées. Ouvrage illustré de 7 vol. et 209 planches.

37. So-moku-seïfu, 草木性譜. Description des herbes et des arbres. Ouvrage estimé, illustré par la société botanique d'Owari. 3 vol. 1823-27.

38. So-moku-iku-shu, 草木育種. Traité de culture des plantes. 4 volumes 8°.

39. So-moku-dzu-setsu, 草木圖說. Flora japonica secundum Systema Linnaei auctore *Inuma-Chojun*. 1856. 20 vol. c. 1215. tab.
Editio sec. 1875, auct. *Tanaka*.

40. So-moku-roku-bu-ko-shu-ho, 草木六部耕種法. Traité complet d'agriculture par *Sato-shin-yen*. 20 vol. 1873.

41. Tai-gan-saï-o-hin, 怡顏齊櫻品. Description des cerisiers japonais par *Mastuwoka Tai-gan-sai*. 1 vol.

42. Tai-gan-saï-ran-hin, 怡顏齊蘭品. Description des Orchidées du Japon par *Mastuwoka Tai-gan-sai*. 2 vol. 1772.

43. Ten-ko-kaï-butsu, 天工開物. Traité de technologie. Ouvrage d'origine chinoise par *So-wo-seï*. Edition japonaise par *Nan-to*, 1771. 9 vol. 8°.

44. UN-KON-SHI, 雲根志. Minéralogie (idées sur l'origine des nuages) par *Kino-uji-Shoban*. 15 volumes illustrés 1772-1801.

45. YAKU-MEÏ-SHO-KO, 藥名照考. Vocabulaire des drogues par *Kiwara-Soteï*. 1 vol. 1823.

46. YAMATO-HON-ZO, 大和本草. Histoire naturelle du Japon, par *Kaibara Rakuken*. 18 vol. 8°, 1789.

47. YO-YAKU-SHU-CHI, 用藥須知. Matière médicale japonaise par *Matsuwoka Tai-gan-sai*. 7 vol. 2me Edition, 1759.

48. YU-DOKU-SO-MOKU-DZU-SETSU, 有毒草木圖說. Traité illustré des plantes et des arbres vénéneux du Japon, par la Société horticole de la province d'Owari. 2 vol. gr. 8° av. pl. 1827.

49. WA-KAN-SAN-SAÏ-DZU-YÉ, 和漢三才圖會. Grande encyclopédie sinico-japonaise. 105 volumes.

50. ZO-HO-KUWAI-CHU-SHOKU-SEÏ, 增補懷中食性. Vocabulaire des substances alimentaires et médicales par *Yamamoto-seiju-Nagayoshi*. 1 vol. 1845.

ERRATUM.

La traduction de l'"*Encyclopédie japonaise*" par M. *L. Serrurier*, dont nous avons parlé page 78, n'est pas, comme nous avons dit par erreur, le WA-KAN-SAN-ZAÏ-DZU-YÉ, 和漢三才圖會, mais une autre plus petite encyclopédie, nommée KASIRA GAKI ZOU VO KIN MOU DZU WI TAÏ SÉI, 頭書增補訓蒙圖彙大成.

TABLE SYNOPTIQUE

DE

L'HISTOIRE NATURELLE JAPONAISE

YAMATO-HON-ZO,

大和本草

Publiée en 1709, par KAIBARA 貝原.

VOLUMES.	SECTION ET NOMENCLATURE.	NOMBRE des SUBSTANCES.
I	Introduction.	
II	L'emploi des Médecines et leurs modes de préparation.	
	Règne Minéral.	
	L'Eau (*Midzu-rui*)	12
III	Le Feu (*Kuwa-rui*)	10
	Les Métaux ; Pierres précieuses ; la Terre ; les Pierres ; *Kin, giyoku, do, seki-rui*	67
	Règne Végétal.	
IV	Substances Alimentaires, Graines. (*Koku-rui,*)	26
	Préparations Alimentaires. (*Yo-ziyo-rui*). Saké, Soya, Tofu, Vinaigre, etc.	29
V	Légumes, Épiceries. (*Saï-so-rui*) Radis, Oignons, Moutarde, Salades, etc.	67
VI	Drogues Médicinales. (*Kusuri-rui*). Ginseng, Réglisse, Coptis spéc.	79
	Substances diverses usitées dans la médecine. (*Min-yo-rui*). Tissus, etc.	7
VII	Fleurs d'Ornement. (*Kuwa-so* ou *Hana-kusa*). Pivoines, Chrysanthèmes, etc.	73
	Plantes d'Ornement. (*Yen-so*). Ptarmica Sibirica s. z., etc.	18
	Fruits qui poussent sur la terre. (*Uri-rui*). Melons, etc.	9
	Plantes rampantes et grimpantes. (*Man-so-rui* ou *Kadsura*).	37
VIII	Herbes Aromatiques. (*Bo-so-rui*) Gingembre, etc.	16
	Herbes Marécageuses. (*Sui-so-rui*). Nelumbium, Euryale	36
	Plantes marines. (*Kai-so-rui*). Algues diverses	28
	Plantes diverses. (*Zatsu-so-rui*). Nipbolobus, Saururus.	137
IX	Champignons. (*In-rui*) Agaricus spec. Tuber cibarium.	25
	Bambou. (*Také-rui*)	22
	Plantes utiles. (*Shiki-rui*). Thé, l'arbre à Vernis, l'arbre à Papier	7
X	Arbres Fruitiers. (*Kuwa-boku-rui*). Pêcher, Oranger, etc.	44
	Arbres Médicinaux. (*Yaku-boku-rui*). Zanthoxylon sp., etc.	32
XI	Arbres a bois de charpente. (*Yeu-boku-rui*)	36
XII	Arbres a fleurs ornementales. (*Kua-boku-rui*)	40
	Arbres divers. (*Zatsu-boku-rui*)	92
	Règne Animal.	
XIII	Poissons d'eau douce. (*Ka-gio*). Carpe, Anguille, etc.	39
	Poissons de mer. (*Kaï-gio*). Serranus, Squalus, etc.	83
	Insectes qui vivent dans l'eau. (*Sui-chu*) Trepang, etc.	20
XIV	Insectes qui vivent sur la terre. (*Riku-chu*)	64
	Mollusques. (*Kaï-rui*). Lima, Haliotis, Argonautes, etc.	54
	Oiseaux Aquatiques. (*Sui-cho*). Grus spec., Cygnus, Anas, etc.	25
	Oiseaux de montagne. (*San-cho*). Falco, Aquila, etc.	13
XV	Petits oiseaux. (*Ko-tori*). Fringilla, Hirundo, Alauda, etc.	36
	Oiseaux champêtres domestiques. (*Ka-kin*)	4
	Oiseaux divers. (*Zatsu-kin*)	10
	Oiseaux exotiques. (*I-fo-kin*). Psittacus, Struthio, etc.	10
XVI	Quadrupèdes. (*Ju-rui*)	46
	Substances humaines. (*Jin-rui*). Momies, Menstrues évaporées,, etc.	10
	Supplément.	
XVII	Plantes diverses	106
XVIII	Animaux divers (88) ; Minéraux divers (7) ; Drogues diverses (4).	99
	Total	1568

LES PRODUITS

DU

RÈGNE MINÉRAL.

Les produits du règne minéral de la Chine et du Japon qui sont venus à notre connaissance et ceux qui se trouvent décrits dans les ouvrages indigènes seront traités dans cet ouvrage d'après le système suivant :

I.—CLASSE DES MÉTALLOIDES.

1re Section.		HYDROGÈNE. (*L'eau* et les *eaux minérales* d'après les livres indigènes).
2me	»	SOUFRE.
3	»	ARSENIC.
4	»	CARBONE (et le *Feu* d'après les livres indigènes).
5	»	SILICIUM et les *Pierres taillées préhistoriques*.
6	»	BORE.

II.—CLASSE DES MÉTAUX LÉGERS.

7me Section.		POTASSIUM.
8	»	SODIUM.
9	»	AMMONIUM.
10	»	CALCIUM.
11	»	BARIUM.
12	»	STRONTIUM.
13	»	MAGNÉSIUM.
14	»	ALUMINIUM.

III.—CLASSE DES SILICATES.

15me Section.		ZÉOLITHES.
16	»	ALUMINE SILICATÉE, ARGILE (et *la Terre*, d'après les livres indigènes).

17me Section. Feldspaths.
18 » Grenats.
19 » Micas.
20 » Serpentine.
21 » Augite.
22 » Les Pierres précieuses d'après les livres indigènes.

IV.—CLASSE DES MÉTAUX PESANTS.

23me Section. Fer (et les objets en fer d'après les livres indigènes).
24 » Manganèse.
25 » Chrome.
26 » Cobalt.
27 » Zinc.
28 » Etain.
20 » Plomb.
30 » Antimoine.
31 » Cuivre (et les objets en cuivre, d'après les livres indigènes).
32 » Molybdène.
33 » Mercure.
34 » Argent.
35 » Or.
36 » Platine.

V.—CLASSE DES MINÉRAUX D'ORIGINE ORGANIQUE.

37 Section. Résines et Substances bitumineuses.

VI.—CLASSE DES ROCHES OU MINÉRAUX MÉLANGÉS.

VII.—CLASSE DES PÉTRIFICATIONS.

§ I.

CLASSE DES MÉTALLOÏDES.

PREMIÈRE SECTION

L'EAU. 水 SUI,—MIDZU.

C'est l'eau (1) qui tient dans la grande histoire naturelle chinoise le premier rang parmi les cinq éléments (eau, feu, métal, terre, bois). Nous énumérerons les 42 espèces que l'on en distingue, en suivant l'ordre du livre *Hon-zo-ko-mokou*, mais sans imiter la prolixité de l'auteur chinois, qui a consacré tout un volume, le cinquième, à leur description et à leur emploi dans les usages ordinaires de la vie.

On connait en Chine et au Japon les propriétés hémostatiques de l'eau froide, ainsi que l'emploi de compresses froides sur la poitrine, dans les cas d'empoisonnement par la vapeur de braise (oxyde de carbone), et celui des douches froides dans les ophtalmies et les hémorrhagies utérinaires. L'eau chaude est recommandée moins prudemment dans une foule de maladies ; l'eau de mer est seulement prescrite comme bain dans

---

(1) Cf :
Kaempfer. Histoire du Japon livre V. Chap. VII.
Siebold. Nippon-Archiv. II. p. 57.
Geerts. Mittheilungen der Deutschen Gesellschaft fur Natur-und Völkerkunde Ost-Asiens. 5 Heft. 1874. p. 17.
Ritter. Analyse des Mineralwassers von *Arima* bei Hiogo. Mitth. Deutschen Gesellsch. 4. Heft. 1874. p. 44.
Léon Descharmes. The warm Springs of Kusatsu. Transactions Asiatic Society of Japan. Vol. II. 1873-74. p. 39-47.
B. S. Lyman. Preleminary report of the geological Survey of Yesso. Tokei 1874. p. 41-46.
Fr. Porter Smith. Contributions towards chinese Matéria medica. p. 149.
Niu-to-annai-ki, ou Guide des Baigneurs.
Riyo-ko-yo-dzin-shu, ou Guide du voyageur. 1811.

quelques affections de la peau. Les eaux minérales chaudes, très-nombreuses au Japon, sont ordonnées dans beaucoup de maladies, mais surtout dans les affections syphilitiques, si répandues dans les pays de l'extrême-Orient. Les bains d'eaux minérales sont encore bien plus populaires en Chine et au Japon que chez nous en Europe. Nous avons vu souvent de quelques eaux minérales du Japon des résultats vraiment remarquables dans plusieurs maladies d'un caractère très-sérieux. Malheureusement, on ne connait la composition chimique que d'un très-petit nombre d'eaux minérales du Japon et de la Chine. Les livres indigènes sont remplis sur ce point de renseignements inexacts, faute de connaissances chimiques chez les auteurs qui s'en sont occupés. Nous laisserons donc de côté toutes les indications qui ne sont ni vraies, ni sûres, et mentionnerons brièvement les diverses espèces d'eau que l'on distingue au Japon.

1.—EAU DE PLUIE.

雨 水. **Usui.** AMA-MIDZU. syn. *Amé. Shidzuré. Ten-rakusui.*

Les livres indigènes attribuent des propriétés distinctes à l'eau de pluie des différentes saisons. C'est ainsi que l'on distingue :

A, *L'eau de pluie printanière.* 春 雨 水. **Shun-u-sui.** HARU-SAMÉ.

B, *L'eau de pluie, tombée pendant le cinquième mois.* (La saison pluvieuse en Chine et au Japon). 梅 雨 水. **Bai-wu-sui.** TSUYU-NO-AMÉ.

C, *L'eau de pluie, tombée pendant les orages dans toutes les autres saisons.* 液 雨 水. **Yeki-u-sui.** YUDACHI. Syn. *Shiguré. Kita-Shiguré.*

On croit que l'eau de pluie printanière est la plus pure, et par suite on l'emploie pour faire des infusions de la plupart des drogues et pour la préparation des meilleures espèces de thé. Une tasse de cette eau, bue par deux époux, favorisera la fertilité du mariage. A l'eau de pluie printanière, tombée pendant la nuit, on attribue des qualités anthelmintiques.

Au mois de Juin, l'eau tombe souvent dans ces pays en véritables torrents. Li-shi-chin recommande en général celle qui provient de ces pluies, sous forme de bain, dans plusieurs maladies de la peau. L'eau qui est tombée pendant le cinquième jour du cinquième mois est considérée en quelque sorte comme une « eau sainte » et on lui attribue des vertus efficaces dans les maladies de la poitrine et des organes de la respiration. Enfin, la troisième espèce d'eau de pluie, c'est-à-dire celle des orages en toute saison, est regardée comme très-salutaire dans la fièvre scarlatine et pour la préparation des infusions de la racine du *Coptis anemonaefolia* (*O-ren*).

L'eau de pluie tombée pendant l'hiver, et qu'on a fait bouillir pendant quelque temps, est prescrite pour calmer les douleurs d'utérus.

2.—EAU DE MARE.

潦水. **Riyo-sui.** Niwatadzumi. syn. *Tamari-midzu.*

L'eau de pluie qui se trouve dans les cavités naturelles du sol est recommandée pour en faire des décoctions de plusieurs remèdes antifébriles.

3.—EAU DE ROSÉE.

露水. **Rosui.** Tsuyu. syn. *Tsuyu-midzu.*

On la recueille en automne au moyen de plats que l'on expose à l'air libre pendant la nuit. Quelques drogues recommandées dans les maladies de poitrine et des poumons sont considérées comme plus efficaces quand on les fait bouillir avec cette eau.

4.—ROSÉE SUCRÉE.—MIELLAT.

甘露. **Kanro.** Amaki-tsuyu.

La description de la rosée douce et de plusieurs autres substances analogues n'est pas très claire dans le livre chinois. Selon les chroniques indigènes, le miellat ne tombe du ciel que dans les temps heureux et lorsqu'il y a de sages et vertueux Empereurs. Le *Wa-nen-kei* (1) par exemple, nous dit que le « *kanro* » est tombé au Japon dans l'an 852, pendant le règne du Mikado *Mon-toku*.

(1) *Hoffman*. Wa-nen-kei oder Geschichtstabellen von Japan, Nippon-Archiv. III. p. 48.

Selon *Ranzan* il faut considérer le « Kan-ro » comme un produit pathologique chez quelques plantes, attendu qu'on peut voir de temps en temps des insectes se poser sur les jeunes feuilles de quelques végétaux et y produire des vésicules qui secrètent un liquide sucré. Toutes sortes de qualités extraordinaires sont attribuées à cette substance « céleste », qui, selon nous, n'est probablement pas autre chose que le suc visqueux et sucré, produit par la secrétion glanduleuse que l'on remarque par exemple sur les feuilles des Droseracées et de quelques autres plantes.

Le *Hon-zo-ko-moku* parle encore d'une autre substance rougeâtre, plus ou moins solide, nommée 甘膏 KAN-KO, qui serait produite, dans les temps heureux, sur quelques espèces de bambou et de roseau. C'est peut-être une espèce de Manne, semblable à celle de Briançon ou Manne brigantine, qui est exsudée, comme on sait, à la surface des troncs du Larix decidua MILL, Pinus sabiniana DOUGLAS ou sur les feuilles du Mélèze.

On mentionne en outre une autre substance sucrée, appelée KAN-RO-MITSU 甘露蜜 où *Miel de rosée sucrée*. On dit qu'elle est produite par une petite plante qui croit dans la province de Sechuen en Chine, et dans l'Arabie. Ranzan cependant déclare ne pas connaître cette substance. Selon les Chinois, il y a en Chine une plante sans feuilles, nommée 羊刺 YO-SHI, qui produit aussi une espèce de Manne, que l'on appelle 給敦羅 KIU-BOTSU-RA. M. *Bretschneider* (chinese Recorder) croit que cette plante est l'Atraphaxis spinosa, un arbuste de la famille des Polygoneae. Au Japon nous n'avons pas trouvé cette plante.

La Manne de Sinaï, produite par le Tamarix Mannifera, un arbuste de l'Arabie et de la montagne Sinaï, s'appelle en Chine 檉乳 SEÏ-NIU, et il parait que la Manne de Perse (Manne d'Alhagi), produite par l'Alhagi maurorum *Tour*, arbuste de l'Asie et de l'Afrique subtropicale, est vaguement connue des Chinois et des Japonais.

La Manne de Sicile ou de Calabre, produite par l'Ornus europaea (Fraxinus ornus) et l'O. rotundifolia (Frax. rotundifolia) n'a été connue des Chinois et des Japonais que dans ces derniers temps. De même la Manne des Hébreux, dont il est fait mention dans l'Exode chap. XVI et dans le livre des Nombres, est restée inconnue aux Chinois et aux Japonais, du moins en partie. (1)

5.—EAU DE LA LUNE.

明水 **Mei-sui.** TSUKI-NO-MIDZU, Syn. *Getsu-sui*, pron. *Gesui.*

Pour obtenir cette eau, on laisse tomber les rayons de la lune, lorsqu'elle est dans son plein, sur un miroir métallique ou en cristal, et on recueille avec soin de temps en temps l'eau qui s'est condensée à sa surface. Cette eau céleste et *féminine* par excellence est recommandée pour l'usage externe dans les inflammations d'yeux et pour l'usage interne dans plusieurs maladies du cerveau, spécialement la frénésie, dans les fièvres chaudes des enfants et dans tous les cas où l'on doit combattre l'action trop vive et trop énergique du principe mâle dans l'organisme. La philosophie chinoise considère en effet le soleil et le feu, comme les emblèmes du principe mâle, dans la nature. (陽 *Yang ;* japonais *Yo*) et la lune et l'eau comme les symboles du principe féminin (陰 *Yn ;* japonais *In*). L'auteur ajoute qu'il est bien plus facile de se procurer l'élément masculin, le feu, qu'on emprunte au soleil, au moyen d'un verre ardent, que d'obtenir de la lune l'élément féminin, l'eau.

6.—GELÉE BLANCHE.

冬霜 **To-so.** FUYU-NO-SHIMO. syn. *Shu-go-so. Hatsu-shimo.*

Il faut la ramasser pendant le onzième mois, sur la limite de l'automne et de l'hiver. Elle est estimée comme un reconfor-

(1) La Manne des Hébreux est probablement de deuxième origine ; celle qui a été décrite dans l'Exode est la Manne de Sinaï, produite par le *Tamarix mannifera ;* mais la Manne du livre des Nombres répond plutôt à une espèce de lichen mangeable, la *Lecanora esculenta* ou *Lecanora affinis*, qui se trouve fréquemment en grande quantité dans les déserts arides de l'Asie centrale. Comme ce lichen ne se fixe jamais au sol et qu'il croit parfaitement libre dans l'air, il est très probable que les vents en ont amené des quantités considérables et ont produit en Arabie « les pluies de Manne » comme on en a observé en 1845 en Anatolie et en 1828 dans la Perse. Cf. *Dr. O'Rorke.*—Journal de pharmacie et de chimie 3e série. T. XXXVII, p. 412.—*Goebel de Dorpat.*—Recherches chimiques sur une pluie tombée en Perse. Journal de Schweigger 1830. T. III, No 4, p. 393.

TABLE SYNOPTIQUE

DE LA

GRANDE HISTOIRE NATURELLE CHINOISE

PUN-TS'AOU-KANG-MUH,

PRONONCIATION JAPONAISE : HON-ZO-KO-MOKU,

本草綱目

Publiée en 1596, par LI-SHI-CHIN 李時珍 — Édition japonaise en 1714, par INA-WAKA-SUI 稲若水.

VOLUME.	LIVRE.	SECTION.	CHAPITRE	NOMENCLATURE.	NUMÉROS DES FIGURES dans l'Atlas.
I II				Introduction et aperçu général des différents auteurs en matière médicale, depuis le temps de l'empereur *Chin-nung* jusqu'à *Li-Shi-Chin*.	
III IV				Liste générale des drogues et médecines.	
V	L'EAU			43 différentes espèces.	
VI	LE FEU			12 espèces.	
VII	LA TERRE			60 différentes espèces.	
VIII	LES MINÉRAUX.	*a.* MÉTAUX		28 espèces (Or, Argent, Pyrite, Pyrite cuivreux, Plomb, Litharge, Fer, Cuivre jaune, Acier, etc.)	1-10
		b. PIERRES PRÉCIEUSES		14 espèces (Jade, Corail bleu, Corail rouge, Agate, Rubis, «*Hari*», Cristal de roche, Lapis Lazuli, Mica, etc.)	11-22
IX X		*c.* PIERRES		82 espèces (Cinabre, Realgar, Orpiment, Gypse, Spath calcaire, Argile, Kaolin, Calamine, Limonite, etc.)	23-71
XI		*d.* PIERRES SALINES.		21 espèces (Sel marin. Sel de roche, Sulfate de Soude, Salpêtre, Salmiac, Borax, Soufre, Alun, etc.)	72-87
XII XIII	LES PLANTES	1re Section.—HERBES ET RACINES.	I	*Plantes de montagne.* (Réglisse, Gin-seng, racine de Hedysarum esculentum LED, Polygala japonica, etc.)	88-154
XIV			II	*Herbes Odoriférantes.* (Plusieurs umbellifères, Pæonia, Alpinia, Amomum, Jasminum, Daphne, etc.)	155-207
XV XVI			III	*Plantes qui aiment les terrains humides,* (Chrysanthemum, Artemisia, Leonurus, Prunella, etc.)	208-333
XVII			IV	*Plantes Vénéneuses.* (Aconitum, Phytolacca, Euphorbia spec. Ricinus, Rheum, Datura, etc.)	334-378
XVIII			V	*Plantes rampantes et grimpantes.* (Cuscuta, Kadsura, Rubus, Muricia, Quisqualis, etc.)	379-452
XIX			VI	*Plantes aquatiques.* (Alisma, Nasturtium, Rumex, Acorus, Typha, Lemna, Nuphar, etc.)	453-471
XX			VII	*Plantes de rocher.* (Nipholobus, Adianthum, Sedum, Saxifraga, Oxalis, Clematis, etc.)	472-490
XXI			VIII	*Lichens et Mousses*	491-502
			IX	*Plantes diverses*	503-525
XXII		2me Section.—SEMENCES	I	*Graines utiles.* (Sesamum orientale, L. Linum usitatissimum, Riz, Chanvre, Sarrasin, etc.)	526-535
XXIII			II	*Céréales.* (Panicum, Sorghum, Zea mays L., Setaria, Eleusine, Coyx lacryma, Papaver, etc.)	536-544
XXIV			III	*Légumineuses.* (Soja hispida, Phaseolus, Pisum, Vicia, Dolichos, Canavalia, etc.)	545-552
XXV			IV	*Substances alimentaires préparées avec des graines.* (Soya, Tofu, Saké, Pain, Vinaigre, etc.)	—
XXVI		3me Section.—LÉGUMES	I	*Légumes d'une odeur âcre et d'un goût piquant* (Oignons, Moutarde, Radis, Gingembre, etc.)	553-576
XXVII			II	*Légumes d'un goût tendre.* (Des Épinards, Betterave, Alsine, Crepis, Amaranthus, Portulaca, etc.)	577-606
XXVIII			III	*Légumes qui poussent en se couchant sur le sol.* (Solanum aethiopicum, Lagenaria, Cucurbita, etc.)	607-615
			IV	*Légumes aquatiques.* (Algues mangeables, Porphyra, Enteromorpha, Gelidium, etc.)	616-620
			V	*Champignons comestibles.* (Boletus, Tremella, Agaricus, etc.)	621-626
XXIX		4me Section.—FRUITS	I	*Fruits de culture.* (Prunes, Abricots, Amandes, Pêches, Marrons, Jujubes, etc.)	627-635
XXX			II	*Fruits sauvages.* (Poires, Coings, *Kaki*, Grenades, Oranges, *Biwa*, Glands, etc.)	636-664
XXXI			III	*Fruits exotiques.* (Euphoria Litschi DESF, Euphoria Longana LAM, Areca Catechu, Cocos, etc.)	665-684
XXXII			IV	*Fruits aromatiques.* (Zanthoxylon Spec. Poivre, Cubèbe, Thé, etc.)	685-696
XXXIII			V	*Fruits qui poussent en se couchant sur le sol.* (Melon, Cucurbita Citrullus, Raisins, etc.)	697-702
			VI	*Fruits aquatiques.* (Nelumbo nucifera AD, Trapa bicornis L. Euryale ferox, Sagittaria, etc.)	703-707
XXXIV		5me Section.—ARBRES	I	*Arbres aromatiques.* (Thuja, Pinus spec. Canelliers, Aquilaria Agallocha ROXB, Giroflier, etc.)	708-732
XXXV			II	*Arbres d'ornement.* (Evodia glauca MI, Rhus spec. Magnolia, Catalpa, Paullownia, etc.)	733-777
XXXVI			III	*Arbrisseaux* et *Arbustes.* (Mûrier, Gardenia florida L., Cornus, Elaeagnus, Rhamnus, etc.)	778-821
XXXVII			IV	*Parasites.* (Pachyma cocos FRIES, Ambre jaune, Mylitta lapidescens HORAN, etc.)	822-826
			V	*Arbres flexibles.* (Bambusa spec.)	827-829
			VI	*Arbres divers*	—
XXXVIII	SUBSTANCES FIBREUSES, ustensiles, &c.				
XXXIX XL	ANIMAUX	1re Section.—INSECTES.	I II	*Insectes ovipares.* (Abeilles, Coccus Pela WESTW., Mantis religiosa, Libellules, etc.)	830-859
XLI			III	*Insectes qui sont soumis à une métamorphose.* (Vers-à-soie, Chenilles, Sauterelles, etc.)	860-874
XLII			IV	*Grenouilles et insectes aquatiques.* (Scolopendres, Araignées aquatiques, etc.)	875-886
XLIII		2me Section.—ANIMAUX AVEC UN EPIDERME ÉCAILLEUX.	I	*Dragons.* (Os fossiles, Manis javanica ou Fourmi-lion, etc.)	887-893
			II	*Serpents*	894-902
XLIV			III	*Poissons à écailles.* (Carpe, Brême, Serranus spec., etc.)	903-932
			IV	*Poissons sans écailles.* (Anguilles, Sèches, Hippocampes, etc.)	933-953
XLV		3me Section.—ANIMAUX A COQUILLE.	I	*Tortues, écrevisses, crabes.*	954-962
XLVI			II	*Mollusques.* (Huitres, Unio spec., Arca spec., Haliotis funebris, Perles, etc.)	963-985
XLVII		4me Section.—OISEAUX.	I	*Oiseaux aquatiques.* (Hérons, Grues, Oies, Canards, Malarts, etc.)	986-1007
XLVIII			II	*Oiseaux de campagne.* (Poules, Faisans dorés et argentés, Moineaux, Hirondelles, etc.)	1008-1026
XLIX			III	*Oiseaux forestiers.* (Pigeons sauvages, Corneilles, Corbeaux, etc.)	1027-1042
			IV	*Oiseaux de montagne.* (Paon, Aigle, Faucon, Vautour, etc.)	1043-1052
L		5me Section.—ANIMAUX A EPIDERME POILU.	I	*Quadrupèdes domestiques.* (Cochon, Chèvre, Vache, Cheval, Ane, Chameau, etc.)	1053-1064
			II	*Ferae ou Animaux sauvages.* (Lion, Tigre, Léopard, Éléphant, Rhinocéros, Hérisson, etc.)	1065-1094
LI			III	*Rodentia ou Rongeurs.* (Lapins, Blaireaux. Belettes, Souris, etc.)	1095-1104
			IV	*Quadrumanes*	1105-1110
LII		6me Section.—L'HOMME.		*Parties du corps humain, sécrétions et excréments humains*	—

tant efficace après des excès, et l'on s'en sert également pour se rafraîchir le front dans les fièvres violentes.

7.—EAU DE NEIGE FONDUE.

臘 雪 **Ro-setsu.** YUKI. syn. *Shiwasu-no yuki* (Neige du 12me mois). *Mutsu-de-bana* (fleur à six rayons). *Tama no-chiri* et 17 autres noms en usage seulement dans la poésie.

La neige qui tombe le huitième jour du 12me mois est considérée comme la meilleure pour les emplois en médecine. On la recommande comme dépuratif dans plusieurs maladies. On en fait également grand cas pour la préparation du thé et pour faire bouillir le riz.

Pendant l'été, pour prévenir les grandes sécheresses, on recommande le procédé que voici : mélanger la neige, tombée pendant le 2me mois, avec le fumier des vers-à-soie, et semer ce mélange dans les champs que l'on veut protéger.

8.—GRÊLE.

On en distingue deux espèces :

A. 雹. **Hiyo.** O-ARARÉ. syn. *Ho. Hisamé.* Les gros grêlons, qui tombent en été, pendant les orages accompagnés de tonnerre ;

B. 霰. **San.** ARARÉ. syn. *Bei-setsu.* Neige de la forme du riz bouilli.

Shoku-setsu. Ritsu-setsu. Setsu-shi, pron. *Sesshi. Setsu-bai. Seki-setsu. Gin-reki. Giyoku-yeï.* La grêle ordinaire, ou plutôt la neige agglomérée en petits grêlons, qui tombe en hiver. Cette espèce d'eau du ciel, surtout celle des gros grêlons, est recommandée dans les maladies du cerveau, les palpitations du cœur, etc. Selon Ranzan, les grêlons d'été sont toujours beaucoup plus gros que ceux d'hiver, parce que l'air est plus condensé pendant cette première saison que pendant l'autre.

9.—GLACE.

夏 氷. **Ka-hiyo.** NATSU-NO-KORI (glace d'été.) syn. *Hi. Kori. Shiga. Sui-kotsu* (os d'eau).

En l'an 374, la 62me année du règne du 17me Empereur NIN-TOKU, son fils étant à la chasse aux environs de Tsugé pendant le 5me mois (Juin), c'est-à-dire alors qu'il faisait déjà une chaleur considérable, trouva un bloc de glace sous les branches et les herbes arides qui couvraient un trou naturel dans le sol. Il apporta à son père ce morceau de glace soigneusement enveloppé, et celui-ci le mangea avec un grand plaisir. C'est ainsi que le fils de Nin-Toku fut l'inventeur des glacières au Japon. Il en fit construire quelques unes de la manière suivante, qui est éminemment simple : Il fit creuser des trous de dix pieds de profondeur dans un sol rocailleux, les remplit de glace en hiver et recouvrit le tout avec des herbes et des feuilles. Plus tard, on se servit au Japon d'une autre méthode analogue. Des trous furent pratiqués au sommet d'une haute montagne ; on les remplit de neige, au lieu de glace, et on couvrit le tout de branches et de feuilles. La neige se transforma au bout de quelque temps en une masse compacte semblable à de la glace. Les Japonais avaient plusieurs de ces glacières de neige gelée dans les environs de Kiyoto ; mais, dans ces derniers temps, on les a abandonnées, et on a commencé à construire, dans les villes de Yédo, d'Osaka, etc. des glacières en bois à murailles doubles, selon le système européen.

L'eau glacée est prescrite par l'auteur chinois dans les fièvres, le choléra-morbus, etc. Mélangée avec un peu de « Saké » (eau-de-vie de riz), la glace sert de cordial et de reconfortant pour les excès de table et autres auxquels on se livre pendant les grandes fêtes.

10.—EAU DE BAMBOU.

神水. **Shin-sui.** TAKÉ-NO-NAKA-NO-MIDZU.

L'auteur nous dit qu'il y a de l'eau dans le tissu intérieur du bambou, quand il a plu le 5me jour du 5me mois, mais qu'on en trouve rarement dans le cas contraire. On donne encore ce nom de *Shin-sui* à plusieurs autres remèdes composés qui ne doivent pas être confondus avec l'eau de bambou. Cette dernière est recommandée dans les maladies des membranes pituitaires. Mêlée avec du fiel de loutre, elle est aussi prescrite contre les vers des viscères.

11.—EAU CONTENUE DANS LES CAVITÉS DES VIEUX BAMBOUS OU DANS LES ARBRES CREUX.—EAU DE LA VOIE LACTÉE.

半天河. **Han-ten-ka.** TAKÉ-KI-NO-UTSUWO-NO-TAMARI-MIDZU. syn. *Ten-ka-sui* (Eau de la voie lactée). *Jo-chi-sui.*

Il parait que les Chinois croient que l'eau qui se trouve dans les cavités des vieux arbres est produite par la voie lactée. L'origine céleste que l'on attribue à cette eau suffit à la faire considérer par les Chinois comme un excellent remède, surtout quand on la recueille dans les cavités des vieux troncs du Sophore du Japon (Yen-ju). On la recommande alors dans les fièvres typhoïdes et la dyssenterie.

12.—EAU QUI A COULÉ AUX TRAVERS DES VIEUX TOITS.

屋漏水. **Oku-ro-sui.** YANÉ-NO-MORI-MIDZU. Syn. *Amamori* 雨漏. *Yamori-midzu.*

Cette eau d'origine céleste est d'une couleur brune, d'un gout amer et a la réputation d'être très-vénéneuse. Mélangée d'eau ordinaire, elle est donnée comme antidote dans les empoisonnements mercuriels. L'auteur chinois la prescrit pour le lavage des plaies produites par la morsure des chiens enragés (hydrophobie).

Nous croyons que cette eau peut avoir effectivement des propriétés plus ou moins vénéneuses, à cause du phénol, de la créosote et d'autres carbures d'hydrogène qu'elle est susceptible de contenir. Les maisons japonaises n'ayant pas de cheminées, la fumée dépose beaucoup de matières grasses sur l'entablement des toits.

13.—EAU DE RIVIÈRE.—EAU DE FLEUVE.—EAU COURANTE.

流水. **Riu-sui.** NAGARÉ-MIDZU. (Eau courante). Syn. *Sen-ri-sui,* (Eau de mille lieues). *To-riu-sui. Chori-o-sui. Kan ran-sui. Ro-sui.* (Eau voyageante). *Cho-riū-sui.* (Eau d'un long voyage). *Jun-riu-sui,* (Eau obéissante). *Giyaku-riu-sui.* (Eau d'un torrent violent).

Les Chinois et les Japonais savent très-bien que l'eau courante dans leurs montagnes est généralement d'une grande pureté, tandis que l'eau de l'embouchure d'une rivière ne jouit pas du tout de cette excellente propriété. Les grandes rivières en Chine, comme le Yangtzé et le Han, et plusieurs rivières au Japon ont une eau trouble, dans les endroits éloignés des sources. Leur couleur laiteuse est causée dans ces cas par une assez grande quantité de petites particules d'argile en suspension. On peut la clarifier aisément au moyen d'une très faible quantité d'alun et par le repos.

Les Chinois disent que l'eau prise près de l'embouchure du Yangtszé supérieur cause des écrouelles, quand on la boit. Les Japonais ne boivent jamais l'eau d'une rivière près de son embouchure, mais celle des ruisseaux coulant à travers les rochers ; et celles des petites rivières dans les montagnes est regardée comme bien meilleure encore que l'eau des puits. C'est pour cette raison que l'on trouve souvent dans les campagnes des petits conduits en bambou, au moyen desquels on dirige l'eau des rochers jusqu'aux maisons de thé et aux auberges. Les prêtres ont enjoint autant que possible de se procurer des eaux coulant sur un sol rocailleux : ils les amènent dans les bassins purifiants situés auprès des temples. Quelques-unes de «ces eaux saintes» ont même acquis une certaine célébrité à cause de leur pureté ; tel est le cas de l'eau du temple de *Kiyo-midzu* à Kiyoto. Nous avons constaté que cette eau est effectivement d'une pureté et d'une clarté extrêmes. Nous n'avons pas besoin de faire l'énumération des nombreuses maladies dans lesquelles on attribue de bons résultats à l'usage interne et externe de plusieurs de ces « eaux purifiantes.» Les prêtres bouddiques ont eu soin de n'oublier presqu'aucune affection, et de vanter l'eau de leurs temples comme le meileur remède, comme une sorte de panacée universelle.

14.—EAU DES PUITS.

井泉水. **I-sen-sui.** I-NO-MIDZU. Syn. *Ido-midzu. Kansen.*

Les indigènes savent, en général, très-bien apprécier la qualité de leurs eaux de puits, quoiqu'ils n'aient pas de connaissances chimiques. Tout le monde peut se rendre compte des qualités nécessaires qui constituent une eau bonne et salubre. On n'a qu'à observer si elle est parfaitement claire, sans couleur, sans odeur et sans saveur appréciable. L'eau de puits ferrugineuse est considérée comme de très-mauvaise qualité, parce qu'elle noircit le thé et lui communique un mauvais goût. Après les grandes pluies, surtout au mois de Juin, l'eau de puits contient souvent de petites particules d'argile qui lui font perdre sa limpidité, sans qu'elle soit pourtant nuisible à la santé. La plupart des puits donnent de nouveau, peu de jours après la cessation des pluies, une eau claire et limpide, quand les particules suspendues sont précipitées au fond. Dans le cas contraire, on clarifie l'eau de puits de différentes manières. Anciennement, on faisait usage d'amandes, d'un peu de carbonate de soude ou bien de sulfate de chaux (Sekko). On faisait bouillir l'eau, en y mélangeant à petite dose une de ces substances avant de la boire. Mais aujourd'hui on se sert presque exclusivement de l'alun. RANZAN dit par exemple que l'eau de puits à Osaka, (ville située dans un terrain d'alluvion), est très-mauvaise, et que les habitants de cette ville feraient mieux de se servir de l'eau de la rivière *Yodogawa*, d'y mélanger une très-petite quantité d'alun en poudre et de la laisser se clarifier dans de grands vases en terre cuite (martevanes). Il dit qu'il est absolument nécessaire d'opérer ainsi à Osaka, parce que l'eau de puits est de mauvaise qualité et devient la source d'une foule de maladies.

Pour juger la qualité de l'eau de puits, RANZAN recommande la méthode suivante : on divise l'eau en trois parties et l'on met chacune dans un petit vase. Dans le premier vase, on suspend un fil de fer, dans le second on met un peu de noix de galle en poudre (*Gobaï-shi*, noix de galle du Rhus semialata var. *Osbeckii*), et dans le troisième vase on mêle un peu d'alun. Quand l'eau est trop saturée de principes salins, on trouvera au bout de quelque temps quelques petits flocons attachés au fil du fer suspendu ; quand elle contient trop de *substances oxydées* (l'auteur a voulu dire : «trop de *sels de fer*»), la poudre de noix de galle prendra une couleur noirâtre ; si l'eau enfin contient trop de matières argileuses, on verra un sédiment dans le vase où on aura mis de l'alun en poudre. La meilleure eau de puits est celle que l'on prend de bonne heure au matin. On l'appelle pour cette raison *Sei-kuwa-sui* ou *Sho-kiu-sui,* c'est-à-dire *Fleur d'eau de puits.*

Au Japon, les eaux de puits contiennent en général peu de matière solide, à cause de la nature du sol qui est rocailleux et pierreux. Les puits de quelques vallées ou terrains alluviaux font seuls exception à cette règle. On croit avec raison qu'un puits, laissé en repos depuis longtemps, donne une eau de mauvaise qualité. Il faut y puiser de temps en temps, pour que le puits reste bon.

L'eau de puits qui a bouilli est prescrite contre la dyssenterie, et l'eau fraîche est vantée comme un excellent remède contre les spasmes d'estomac.

15.—EAU DE PUITS OU DE RIVIÈRE.

puisée le 1er jour du 1er, le 2me jour du 2me mois.....
le 7me jour du 7me mois.....&c.

節 氣 水. **Setsu-ki-sui.** pron. *Sekki-Sui.* TOKI-NO-MIDZU.

La meilleure espèce, le vrai « *sekki-sui* », est celle que l'on a puissée le 7me jour du 7me mois (*Tanabata*, ou fête de l'étoile *Véga* de la Lyre). L'eau puisée le 5me jour du 5me mois vient ensuite, et celles du 1er jour du 1er mois, du 2me jour du 2me mois, etc. ne sont que de troisième qualité. On croit que le gout de cette eau s'améliore avec le temps et que l'on peut la conserver à l'infini sans qu'elle s'altère. Cette eau conserve toujours la même densité, ce qui n'est pas le cas avec toutes les autres espèces d'eau. L'eau de « *Tanabata* » est considérée jusqu'à un certain point comme une eau sainte, et est recommandée surtout pour la fabrication du vinaigre ou « *Soyu* ». On dit que ces liquides ne se gatent jamais quand on les prépare avec le « *Sekki-sui.* »

16.—EAU DOUCE DES PROVINCES DE MINO ET D'ŌMI.

醴 泉. **Rei-sen.** AMAKI-IDZUMI. (Eau de fontaine sucrée). Syn. *Sake-no-idzumi* (Eau ayant un gout de vin). *Rei-sui. Kan-sen* 甘 泉 (Fontaine sucrée). *Giyoku sen* (Fontaine précieuse).

D'après le naturaliste RANZAN, on a trouvé en l'an 111 (41me année du règne de *Keiko Tenno*) un puits remarquable d'eau sucrée dans la province d'*Omi*, district de Masusugori, près de la montagne Toga. Cette eau fut appelée dans ces temps reculés, *Samé-gai.*

En 717, sous le règne de *Gen-sei* (ou Gen-sho) *Tenno,* on a trouvé, selon RANZAN, une autre source, ayant de même un gout sucré, près de la grande cataracte *Yoro-no-také,* district de Koöki-gōri, dans la province de *Mino.* On a commencé plus tard à faire du « *Saké.*» (Eau-de-vie de riz) avec cette eau, et ont rouvait que le *saké* préparé ainsi était excellent. De là vient qu'on appelle le saké fabriqué à Mino, près de la cataracte *Yoro-no-také, Yoroshu* (vin de yoro). Le « *yoroshu* » se fabrique encore actuellement en grande quantité dans la province de Mino, mais l'eau de la source près *Yoro-no-také,* quoiqu'encore très-bonne et très-pure, n'a plus par elle même un gout sucré, comme auparavant.

L'eau du Togayama, dans la province d'Omi, paraît avoir perdu aussi son gout sucré ; mais elle est cependant très-estimée en médecine, surtout contre les maux d'estomac où de ventre, les rhumes, la diabéte et le choléra. L'eau douce d'Omi doit surtout sa réputation médicale à plusieurs prêtres qui, en l'an 678, l'examinèrent, et trouvèrent qu'elle guérissait presque instantanément un grand nombre de maladies graves.

En Chine, il y a avait aussi, comme Li-shi-chin nous le dit, à LI-HIEN 醴縣, dans la province de Shensi, une eau de même nature. Un grand nombre de malades guérissaient après en avoir fait usage.

Ranzan nous dit encore qu'il se trouve dans le district d'Owa-kigôri, province de Bungo, une espèce d'eau d'une couleur jaunâtre, comme le *saké* et d'un goût légèrement acide. Cette eau est appelée par les habitants « *Shu-sui* »

Nous n'avons pas eu encore la chance de nous procurer des échantillons de ces espèces « d'eau sucrée,» pour les soumettre à une analyse, mais nous croyons que le secret du « *Rei-sen* » où « *Kan-sen* » n'est autre chose qu'une certaine quantité d'acide carbonique dissout

17.—EAU DES PUITS D'OU L'ON EXTRAIT LE JADE.

玉井水. **Giyoku sen-sui.** TAMA-NO I-MIDZU.

Le jade, ou agalmatolithe des Chinois, se trouve quelquefois en Chine au fond des puits. L'eau de ces puits est considérée, ainsi que la pierre précieuse elle même, comme un remède pour se procurer une vie longue et heureuse et pour conserver sa chevelure noire et brillante.

18.—EAU CHARGÉE DE BICARBONATE DE CHAUX.

乳穴水. **Niu-ketsu-sui.** Syn. *Sho-ketsu-sui.*

Cette eau se trouve dans plusieurs grottes ou cavernes en Chine et au Japon ; elle produit, comme on sait, ces incrustations calcaires, connues sous le nom de stalagmites et stalactites. Ranzan dit avec raison que, lorsqu'on la fait bouillir, il se dépose au fond et le long des parois du vase qui la contient une espèce de sel ; c'est le carbonate de chaux qui se précipite et ne peut plus rester en dissolution, quand on a chassé l'acide carbonique au moyen de l'ébullition. On attribue à cette eau des propriétés fortifiantes et rajeunissantes ; du reste, on la recommande pour les mêmes cas dans lesquels on emploie les stalactites. (Cf. Lieux de provenance des stalactites sub. Calcium section 10).

19.—EAU MINÉRALE CHAUDE.

温湯 **On-to.**—温泉, On-sen. Syn. *Wun sen.*—沸泉, *Fudsu-sen.*—*Idé-yu.*—*Un-yen.*—地獄, *Ji-goku.* (L'enfer).

On croit généralement en Chine et au Japon que les nombreuses eaux minérales à température élevée que l'on trouve dans ces pays, reposent dans l'intérieur de la terre, sur une base de soufre brûlant. C'est ce qui produit l'ébullition de l'eau et la projette au dehors. C'est aussi, d'après les auteurs indigènes, ce qui est cause que beaucoup d'eaux minérales contiennent du soufre et qu'elles sont si efficaces dans le traitement de la gale et de plusieurs autres maladies de peau. Ranzan nous donne l'explication suivante : « Quand les rayons du soleil ont pénétré au travers de la terre, celle-ci se dessèche ; la chaleur qui s'est accumulée au bout de quelque temps enflamme le soufre et les autres substances combustibles qui se trouvent au sein de la terre, de telle sorte qu'une grande quantité de matières deviennent incandescantes. Ces matières en combustion forment « des veines de feu » *(Kuwa-seï),* qui existent ordinairement à une plus grande profondeur que les veines d'eau chaude *(Un-sen)*. Aussi ces dernières sont-elles beaucoup plus fréquentes. Si l'on rencontre une veine d'eau chaude, on obtient une source minérale. On en trouve déjà quelques-unes à une profondeur de 3 à 4 pieds, mais il y en a aussi à 80 pieds et plus de profondeur. Les «veines de feu» viennent parfois jusqu'à la surface de la terre, comme par exemple en Chine, dans le district *Shoku*, et au Japon, dans la province de Yetchigo, près Nio-hoji-mura et dans la province de Shinano, près de l'Asamayama. Là se trouvent de véritables sources de feu.

Quand les veines d'eau et de feu se rencontrent dans l'intérieur de la terre, il se produit des éruptions volcaniques. L'eau minérale dans le voisinage des volcans est, par cette raison, d'une température très-élevée, voire même bouillante. On trouve également des «veines d'eau salée» *(Kan-un-sen)*; ce sont-elles qui produisent les sources minérales d'eau chaude salée, telles que celle d'Arima, dans la province de *Setsu*, et plusieurs autres.

Les livres indigènes distinguent les espèces suivantes d'eaux minérales.

a. 旺泉. O-SEN, eau minérale, qui possède en hiver une plus haute température qu'en été.

b. 冷熱泉. REÏ-NETSU-SEN, d'une température moyenne et constante.

c. SHU-SHA-SEN 朱砂泉, eau dans laquelle on trouve un sédiment sablonneux, d'une couleur rougeâtre. Cette eau n'arrive jamais à la température d'ébullition. On dit qu'elle doit sa couleur rougeâtre à une certaine quantité de *Owo* (Réalgar); on la trouve aussi dans les endroits où l'on rencontre des minerais d'arsenic *(Hiseki)*. Cette eau est souvent fort vénéneuse; aussi faut-il éviter de s'y baigner, sous peine de s'exposer à de graves dangers.

d. 殺狗泉. SAKU-KU-SEN. Espèce d'eau minérale que l'on croit être très-vénéneuse pour les chiens.

e. 鹹温泉. KAN-UN-SEN. Eau minérale chaude très-salée.

f. 鹹冷泉. KAN-REÏ-SEN. Eau minérale froide très-salée.

g. 海泉. KAI-SEN. Ce sont des sources d'eau minérale situées au bord de la mer, et qui sont de temps en temps envahies par l'eau de mer, comme par exemple à Beppomura, dans la province de *Bungo*, à Obama dans la péninsule de *Shimabara* et une autre source dans la province de *Noto*.

Au Japon, les malades ont l'habitude d'aller fréquemment prendre les eaux chaudes minérales, sans s'inquiéter de leur nature ; RANZAN dit que c'est un grand tort d'en agir ainsi sans consulter auparavant un médecin, et sans s'assurer de la qualité de l'eau que l'on veut employer.

Peu de pays sont aussi richement doués que le Japon sous le rapport des eaux minérales. On y connait environ trois cents stations balnéaires différentes, où les sources minérales abondent ; mais malheureusement la composition chimique de la plus grande partie de ces eaux est restée inconnue jusqu'ici. Tout ce qui en a été dit dans les livres indigènes est confus et sans valeur. Les Japonais nomment par exemple sources sulfureuses un grand nombre d'eaux qui ne contiennent ni hydrogène sulfuré ni aucun sulfure alcalin. Nous devons nous contenter par conséquent d'énumérer ces stations balnéaires, en prenant pour bases les indications du livre RIYO-KO-YO-JIN-SHU 旅行用心集, ou guide du voyageur, par *Yasumi Yennan*, 1811. Les noms des bains qui sont les plus célèbres sont imprimés en caractères plus grands. Nous ajouterons les analyses faites au point de vue de leurs qualités sur un petit nombre de sources Japonaises, tant par quelques chimistes européens que par nous-même.

Tables des Bains du Japon.

PROVINCES.	ENDROITS.	REMARQUES.
GOKINAI.		
YAMATO....	1. Musashi.......	
	2. Shiwo-no-ha...	
SETSU.....	3. ARIMA	Ces trois eaux sont chaudes, fortement ferrugineuses et salées. (Cf. après les analyses.)
	4. *Tada*.........	
	5. *Hitokura*......	
TOKAIDO.		
ISÉ.......	6. Komono.......	Eau Saline alcaline gazeuse (Cf. après les analyses.)
TÔTÔMI....	7. Mudzi-yu......	

PROVINCES.	ENDROITS.	REMARQUES.
TOKAIDO.		
KAI	8. Kawa-ura	
	9. Shimobé	
	10. Narata	
	11. Shiwo-yama	
	12. Kuro-hira	
	13. Yu-mura	
IDZU	14. ATAMI	Hauteur 120 mètres. *a*. Source principale ou Geyser d'Atami. Temp. 100° C. *Eau thermale fortement saline-magnésienne-salée*. (Cf. après les analyses). *b*. Mi-no-yu. Temp. 50° C. } Propriétés comme *a*. *c*. Shin-yu. Temp.? } *d*. Mu-yen-no-yu. Tem. 97° C. *Eau thermale simple, pas salée, légèrement sulfureuse*. Tous ces bains sont fort célèbres au Japon.
	15. Furo-yu	Temp. 97° C. *Eau thermale fortement saline-salée*, près-Atami.
	16. Kawara-yu	Temp. 100° C. *Eau thermale fortement saline-salée*, près-Atami.
	17. *Midori-no-yu*	Temp. 85° C. *Eau thermale fortement saline-salée*, près-Atami.
	18. O-yu	*Eau thermale* alcaline faible, légèrement sulfureuse.
	19. *Sei-zaiyé-mon-yu*	
	20. No-naka-no-yu.	
	21. *Yugawara*	Avec 4 sources ; *Eaux thermales simples* acidulées avec traces de H^2S. *a*. Shita-no-yu. Temp. 50° C. *b*. Kawara-no-yu. ,, 41.5° C. *c*. Yakushi-no-yu. ,, 44.8° C. *d*. Mama-no-yu. ,, inconst.
	22. *Hashiri-yu*	Cataracte.
	23. Kona	*Eau thermale simple*, temp. 55° C.
	24. SHIUZENZI-YU	Avec plus de 12 sources ; *Eaux thermales alcalines, peu salées*. *a*. Shiu-zen-zi-yu Temp. 49.8° C. *b*. Ishi-no-yu. ,, 63° C. *c*. Hako-no-yu ,, 66° C. avec traces de H^2S. *d*. Sugi-no-yu ,, 61° C. *e*. Shin-no-yu ,, 67.8° C. *f*. Doko-no-yu ,, 60° C. *g*. Kawara-no-yu ,, 64° C.

PROVINCES.	ENDROITS.	REMARQUES.
TOKAIDO.		
Idzu	24. Shiuzenzi-yu	*h*. Hana-no-yu. Temp. 57° C. avec traces de H^2S. *i*. Fudji-no-yu ,, 41° C. *j*. Meïdji-reï-sen ,, 69° C. *k*. Kiku-yen-no-yu ,, 69° C. avec traces de H^2S. *l*. Noda-yu ,, 54.5° C. *m*. Tatsu-no-yu ,, 71° C.
	25. *Yoshina*	*Eau thermale sulfureuse*, assez forte. Temp. 41° C. Bains très jolis et bien installés (Cf. après les analyses).
	26. *Ito*	
	27. Usami	
	28. Yu-gashima	Avec 2 sources de 41° C. et 44° C. Temp. (A côté de la rivière Kanogawa).
	29. *Ren-dai-ji*	
	30. Yugano	
	31. Kita-yugano	
Sagami	32. Hakone-yumoto	*Eau thermale faiblement saline*, Temp. 41° C.
	33. *Tonosawa*	Hauteur 12,4 mètres. Avec 5 sources. *Eaux thermales simples*. *a*. Ando. Temp. 45.5°C. *b*. Tamura. » 43° C. *c*. Nakata » 44° C. *d*. Fukudzumi » 44° C. *e*. Tamano » 41° C. (Cf. après les analyses.)
	34. *Miyanoshita*	Hauteur Ca 321 mètres. Avec 2 sources. *Eaux thermales simples, peu-salines*. *a*. Mikadzuki. Temp. 60° C *b*. Kuma-no-yu » 52° C. (Cf. après les analyses
	35. *Dogashima*	Hauteur Ca 238 mètres. Avec 3 sources. *Eaux thermales simples, peu salines*. *a*. Shin-ren-to. Temp. 56° C. *b*. Muso-no-yu. » 48° C. *c*. Yakushi-no-yu » 48° C.
	36. *Sokokura* (entre Kiga et Miyanoshita.)	Avec 6 sources; *Eaux thermales salines*. *a*. Shin-reï-to. Temp. 64° C. *b*. On-jin-to (a) » 63° C. *c*. On-jin-to (b) » 74° C. *d*. Ri-shin-to.. » 67° C. *e*. Man-ju-to.. » 75° C. *f*. Yoshida-no-yu » 46° C. (Cf. après les analyses.

PROVINCES.	ENDROITS.	REMARQUES.
TOKAIDO.		
SAGAMI....	37. *Kiga*.........	Hauteur Ca 323 mètres. Avec 5 sources ; *eaux faiblement salines*. *a*. Shobu-no-yu. Temp. 45° C. *b*. Iwa-no-yu ,, 44° C. *c*. Kami-no-yu ,, 38° C. *d*. Otaki-no-yu ,, 47° C. *e*. Tani-no-yu ,, ? (Cf. après les analyses)
	38. ASHI-NO-YU....	Hauteur Ca 836 mètres. Avec 4 sources. *Eaux thermales fortement sulfureuses*. *a*. Naka-no-yu. Temp. 42° C. *b* Soko-nashino-yu ,, 42° C. *c*. Ashi-no-yu ,, 42° C. *d*. Darma-noyu ,, 37° C. (Cf. après les analyses)
	39. Zen-yo où Ubako	
	40. Kogomé.......	
	41. Sengoku-yu...	
	42. Shin-yu.......	
MUSASHI...	43. Okochi.......	Efficaces pour guérir les blessures.
AWA......	44. Masuki.......	
HITACHI....	45. Fukuroda.....	
TOZANDO.		
HIDA......	46. Shimoro......	
	47. Kabata.......	
	48. Hira-yu.......	
	49. Ochi-yai......	
SHINANO...	50. Tanaka.......	
	51. Shibun-no-yu..	
	52. Kadoma......	
	53. Nozawa.......	
	54. O-yu.........	Ces eaux se trouvent toutes les cinq au village Beshu-mura.
	55. Gen-sai-yu....	
	56. *Ishi-no-yu*....	
	57. Daishi-yu.....	
	58. *Koga-yu*......	
	59. Inai.........	
	60. Tasawa.......	
	61. Uchi-yu.......	
	62. Yamato-yu....	
	63. Kami-suwa-ko-wata-yu.....	
	64. Shimo-suwa-wa-ta-yu.......	
	65. Shimo-suwa-ko-yu.........	
	66. Yamaga......	
	67. Shichi dami...	

PROVINCES.	ENDROITS.	REMARQUES.
TOZANDO.		
SHINANO	68. *Urano*	
	69. Shira-honé	
	70. *Asama*	
KOTSUKÉ	71. *Igawo*	*Eau thermale saline, faiblement séléniteuse ;* Temp. 40-45° C. (Cf. après les analyses).
	72. Maza	
	73. Shinoné	
	74. Kawabara	
	75. Shima	*Eau minérale, saline, salée* (Cf. après les analyses).
	76. Sawa-watari	
	77. Sugawa	
	78. Numata	
	79. Kawabata	
	80. Kawanaka	
	81. Hoshi-ga-togé	
	82. KUSATSU	Près Kusatsu se trouvent les sources N° 83-88 et en outre encore les suivantes, *eaux thermes fortement acides et astringentes.* *a.* Kakké-no-yu Temp. 47-52° C. *b.* Wata-no-yu ,, 46½-48° C. *c.* Matsu-no-yu ,, 41-46° C. *d.* Kompira-no-yu ,, 42-48° C. *e.* Tama-no-yu, *f.* Ruri-no-yu, *g.* Shirasu-no-yu, *h.* Niigawa-no-yu : n'existent plus *i.* Nakasawa-chaya-no-yu, 38-42° *k.* Mé-araï-yu, probablement pas acide.
	83. *Go-sa-yu* ou Mi-sa-yu	Temp. 65-70° C. — Près Kusatsu. *Eaux thermales fortement vitrioliques, ferrugineuses, acides.* (Cf. après les analyses).
	84. *Ji-zo-yu*	» 48-52 ° C.
	85. *Washi-no-yu*	» 49½-51° C.
	86. Netsu-no-yu	» 90° C.
	87. Taki-no-yu	» 43-47° C.
	88. Taka-no-yu	
SHIMODZUKÉ	89. *Nikôsan Shiuzenzi*	Cataracte.
	90. Gosho-yu	
	91. Naka-no-yu	
	92. Taki-yu	
	93. Umba-yu	
	94. Sasa-yu	
	95. Dzizai-yu	
	96. Yakushi-yu	
	97. Kawaru-yu	

PROVINCES.	ENDROITS.	REMARQUES.
TOZANDO.		
SHIMODZUKÉ	98. Shiwo-hara....	
	99. Nasu.........	
	100. Ara-yu........	
	101. Omaru-tsuka ..	
	102. Fuku-wada....	
MUTSU (Oshu) *A. Aidzu.*	103. TENNEÏ-JI-YU ou YUMOTO	
	104. Oya..........	
	105. Atsu-shiwo....	
	106. Numa-jiri......	
	107. Bandaï	
	108. Ara-yu	
	109. Haya-to.......	
	110. Go-jo-jiki	
	111. Awo-numa	
	112. Kawatabi	
	113. Oreki.........	
	114. Nogami.......	
	115. Také-no-yu ...	
	116. Totsu-yu......	
	117. Ide-yu........	
	118. Nuru-yu.......	
	119. Aka-yu........	
	120. Yu-sawa	
	121. Han-saka......	
	122. Hako-yu.......	Eaux très-salines.
	123. Takino-yu	
	124. Yu-mura	
	125. Kitsuné-yu	
	126. Niya-dami	
	127. Hangi ou Iwashiro..........	
	128. Oreki.........	
	129. Natori........	
	130. Tama-tsukuri ..	
	131. *Naruko*.......	
	132. *Kamasaki*.....	
	133. *Awoné*	
	134. To-gaku	
	135. Sunako-hara ..	
	136. Nogami.......	
	137. Mihako-no-yu ou Yumoto ou sawago	
	138. Yu-iri	
	139. Yu-wara	
	140. Yuzimata	
MUTSU (Oshu) *B. Nambu.*	141. Dai-yu........	Se trouvent toutes au village Sho-dai-mura.
	142. Taki-no-yu	

PROVINCES.	ENDROITS.	REMARQUES
TOZANDO.		
Mutsu (Oshu) B. *Nambu.*	143. Uyé-no-yu	Se trouvent toutes au village Sho-dai-mura.
	144. Naka-no-yu ...	
	145. Hachi-no-yu...	
	146. Uguyusu-yadori	Près Uguyusu-yado-mura.
	147. Han-yu.......	Se trouvent toutes au village Shi-tataré-ishi-mura.
	148. Komuro	
	149. Kasa-yu	
	150. Ara-yu........	
	151. Matsu kawa-yu.	A Tagami-mura.
	152. Nuru-yu	A Kanata-mura.
	153. Shimo-bura-yu.	
	154. Atarashi-yu ...	A Tanabé-mura.
	155. Yama-no-yu ou Hanazomé-no-yu..........	
	156. Yakushi-yu	
	157. Hiye-yu.......	Dans Tanagôri.
	158. Sagi-yu	A Waki-sawa-mura.
	159. O-yu	A O-yu-mura.
	160. Yu-se-yu......	A Yu-se-mura.
	161. Yu-dayu	A Sawachi-mura.
	162. Gedo-yu.......	Dans le district Wagagôri.
	163. Kumazawa-yu..	
	164. Kunimé-yu....	
Mutsu (Oshu) C. *Tsugaru*	165. Kura-daté.....	
	166. Asa-muchi.....	
	167. Owani........	
	168. Setsumé.......	
	169. Nuru-yu	
	170. Ita-tomé......	
	171. Oki-no-ura....	
	172. Jiyoga-seki....	
	173. Yu-tan........	
	174. Shimo-yu	
	175. Iwaki-shima ...	
	176. Suga-yu.......	
Dewa	177. Aka-yu........	
	178. Go-shiki-no-yu.	
	179. Gin-san-no-yu..	
	180. Kami-no-yama-yu..........	
	181. Taka-yu	
	182. Un-kai ou Nuru-mi-yu.......	
	183. Kumaga-také ..	
	184. Tagawa.......	
HOKURO-KUDO.		
Kaga	185. Yu-waku......	

PROVINCES.	ENDROITS.	REMARQUES.
HOKURO-KUDO.		
KAGA	186. *Yamanaka* 187. Taiseiji 188. *Yamashiro*	Se trouvent toutes trois près de la ville de Taiseï-ji.
NOTO	189. *Wakura*	
YECHIU	190. Taté-yama 191. *Yamada* 192. *Omaki* 193. Ogawa	
YECHIGO	194. Kira 195. Yuzawa 196. Murasuki 197. Ima-ita 198. *Miü-ko-san* ou *Seki-no-yama* 199. Tochi-omata 200. Iwamura 201 Matsu-no-yama 202 Oji-fuji 203 Kan-kaké-no-yu 204 Kuannon-yu ou Idc-yu	
SAN-INDO.		
TAJIMA	205 *Kino-saki* 206 Mandara-yu 207 Ara-yu 208 Kasa-yu 209 Tsuné-yu 210 Gosho-yu 211 Kosha-no-yu 212 Higashi-no-funé 213 Nishi-no-funé	
INABA	214 Ishi. Ichi-no-yu 215 » Ni-no-yu 216 » Diyoro 217 » Ko-diyoro 218 » Iri-komu 219 » Shin-yu	Se trouvent toutes à Ishi dans le district d'Ishi-gôri.
	220 *Yoshiwoka*. Ichi-no-yu 221 » Ni-no-yu 222 » Kameïden 223 » Naka-no-yu 224 » Iri-komu 225 » Ara-yu 226 » Kasa-yu	Se trouvent toutes à Yoshiwoka-mura.
	227 *Katsumi*. Ichi-no-yu 228 » Ni-no-yu	Toutes à Katsumi-mura.

PROVINCES.	ENDROITS.	REMARQUES.
SAN-INDO.		
INABA	229 *Katsumi*. San-no-yu	Toutes à Katsumi-mura.
	230 » Irikomu	
	231 » Shin-yu	
	232 » Sagi-no-yu	
TANGO	233 *Tanabé*	
HÔKI	234 Misasa ou San-cho-no-yu	
	235 Yu-no-Seki	
IDZUMO	236 Misawa	
	237 Somé-ni-kawa	
	238 Tama-chikuri	
	239 *O-Shiwo*	
IWAMI	240 Ari-fuku	
	241 Yu-notsu	
OKI (île)	242 Shima-go	
SAN-YODO.		
MIMAZAKA	243 Yu-wara	
	244 Yu-no-yé ou Yu-nogo	
	245 Maka	
SUWO	246 Yuta	
NAGATO	247 Tawara-yama	
	248 Fukawa	
	249 Kawatana	
NANKAIDO.		
KIÏ	250 *Riu-jin-mura*	*Eau thermale saline-alcaline.* Temp. 49° C. (Cf. après les analyses).
	251 *Katsu-ura*	*Eau thermale. sulfureuse-saline.* Temp. 36.4° C. (Cf. les analyses).
	252 HONGU ou YU-NO-MINÉ ou Yaku-shi-no-yu	*Eau thermale alcaline-saline, légèrement sulfureuse.* Temp. 88.5° C. Près de cette localité se trouve la source *Tsubaki-no-yu*, eau thermale alcaline, légèrement sulfureuse. Temp. 27.8° C. (Cf. les analyses).
	253 Idzu-tani	
	254 KANA-YAMA	Avec plusieurs sources, toutes *eaux thermales alcalines, salines très fortes.* *a.* Hamayu ...... Temp. 47.5° C. *b.* Awayu .... » 34° C. *c.* Moto-no-yu ... » 28.3° C. *d.* Saki-no-yu .... » ? *e.* Mabu-yu ..... » 43.3° C. *f.* Senki-yu ..... » 50° C. *g.* Yagata-yu .... » 50° C. (Cf. après les analyses).

PROVINCES.	ENDROITS.	REMARQUES.
NANKAIDO.		
KII	255 *Nigo*	
IYO	256 *Michi-ushiro* ou *Do-go.*	
SAIKAIDO.		
CHIKUZEN	257 *Musashi* ou Tora-maru.	
BUNGO	258 Hama-yu	
	259 Tsuru-ani-wara	
	260 Aka-yu	
	261 Kuhari	
	262 *Beppu*	A côté de la mer.
	263 Taté-ishi	Se trouvent toutes quatre à Beppu-mura.
	264 Kanawa	
	265 Hamada	
HIZEN	266 *Takewo* ou Tsu-kasaki	Ancien bain du prince de Hizen (Cf. *Siebold.* Nippon-Archiv. II. p. 68).
	267 URESHINO	Eau saline à haute température (Cf. *Siebold.* Nippon-Archiv. II. p. 66).
	268 Wunsengataké. A. O-jigoku. B. Ko-jigoku	Geysers bouillants, eaux fortement ferrugineuses (Cf. analyse).
	269 *Obama*	Près de la mer de Shimabara (Cf. *Siebold.* Nippon-Archiv. II. p. 58.)
	270 Takaki	
HIGO	271 *Hinago*	Therme simple.
	272 Iwogataké	
	273 Tochi-no-ki	Eau saline (Cf. *Siebold.* Nippon-Archiv. II. p. 58).
	274 Yu-tani	Eau ferrugineuse, vitriolique.
	275 Ikita	
	276 Hira-yama	Eau faiblement saline.
	277 Taretama ou Ta-ruki-tama	Eau fortement ferrugineuse, vitriolique (Cf. *Siebold.* Nippon-Archiv. II. p. 58.)
	278 Tsuye-taté	
	279 YAMAGA	Eau thermale, légèrement sulfureuse.
HIÜGA	280 Kirishima	Eau tiède, faiblement saline.
	281 Shiro-tori ou Ha-ku-cho	
	282 Iwo-tani	Geysers bouillants; eaux fortement ferrugineuses et vitrioliques.
OSUMI	283 Anraku	
	284 Hokonaki	
SATSUMA	285 Soyeta	
	286 Yuta	

PROVINCES.	ENDROITS.	REMARQUES.
SAIKAIDO.		
SATSUMA...	287 Tsigoka........	
	288 Narukawa	
	289 Shuri-no-hama .	
	290 Shiba-tate	
	291 Ichi-i-no.......	
	292 Okawachi......	
IKI (île d').	293 Yumoto	

Analyse de l'Eau Minérale d'Arima. (N° 3.)

D'après les deux analyses faites par M. B. J. DWARS à Osaka et feu M. H. RITTER à Yedo, la source principale d'Arima près de Hiogo, doit être considérée comme une *Eau ferrugineuse* très-fortement salée. Elle a une température de 40-41° centigrades.

ANALYSE QUANTITATIVE DE M. DWARS, (1).

Un litre d'eau contient :

Chlorure de Sodium...	14.717	Gr.
Chlorure de Potassium.	1.281	»
Chlorure d'Ammonium.	0.013	»
Chlorure de Calcium ..	2.896	»
Bromure de Sodium...	0.105	»
Chlorure de Magnésium	0.241	»
Oxyde ferrique .... (Présent comme carbonate ferreux)	0.246	»
Oxyde manganique (Mn^3O^4) .... (Présent comme bicarbonate manganeux)	0.055	»
Sulphate de Chaux....	0.014	»
Chlorure d'Aluminium .	0.029	»
Acide Silicique........	0.058	»
Somme	19.655	»
Chlorure de Lithium ...	traces.	
Matières Organiques ...	peu.	

ANALYSE DE M. RITTER, (2).

Un litre d'eau contient :

Chlorure de Sodium....	très-grande quant.
Chlorure de Potassium .	peu.
Chlorure de Calcium ...	beaucoup.
Chlorure de Magnésium	peu.
Bicarbonate ferreux ...	beaucoup.
Bicarbonate de Chaux ..	très-peu.
Sulfate de Chaux	peu.
Acide Silicique	peu.
Acide Phosphorique....	traces.
Acide Carbonique libre.	peu.
Acide Sulfhydrique	traces.
Brome .... probablement à l'état de bromure de magnésium.	très-peu.
Matière organique	quantité moyenne.

« L'eau est claire et sans couleur ; elle a une faible odeur d'acide sulfhydrique et un goût fort salé d'abord, puis ferrugineux. Sa réaction est lé-

(1) M. DWARS, Directeur du laboratoire chimique à Osaka, a eu l'obligeance de nous envoyer son manuscrit d'analyse quantitative.

(2) Mitth. Deutsche Gesellsch. fuer Natur-und Voelkerkunde Ost-Asiens. Heft. IV. Jan. 1874. p. 44.

« L'eau est assez claire, sans couleur et sans odeur marquée d'abord. Elle a un gout fort salé puis ensuite astringent ferrugineux. Quand elle reste exposée à l'air, ou qu'on la fait bouillir, il se forme d'abord une sorte de pellicule superficielle et après un sédiment floconneux d'une couleur rouge-brunâtre, composé d'hydrate ferrique et de silicates, insolubles dans les acides.

La réaction de l'eau est légèrement acide.

Un Litre = 1011.5 grammes à 23° C. contient : matières solides 19.56 grammes. Chauffé au rouge, ce résidu perd 0.022 grammes.

La pesanteur spécifique est de 1,0115 à une temp. de 23° C.

L'eau d'Arima ressemble, quant à sa qualité, par conséquent, à la source d'Orange à *Kreuznach*, mais elle contient une plus grande quantité de sels et presque huit fois plus de fer que celle-ci. »

gèrement acide ; après l'ébullition elle n'a presque aucune réaction alcaline. Par l'ébullition il se forme un sédiment d'une couleur brunâtre, composé d'hydrate ferrique-ferreux, avec un peu de silicate ferrique et des traces de sulfate et de phosphate ferriques et de carbonate de chaux.

La quantité du brome est très-appréciable, car on a pu le trouver facilement dans le résidu de l'évaporation d'une seule bouteille d'eau. Il n'y a pas été trouvé d'iode.

La détermination préliminaire de la quantité de fer donne :

0.205 grammes de protoxyde de fer dans un litre d'eau. »

Cette eau minérale chaude se trouve à la source principale d'Arima, laquelle est située au milieu de la petite ville, justement au point où les deux rues principales se rencontrent en formant un angle droit. La source est environnée d'hôtels, d'auberges et de magasins de vannerie en bambou et de pinceaux japonais. Plusieurs de ces articles sont d'une élégance et d'une finesse admirables. Il en résulte qu'Arima est presque aussi célèbre par ses travaux en bambou et ses pinceaux de cheveux, de crin de cheval, de poils de chèvre, de cerf ou de belette que par ses sources minérales.

La maison de bain consiste en deux compartiments, dans chacun desquels se trouve une piscine en bois d'environ 3 mètres carrés. L'obscurité complète de ces piscines et l'absence de chambres séparées pour se déshabiller sont des inconvénients fort graves. Les baignoires ont plus d'un mètre de profondeur et le sol est couvert de pierres. L'eau minérale bouillonne en plusieurs endroits par les pentes qui existent entre les pierres et s'écoule par les bords supérieurs des piscines.

En outre de la source principale, il y a encore à Arima deux autres sources minérales moins célèbres. L'une est située un peu plus haut que la source principale et s'appelle *yu-no-hana no-yu* (c'est à dire eau minérale dans laquelle on trouve un sédiment pulvérulent). M. RITTER l'a analysée et trouvé les résultats suivants :

YU-NO-HANA-NO-YU où *source ferrugineuse froide d'Arima.*

« L'eau a une odeur plus prononcée d'acide sulfhydrique. Elle contient presque les mêmes substances que l'eau de la source principale, mais la quantité d'acide carbonique et d'acide sulfhydrique est plus grande, tandis que la quantité de fer est beaucoup moindre. Un litre contient 0.122 grammes de protoxyde de fer, quantité encore assez considérable. Elle donne à sa source un *sédiment bourbeux*, composé principalement de

Hydrate ferrique-ferreux	beaucoup.
Silicate ferrique	traces.
Sulfate ferrique	»
Phosphate ferrique	»
Carbonate de chaux	très-peu.

Quand on traite ce sédiment par des acides il ne se produit qu'un dégagement très faible d'acide carbonique. »

On prépare à Arima, avec les précipités de l'eau de cette source, une poudre brune (*yu-no-hana*), que l'on vend aux malades qui retournent chez eux. Cette poudre que l'on obtient par l'ébullition de l'eau minérale, se compose d'après M. RITTER (l. c.) de :

Hydrate ferrique-ferreux	beaucoup.
Carbonate ferreux	peu.
Silicate ferrique	assez grande quantité.
Sulfate ferrique	traces.
Phosphate ferrique	quantité moyenne.
Carbonate de chaux	peu.
Carbonate de magnésie	très-peu.

La deuxième source froide d'Arima se trouve un peu plus en bas que la source principale, dans la rue *Tanino-matchi* et s'appelle *Mé-arai-yu* (c'est-à-dire eau minérale pour se laver les yeux). Cette source est vantée contre les maladies des organes visuels.

M. Ritter (l. c.) a trouvé que l'eau en est un peu trouble, d'une couleur légèrement jaunâtre, mais sans odeur. Elle contient beaucoup d'acide carbonique libre, a une réaction acide prononcée et donne par l'ébullition un *sédiment brun-jaunâtre,* composé d'hydrate ferrique-ferreux, de carbonate de chaux et de très peu de carbonate de magnésie. L'eau contient :

Chlorure de Sodium.............	peu.
Chlorure de Potassium...........	traces.
Chlorure de Calcium.............	peu.
Chlorure de Magnésium	très-peu.
Sulphate de Chaux	peu.
Bicarbonate de Magnésie..........	très-peu.
Bicarbonate ferreux	quantité moyenne.
Acide Carbonique libre...........	beaucoup.

Les bains d'Arima sont, avec ceux d'*Atami* dans la province d'Idzu, d'*Ashi-no-yu* et *Yumoto* dans la province de Sagami, de *Kusatsu* dans la province de Kotsuké, de *Tennei-ji-yu* dans la province Mutsu, district d'Aidzu, de *Oshiwo* dans la province d'Idzumo, de *Hongu* dans la province de Kii, de *Ureshino* dans la province de Hizen, les plus célèbres au Japon, et l'histoire mentionne plusieurs Empereurs qui ont visité les bains d'Arima. Le grand Toyotomi Hideyoshi (*Taiko sama*) surtout fut un des protecteurs célèbres des sources d'Arima.

L'Eau minérale de Komono, dans la province d'Isé. (No. 6.)

D'après l'analyse de M. Martin, (1) cette eau est *saline-alcaline* et *gazeuse*, remarquable par l'absence totale de sulphates.

Un litre d'eau contient :

Chlorure de Sodium.................	1,8815	Grammes.
» de Potassium................	0,0710	»
» de Lithium..................	0,0188	»
Carbonate de Soude	1,1251	»
» de Chaux................	0,2010	»
» de Magnésie	0,1533	»
» ferreux..................	traces.	
» Manganeux	»	
Bromure de Sodium................	»	
Matières organiques	»	
Acide Silicique	0,0980	»
Somme................	3,5533	Grammes.

(1) Mitth. der D. Gesellsch. für N. u. V. Ost.-Asiens, 10tes Heft. Juli 1876. P. 22

Le résidu total après l'évaporation d'un litre d'eau a été trouvé de 3,533 grammes.

Source principale d'Atami, dans la province d'Idzu. (No. 14A.)

D'après l'analyse de M. Martin, (1) cette eau *thermale est fortement saline-salée,* et *magnésienne.*

Une litre d'eau contient :

Chlorure de Sodium	3,7900 Grammes.
» de Magnésium	2,3330 »
» de Potassium	1,8100 »
» de Calcium	1,7670 »
Sulfate de Chaux	0,1930 »
Bicarbonate de Chaux	0,0042 »
» ferreux	0,0031 »
Acide Silicique	0,1100 »
Chlorure de Manganèse	Traces.
Bromure de Potassium	»
» de Sodium	»
Matières organiques	»
Somme	10,0103 Grammes.

La source principale d'Atami forme un vrai « Geyser » ou therme intermittent et est située dans une courbure, à une distance de 300 mètres du côté de la mer et à la hauteur de 120 mètres.

La température de l'eau est bouillante, tandis que les vapeurs d'eau, accompagnées d'une petite quantité de gaz hydrogène sulfuré s'échappent avec beaucoup de force.

Auprès de la source principale se trouvent encore à Atami six autres thermes, qui ressemblent plus ou moins au premier « Geyser, » à l'exception d'un seul, le *Mu-yen-no-yu*, qui n'est pas salé et ne contient que peu de matières solides.

Sources auprès de la source principale d'Atami.

Mu-yen-no-yu (No 14 d.) Temp. 97° C. { Therme simple, non salé, sulfureux, avec 0,0137 grammes H^2S par litre.

(1) l. c. pag. 21.

Furo-no-yu (Nº 15.)....Temp.	97° C.	Eaux thermales fortement salines, salées, avec traces d'hydrogène sulfuré.
Kawara-no-yu (Nº 16.).. »	100° C.	
Midori-no-yu (Nº 17.)... »	85° C.	
Mi-no-yu (Nº 14B.)..... »	50° C.	
Shin-yu (Nº 14C.)....... »	?	

Eau minérale de Yoshina, dans la province d'Idzu. (No. 25.)

D'après M. MARTIN (l. c.) cette eau thermale est assez fortement sulfureuse ; elle contient 0,01928 grammes d'hydrogène sulfuré par litre et sa température est de 41° C. Les baignoires y sont bien installées et très-propres. C'est certainement ce qu'il y a de mieux dans la province d'Idzu.

Eau minérale de Tonozawa, dans la province d'Idzu. (No. 33.)

Trois des cinq sources qui existent dans cette localité ont été analysées par M. MARTIN (l. c.). Elles forment des *eaux thermales simples*, avec très peu de matières solides.

UN LITRE D'EAU CONTIENT :	*TONOZAWA*. HAUTEUR ENV. 12 MÈTRES.		
	SOURCE *Tamura*. Temp. 45° C.	SOURCE *Nakata*. Temp. 44° C.	SOURCE *Fuku-dzumi* Temp. 44° C.
Sulfate de Soude.....	0.1556.	0.1856.	0.1856.
Chlorure de Sodium...	0.2604.	0.3055.	0.3210.
» de Potassium.	0.0138.	0.0244.	0.0083.
» de Magnésium	traces.	traces.	traces.
» de Calcium ..	0.0280.	»	0.0026.
Acide Silicique.......	0.0448.	0.0280.	0.0547.
Carbonate ferreux....	traces.	traces.	traces.
» de Chaux...	...	0.0331.	...
» de Magnésie	...	traces.	traces.
Matières organiques...	traces.	«	»
Total..........	0.5026 gr.	0.5766 gr.	0.5722 gr.

Eaux minérales de Miyanoshita, dans la province de Sagami. (No. 34.)

Les deux sources de ce village, *Kuma-no-yu* et *Mikadzuki*, ont été analysées par M. MARTIN (l. c. pag. 25). Ce sont des eaux thermales simples, peu salines.

UN LITRE D'EAU CONTIENT :	*MIYANOSHITA*. HAUTEUR 321 MÈTRES.	
	SOURCE *Kuma-no-yu*. Temp. 52° C.	SOURCE *Mikadzuki-no-yu*. Temp. 60° C.
Sulfate de Soude..........	0.0358.	0.0686.
Chlorure de Sodium	0.7056.	1.5888.
» de Potassium	...	0.0082.
Acide Silicique............	0.0688.	0 1262.
Sulfate de Chaux	...	0.0282.
Carbonate ferreux	traces.	...
» de Chaux	0.1981.	0.1818.
» de Magnésie......	0.0090.	0.0623.
Bromure de Potassium	traces.	...
Hydrogène sulfuré..........	...	0.0017.
Acide Phosphorique	traces.	traces.
Alumine	...	»
Matières organiques	traces.	»
Total.................	1.0173 gr.	2.0658 gr.

Eaux minérales de Sokokura, dans la province de Sagami. (No. 36.)

On trouve dans cet endroit, selon M. MARTIN, (l. c. pag. 25) six sources *d'eau thermale saline,* dont trois ont été analysées plus en détail. Elles ressemblent beaucoup aux sources de Miyanoshita et de Tonosawa.

UN LITRE D'EAU CONTIENT :	SOKOKURA.		
	SOURCE *Shin-rei-to*. Temp. 66° C.	SOURCE *Man-ju-to*. Temp. 75° C.	SOURCE *Yoshida-no-yu*. Temp. 46° C.
Sulfate de Soude	0.1570.	0.0585.	0.0310.
Chlorure de Sodium...	1.1528.	1.5827.	0.7279.
» de Potassium.	0.1781.	0.0210.	0.0392.
» de Magnésium	...	...	0.0360.
» de Calcium...	...	...	0.0858.
Carbonate de Chaux ..	0.0562.	0.1337.	...
Acide Silicique	0.1220.	0.0920.	0.0887.
Carbonate de Magnésie.	0.0651.	0.0386.	...
» ferreux	...	...	traces.
Sulfate de Chaux	0.0294.	...	...
Acide Phosphorique...	...	traces.	...
Alumine.............	...	»	...
Matières organiques ..	0.0685.	»	traces.
Total	1.8291 gr.	1.9265 gr.	1.0086 gr.

Eaux minérales de Kiga, dans la province de Sagami (No. 37.)

Il y a à Kiga cinq sources, qui se ressemblent beaucoup et forment, selon M. Martin (l. c. pag. 22) des *Eaux salines*.

UN LITRE D'EAU CONTIENT :	*KIGA*. Hauteur 323 mètres.				
	SOURCE *Shobu-no-yu* Temp. 45° C.	SOURCE *Iwa-no-yu* Temp. 44° C.	SOURCE *Kami-no-yu* Temp. 38° C.	SOURCE *Otaki-no-yu* Temp. 47° C.	SOURCE *Tani-no-yu* Temp. ?
Chlorure de Sodium...	0.4656.	0.3655.	0.6308.	0.7595.	0.6056.
» de Potassium.	0.1619.	0.0375.	0.0129.	...	...
» de Magnésium	0.0016.	0.0514.	0.0950.	0.1125.	0.0300.
Sulfate de Chaux	0.1929.	0.2131.	0.1731.	0.2297.	0.2452.
» de Magnésie .	traces.	...	...	...	...
Carbonate de Chaux...	»	...	0.1730.	0.0758.	...
» de Magnésie.	0.1139.	...	0.0174.	0.0985.	...
Acide Silicique	0.1137.	0.1470.	0.0190.	0.1180.	0.1812.
Bicarbonate manganeux	traces.	...	traces.	...	traces.
Bromure de Sodium...	»	traces.	...	traces.	...
Matières organiques...	»	»	traces.	»	traces.
Total	1.0496gr.	0.8145gr.	1.1212gr.	1.3940gr.	1.0620gr.

Eaux minérales d'Ashi-no-yu (No. 38.)

Dans les solfatares d'Ashi-no-yu (1) se trouvent quatre sources, *éminemment sulfureuses*, situées à une hauteur d'environ 836 mètres au-dessus de la mer. Les sources sont :

Naka-no-yu	Temp, 42° C.	Chacune avec 0.0226 grammes d'hydrogène sulfuré par litre.
Soko-nashi-no-yu...	» 42° C.	
Ashi-no-yu	» 42° C.	
Darma-no-yu	» 27° C.	avec 0.0220 grammes H^2S par litre.

Eau minérale d'Igawo (ou Ikao), dans la province de Kotsuké (No. 71.)

C'est une eau thermale saline, pas très forte et selon M. MARTIN (l. c. pag. 21) de la composition suivante :

Un litre contient :

Sulafte de Soude....................	0.6775	grammes.
» de Potasse	Traces.	
» de Magnésie	»	
» de Chaux	0.1120	»
Chlorure de Sodium	0.3158	»
» de Potassium	Traces.	
Bicarbonate de Chaux................	0.1980	»
» de Magnésie..............	0.1190	»
» ferreux..................	0.0071	»
Acide Silicique	0.0350	»
Total	1.4644	grammes.

Eau minérale de Shima, dans la province de Kotsuké. (No. 75.)

L'analyse de cette eau saline, faiblement salée, a été faite par M. MARTIN (l. c.) et a donné les résultats suivants :

---

(1) Cf. COCHIUS. Mitth. der Deutsche Gesellsch. fuer Natur-und Voelkerk. Ost-Asiens, 3tes Heft. Sept. 1873. pag. 3.
MARTIN. Ibid. 10tes Heft. Juil 1876. pag. 24.

Un litre d'eau contient :

Chlorure de Sodium	1.4540	grammes.
» de Potassium	0.2620	»
Sulfate de Potasse } » de Soude }	0.2945	»
» de Chaux	0.2837	»
» de Magnésie	Traces.	
Acide Silicique	»	
» Phosphorique	0.0619	»
Chlorure de Manganèse	Traces.	
Brome	»	
Matières organiques	»	
Somme	2.3561	grammes.

Eaux Minérales près Kusatsu, dans la province de Kotsuké. (No. 83-87.)

Cinq des quinze sources situées dans les environs de Kusatsu ont été analysées par M. MARTIN (l. c. pag. 21), qui a obtenu les résultats suivants :

UN LITRE D'EAU CONTIENT :	CINQ SOURCES PRÈS *KUSATSU*, ENV. 1300 MÈTRES AU-DESSUS DU NIVEAU DE LA MER.				
	SOURCE *Gosa-yu.* Temp. 65-70° C. (No. 83).	SOURCE *Ji-zo-yu* Temp. 48-52° 1/2 C. (No. 84).	SOURCE *Washi.* Temp. 49 1/2 -51° C. (No. 86).	SOURCE *Netsu.* Temp. 90° C. (No. 86).	SOURCE *Taki-no-yu* Temp. 43-48° C. (No. 87).
Sulfate ferreux	0.1663.	0.2689.	0.2688.	0.2280.	0.1928.
» de Magnésie	0.0150.	0.2187.	0.2331.	0 1199.	0.3084.
» d'Alumine	0.3051.	0.7198.	0.0215.	1.1800.	0.2584.
» de Chaux } Acide Silicique }	0.7383.	0.6149.	0.6389.	0.2550.	0.6731.
Sulfate de Soude } » de Potasse }	0.4860.	0.2050.	0.2400.	0.4200.	0.2035.
Acide Sulfurique libre	2.1384.	1.7578.	1.8674.	1.3392.	2.1181.
» Hydrochlorique »	0.8485.	0.8875.	0.7461.	0.8532	0.8030.
» Phosphorique	0.0132.	0.0450.	0.0728.	pas déterm.	0.0072.
Matières organiques	traces.	traces.	traces.	traces.	traces.
Total	4.7108.	4.7176.	4.0886.	4.3953.	4.5645.

Mr. Descharmes, dans sa description géographique de Kusatsu, (Trans. Asiatic Soc. of Japan, Vol. II. p. 25) mentionne encore une dizaine d'autres sources, dont les neuf premières semblent avoir une constitution semblable aux cinq sources indiquées ci-dessus. Elles sont caractérisées par des propriétés fortement acides et astringentes.

Source			
a. Kakké-no-yu	Temp.	47°, 48° et 62°C.	Eaux thermales acides et fortement astringentes.
b. Wata-no-yu	»	46½-48°C.	
c. Matsu-no-yu	»	41-46°C.	
d. Kompira-no-yu	»	42-48°C.	
e. Tama-no-yu		n'existent plus.	
f. Ruri-no-yu			
g. Shirasu-no-yu			
h. Niegawa-no-yu			
i. Nakasawa-chaya-no-yu,	Temp.	38-42°C.	
k. Mé-arai-yu		probablement pas acide.	

Quoique les dernières sources ne soient pas encore analysées plus en détail, il parait néanmoins que la plupart contiennent beaucoup de sulfate de fer, de sulfate d'alumine et d'acide sulfurique libre.

Les nombreuses sources de Kusatsu sont situées dans une vallée qui se trouve à une hauteur de 1300 à 1500 mètres au-dessus du niveau de la mer, et qui est entourée de tous côtés par les montagnes. La vallée elle même peut être considérée comme un immense solfatare.

Le climat y est très-agréable pendant les grandes chaleurs. Les eaux produisent généralement des vapeurs d'une odeur sulfureuse et la température varie entre 55 et 77° C. Les bains sont devenus célèbres par la visite du premier *shogun* Minamoto-no-Yoritomo, et grace à leur effet médical dans les maladies suivantes : la lèpre, les ulcères, la syphilis, la gale, la gonorrhée, les maux d'yeux, les névralgies, les vertiges et les rhumatismes.

M. Descharmes nous a donné une traduction intéressante du guide du baigneur « *Niu-to-annaï-ki,* » dans lequel l'auteur japonais donne les règles suivantes, fort utiles à observer dans les bains : « Après l'arrivée au bain, il faut se reposer « quelques jours avant de commencer la cure. Au début,

« on ne doit prendre que trois bains par jour ; après cinq ou « six jours, on peut aller jusqu'à cinq ou six bains, mais jamais « on ne doit dépasser ce chiffre. Une cure ordinaire dure environ « trois semaines, mais dans les maladies sérieuses et opiniâtres, « il la faut prolonger jusqu'à 7 ou 10 semaines. Dans les cas les « plus graves, la cure peut même durer 100 à 150 jours. Il est « utile d'aller l'année suivante à la même époque reprendre les « bains.

« Pendant les 6 à 7 premiers jours il ne faut prendre que « des bains ordinaires. Ensuite on peut faire usage des douches ; « il est dangereux de commencer immédiatement avec elles. « Avant de s'immerger dans l'eau on doit humecter le corps, « surtout la poitrine, les épaules et les genoux avec un morceau « de toile trempé dans l'eau. Ensuite on se baigne, sans rester « trop de temps au bain, car on pourrait perdre connaisssance « si l'on ne prenait cette précaution. En sortant du bain, il ne « faut pas se frotter si fortement le corps avec un essuie-main, « comme le font les Européens. Les premier jour de la cure, on « se trouvera souvent assez mal et la maladie parait s'empirer ; « mais l'aggravation n'est qu'apparente et l'on ne doit pas s'en « inquiéter. Quand on prend la douche, il faut la diriger seule- « ment sur les pieds, les épaules, la tête ou le dos, jamais sur « la poitrine ou la ventre, parce que ce serait dangereux. Dans « tous les cas, il ne faut faire usage des douches que pendant « peu de temps. On doit éviter les excès de table ou de tout « autre genre, mais il faut cependant éviter les idées noires et « tâcher d'être toujours de bonne humeur. Comme nourriture, « il faut suivre son régime ordinaire et s'abstenir des mets que « l'on ne digère pas suffisamment bien. »

Les eaux minérales aux environs de Nikko, dans la province de Shimodzuké, (N° 90-97.)

Cet endroit est fort riche en sources minérales, surtout en eaux thermales sulfureuses. Une inspection sur place a été faite par MM. MISAKI et ONAKA, deux de mes assistants à Yédo. Une analyse plus détaillée sera publiée plus tard. *Gosho-yu,* (No. 90) située dans le village Yu-nishi-gawa-mura près Nikko est *une eau thermale saline* de 42° C. de température. Les sources No. 91-96 sont toutes *des eaux thermales fortement sulfureuses,* avec 0.034-0,04 grammes d'hydrogène sulfuré par litre. Voici leur température :

No. 91.	*Naka-no-yu*	Temp.	42° C.
» 92.	*Taki-yu*	»	48° C.
» 93.	*Umba-yu*	»	95° C.
» 94.	*Sasa-yu*	»	63° C.
» 95.	*Dzizaï-yu* ou *Ara-yu*	»	69° C.
» 96.	*Yakushi-yu* ou *Donsu-no-yu*	»	41° C.

La source *Kawara-yu,* située dans le village Yu-nishi-gawa-mura, est une *eau thermale saline, légèrement sulfureuse,* à 49° C. de température.

Eaux minérales près Shiwo-hara, dans la province de Shimodzuké, (N° 98.)

Shiwo-hara est située dans un solfatare, qui donne naissance à un grand nombre de sources *éminemment acides, vitrioliques et astringentes,* comme c'est le cas en plusieurs autres endroits au Japon, par exemple à Kusatsu. Quelques unes contiennent en outre une petite quantité d'hydrogène sulfuré.

Eau minérale de Nasu, dans la province de Shimodzuké, (No. 99.)

La source *Nasu-no-yumoto* se trouve aussi dans un solfatare et jouit de propriétés fortement acides et astringentes, par suite de la grande quantité d'acide sulfurique libre, de sulfate d'alumine et de sels de fer qui y existent. Dans le voisinage se trouve beaucoup de soufre pulvérulent, provenant du dépôt des fumaroles et de l'action volcanique dans ce terrain. La température de l'eau est de 78° C. Des tubes de plus de 6 *cho* de longueur amènent l'eau chaude de la source dans les maisons de bain du village de Nasu.

Eaux minérales d'Omaru-tsuka, dans la province de Shimodzuké, (N° 101.)

Cet endroit se trouve à une distance de six kilomètres au nord de Nasu et possède quatre sources, qui forment toutes des *eaux thermales légèrement salines* ou bien des *eaux chaudes simples* avec très peu de matières solides.

Les quatre sources sont :

Aï-no-yu	Temp.	75° C.
Taki-no-yu	»	74° C.
Hiyé-no-yu	»	49° C.
Sakura-no-yu	»	71° C.

Eau minérale de Riu-jin-mura, dans la province de Kii (No. 250).

La province de Kii a une dizaine de sources, qui se ressemblent beaucoup ; ce sont toutes des eaux thermales d'une réaction *fortement alcaline* et d'un gout désagréable de lessive. Elles ont presque la même constitution que l'eau de la source « *Kraenchenbrunnen* » d'Ems, en Allemagne et peuvent servir au même usage que celle-ci. Nous avons fait l'analyse qualitative et déterminé la quantité de matières solides pour un litre d'eau sur onze sources de la province de Kii.

L'eau de Riu-jin-mura est une des plus faibles sources alcalines. Sa température est de 48.8° C.

Elle contient pour un litre 1,0733 grammes de matières solides.

Chlorure de Sodium	quantité moyenne.
Bicarbonate de Soude	grande quantité.
Carbonate de Soude...............	»
Bicarbonate de Chaux	très peu.
» ferreux................	peu.
Sulfate de Chaux	traces.

L'eau est parfaitement claire, sans odeur ni couleur et pétille d'une manière assez forte quand on l'agite dans une bouteille. La réaction de l'eau est faiblement alcaline, mais elle devient fortement alcaline après l'ébullition, sans former toutefois un sédiment.

Eau minérale de Katsu-ura, dans la province de Kii. (No. 251).

Cette source est d'après notre analyse une *eau thermale sulfureuse, alcaline et saline*, d'une température de 36.4° C.

Elle contient dans un litre 2.903 grammes de matières solides.

Chlorure de Sodium	très grande quantité.
» de Magnésium	quantité moyenne.
Carbonate de Soude.............	assez grande quantité.
Bicarbonate de Soude	do.
» de Chaux	quantité moyenne.
» ferreux.............	traces.
Sulfate de Chaux	traces.
Brome.......................	do.
Hydrogène sulfuré	assez grande quantité.

L'eau est presque claire, mais devient quelque peu laiteuse quand on l'expose longtemps à l'air. Elle a une forte odeur d'hydrogène sulfuré et un gout alcalin désagréable. La réaction de l'eau est faiblement alcaline, mais elle le devient fortement après l'ébullition et forme en même temps une légère turbidité.

C'est une source sulfureuse importante.

Eau minérale de Hongu ou Yunominé, dans la province Kii. (No. 252).

Nous avons constaté que cette source donne une *eau thermale alcaline, saline, légèrement sulfureuse,* d'une assez haute température (88½° C.).

Elle contient dans un litre 1.336 grammes de matières solides.

Chlorure de Sodium	grande quantité.
» de Potassium...........	très peu.
» de Magnésium	do.
Carbonate de Soude	grande quantité.
Bicarbonate de Soude	do.
» ferreux	traces.
Sulfate de Chaux	peu.
Brome	traces.
Hydrogène sulfuré..............	peu.

L'eau est presque claire et possède une odeur désagréable d'hydrogène sulfuré. La réaction de l'eau est faiblement alcaline, mais elle le devient fortement après l'ébullition, sans former de sédiment ni de turbidité.

Eau minérale Tsubaki-no-yu, près Yunominé-mura, dans la province de Kii.

D'après notre analyse, c'est *une eau saline* assez insignifiante et *légèrement sulfureuse*, de 27.8° C. de température.

Elle ne contient dans un litre que 0.3187 grammes de matières solides.

Chlorure de Sodium	peu.
» de Magnésium	très peu.
Carbonate de Soude	quantité moyenne.
Bicarbonate de Soude	do.
» de Chaux.............	traces.
Sulfate de Chaux	quantité moyenne.
Hydrogène sulfuré	peu.

L'eau est claire et possède une odeur désagréable d'hydrogène sulfuré et un goût faiblement alcalin. La réaction de l'eau devient alcaline après l'ébullition, sans qu'il se forme de sédiment ni de turbidité.

Eau minérale de Kana-yama, dans la province de Kii. (No. 253).

Dans le voisinage de cette montagne on trouve sept sources, toutes d'*eaux thermales alcalines, salines* très fortes. L'analyse nous a donné les résultats suivants.

	HAMA-YU.	AWA-YU.	MOTO-NO-YU.	SAKI-NO-YU.	MABU-YU.	SENKI-YU.	YAGATA-YU.
Température ...	41.5° C.	34° C.	28.3° C.	?	43.3° C.	50° C.	50° C.
Quantité des matières solides dans un litre.	4.9663 gr.	4.6613 gr.	4.5125 gr.	4.354 gr.	3.6745 gr.	3.851 gr.	4.0563 gr.
Chlorure de Sodium.......	très grande quantité.	très grande quantité.	très grande quantité.	très grande quantité.	très grande quantité.	très grande quantité.	très grande quantité.
» de Potassium	peu.	peu.	traces.	traces.	traces.	peu.	traces.
» de Magnésium	...	»	...	peu.	...	...	...
Carbonate de Soude	très grande quantité.	beaucoup.	beaucoup.	beaucoup.	beaucoup.	beaucoup.	beaucoup.
Bicarbonate de Soude	»	très grande quantité.	très grande quantité.	très grande quantité.	très grande quantité.	très grande quantité.	très grande quantité.
» de Chaux	très peu.	peu.	traces.	peu.	peu.	très peu.	traces.
» ferreux..	peu.	»	peu.	traces.	traces.	traces.	peu.
Sulfate de Chaux	...	très peu.	traces.	»	très peu.	»	»
Bromure	traces.	traces.	...	»	...	...	...
Acide silicique..	peu.	...	...	...	...	...	...
Alumine	»	...	...	...	...	...	...
Matière organique.......	»	...	...	...	...	...	...

Elles ont toutes un goût salé et alcalin. La réaction de toutes ces eaux est fortement alcaline et devient encore plus marquée après l'ébullition. En les agitant fortement ou en les mélangeant d'un peu d'acide hydrochlorique elles moussent beaucoup et dégagent de l'acide carbonique. Elles sont toutes fort utiles dans les maladies des membranes pituitaires, spécialement de la gorge, des bronches et des intestins.

L'Eau minérale d'Ureshino, dans la province Hizen. (N° 267).

Cette eau est limpide, sans couleur, d'une odeur légèrement sulfureuse, sans goût prononcé. Nous avons constaté que sa température était = 92° C. Sa pesanteur spécifique = 0.99 à 16° C. Elle ne contient qu'une petite quantité de matières solides. L'acide sulhydrique ne s'y révèle que par l'odeur. La réaction par une solution alcaline d'oxyde de plomb ne l'indique pas. Le nitroferrocyanure de sodium ne laisse pas apercevoir non plus de sulfures alcalins. Nous avons trouvé :

Chlorure de Sodium	assez grande quantité.
Chlorure de Potassium	peu.
Chlorure de Magnesium	peu.
Sulfate de Chaux	assez grande quantité.
Bicarbonate de Chaux	très-peu.
Sels de fer	néant.
Iodures et Bromures alcalins	néant.
Acide sulfhydrique	traces.

Ureshino est un des sîtes les plus pittoresques du Japon. La piscine est en bois et construite d'une manière très convenable. L'eau chaude de la source y est amenée par des conduites en bois et grâce à un autre tuyau on peut la mélanger à volonté avec de l'eau froide. Plusieurs hôtels se trouvent à côté du bain et nombre de visiteurs s'y rendent, soit pour y rétablir leur santé, soit en parties de plaisir. Au point de vue chimique, l'eau minérale d'*Ureshino* n'a d'autre mérite que d'être très-chaude.

Eaux minérale du Wunsen-ga-daké, dans le district de Shimabara. (N° 268).

Dans les solfatares du volcan Wunsen-ga-daké (montagne des bains chauds), se trouvent plusieurs fumaroles et deux grandes sources d'eau minérale bouillante. Des premières on voit sortir constamment des vapeurs d'eau, de soufre, d'acide sulfureux et d'autres gaz qui s'échappent avec beaucoup de force. Partout on trouve de la lave, des tuffs poreux couverts de soufre en poudre ou friable, produit de la condensation des vapeurs des fumaroles. On y voit encore les débris de grandes pièces de lave projetées lors de l'épouvantable éruption de 1792. (1)

Les deux sources sont le *O-jigoku* où le grand enfer et le *Ko-jigoku* où le petit enfer.

Le *O-jigoku* est situé à la pente septentrionale du volcan, à une hauteur d'environ 550 mètres. L'eau bouillonne dans un espace de plusieurs mètres carrés en jets nombreux. Elle est claire, bien que mélangée en quelques endroits de boue sulfureuse ; elle a une odeur de vapeur de soufre et un gout fort désagréable, astringent et ferrugineux, par suite de la grande quantité de sulfate ferreux qu'elle renferme. Quand on voit bouillonner l'eau sur cette grande surface et des jets de vapeur rejaillir de tous côtés, on s'imagine parfaitement pourquoi les Japonais ont donné à cet endroit diabolique le nom de « *Grand Enfer.* »

L'eau d'*O-jigoku* contient :

Chlorure de Sodium	quantité assez grande.
» » Potassium	peu.
» » Magnesium	très-peu.
Sulfate ferreux	grande quantité.
» de Chaux...............	peu.
» d'Alumine..............	peu.
Acide sulfhydrique...............	traces.
Température	bouillante.
Pesanteur spécifique	1.012 à 2° C.

Les Japonais croient que cette eau forme une source sulfureuse, comme ils le disent de beaucoup d'autres bains, mais cette assertion n'est pas exacte. L'eau d'*Ojigoku* ne contient que des traces de soufre qui ne sont même appréciables qu'à

(1) Cf. pour l'histoire de cette éruption, *Siebold.* Nippon Archiv. II. p. 55.

l'aide de réactions chimiques. Du reste, on peut expliquer facilement cette opinion erronée par le fait de l'existence de nombreux dépôts de soufre pulvérulent que l'on trouve partout dans les environs du bassin.

Le *Ko-jigoku* où petit enfer est d'une dimension beaucoup moins considérable que le précédent, et se trouve à la pente méridionale du volcan, à environ 520 mètres au-dessus de la mer. L'eau a également la température d'ébullition et forme sur le sol rocailleux qui l'environne un dépôt assez considérable d'hydrate ferreux-ferrique, semblable à celui du bain d'Arima.

L'eau elle-même est claire, d'une odeur sulfureuse très faible et d'un goût astringent ferrugineux ; sa pesanteur spécifique est de 1,010 à 22° C. Elle contient :

Chlorure de Sodium	quantité moyenne.
» » Potassium	néant.
» » Calcium	très-peu.
Bicarbonate ferreux	grande quantité.
Sulfate de chaux	quantité moyenne.
» ferreux	peu.

Elle doit être considérée par conséquent comme une *eau ferrugineuse* assez forte.

Les deux bains du Wunsen-ga-daké peuvent être administrés dans la chlorose. Il semble qu'ils aient aussi un bon effet dans les maladies de peau opiniâtres, car nous en avons vu des résultats surprenants, chez plusieurs malades japonais.

La disposition des piscines, la nourriture et le logement laissent toutefois beaucoup à désirer dans cet endroit qui est assez peu hospitalier.

Eau minérale d'Obama, dans la péninsule de Shimabara, (N° 269).

Ce bain se trouve juste à côté de la baie de Shimabara, vis-à-vis du village de Mogi, près Nagasaki. La source qui est très profonde est quelquefois, pendant les hautes marées, envahie par l'eau de la mer.

L'eau de la source est amenée à trois baignoires en pierre, qui se trouvent en plein air et qui ne sont recouvertes que d'un petit toit de chaume. Dans le village on trouve tout auprès du bain quelques auberges, où l'on est beaucoup mieux logé qu'au Wunsen-ga-daké. A la source, l'eau a une très haute température, mais dans les baignoires elle n'a plus que 38-43° C. Elle contient :

Chlorure de Sodium	grande quantité.
» » Potassium	peu.
» » Magnesium...........	beaucoup.
Sulfate de Chaux................	»
» » Potasse...............	»
Bicarbonate de chaux	très-peu.
Acide carbonique libre...........	néant.
Brome / Iode	trace à l'état probablement de sels de magnésium.

Cette eau doit donc être considérée comme *saline salée chaude.*

Eaux Minérales de Hinago. dans la province de Higo. (N° 271).

A Hinago on trouve plusieurs sources d'eau minérale, 1° celle de *Matsu-no-yu ;* 2° celle de *Shira-ishi-no-yu ;* 3° celle de *Nishi-no-yu ;* 4° celle de *Naka-no-yu.* Elles ont beaucoup de ressemblance entre elles quant à leur constitution chimique. Ce sont toutes des *eaux chaudes simples* ou *neutres* qui n'ont qu'une température modérée de 41-44° C. Elles contiennent très-peu de matières solides et n'offrent pas grand intérêt.

EAUX MINÉRALE DE L'ILE DE YESSO.

Mr. *B. S. Lyman*, ingénieur des mines au Japon, nous a fait connaître la situation géographique d'un grand nombre de sources minérales de Yesso (1). Selon ce savant auteur, la plupart de ces eaux minérales seraient des sources sulfureuses ; mais nous nous bornerons à reproduire seulement leurs noms,

(1) Cf. Preliminary Report of the geological survey of Yesso. Tokei. Kaitakushi. 1874. p. 41 et les « Reports » de 1875 et de 1876 que ce savant et zêlé géologue a publié à Tokei, Kaitakushi.

et à indiquer les endroits où elles se trouvent ainsi que leurs températures, car aucune d'elles n'a été, que nous sachions, l'objet d'une analyse chimique. Il faut laisser à l'avenir le soin d'en déterminer la constitution chimique et la valeur médicale.

Il va sans dire que l'île de Yesso est encore plus riche en sources thermales que les autres îles du Japon.

NOM DES ENDROITS.	NUMÉROS.	TEMPÉRATURE CENTIGRADE.	REMARQUES.
Lac Oï	1	99°	A une distance de 400 mètres Nord-Ouest des sources de Nuburi-bets et à environ 300 mètres au dessus du niveau de la mer.
Nuburi-bets ...	1-6 7 8 9 10	99° 83° 81° 78½° 48°	Toutes ces sources se trouvent aux environs des couches de soufre de Nuburi-bets, à 300 mètres au dessus du niveau de la mer.
Jô-san	1 2 3 4 5 6	89° 89° 87° 83° 83° 80½°	Dans les montagnes de Toyohira, à 72 kilomètres au-dessus de Sapporo. Sol granitique. Toutes ces sources ont des dimensions considérables.
Obuné	1 2 3 4	78½° 74° 73° 68°	A 4 kilomètres de Kumadomari et d'U-sudzui. Toutes ces petites sources sont très rapprochées les unes des autres.
Isoya	1 2 3 4 5	72° 69° 67° 67° 48°	A 2 kilomètres d'Isoya, entre Shikabé et Kumadomari. Ces sources ne sont pas importantes; elles sont voisines les unes des autres et émergent d'un sol argileux grisâtre.
Nigorikawa	1 2 3 4	57° 55° 51° 49°	A 6 kilomètres du côté de la mer, près d'Ishikawa, à 8 kilomètres Nord-Ouest de Washi-no-ki. Toutes ces sources sont petites et rapprochées les unes des autres. A environ 1 kilomètre du côté de la mer il y a encore d'autres petites sources froides et sulfureuses.
Ésan	1 2 3	53°*(1) 50°* 45°?	Sur la montagne d'Esan à 2 kilomètres de Netanai. Ces sources sont peu importantes et voisines les unes des autres. L'eau a un goût très astringent et acide.

(1) L'astérique signifie « degré approximatif ».

NOM DES ENDROITS.	NUMÉROS.	TEMPÉRATURE CENTIGRADE.	REMARQUES.
KAKUMI	1 2 3	50°* 47° 40°?	A 2 kilomètres de Kakumi, dans un espace d'environ 100 mètres. Les sources sont petites et jaillissent d'un sol porphyrique et volcanique, d'une couleur gris-verdâtre.
YUNAI	1 2 3	49.5° 47° 46°	Dans la montagne Raiden, à 12 kilomètres Nord-Ouest de Iwanai. Toutes ces sources sont rapprochées les unes des autres. Sol volcanique.
KUSURI (Bas)	1 2 3	45.5° froide »	A 200 mètres environ d'Otoshibé, entre ce village et Kusuri-haut. Les sources sont très près les unes des autres.
YUDOMARI	1 2 3 4	33° 32.5° 29° 27.5°	Dans le filon de minerai de cuivre de Yudomari, près Sakadzuki. L'eau est employée pour les bains d'yeux et contient peut-être du sulfate de cuivre.
KUSURI (Haut)	1	35°	Petite source, à 12 kilomètres d'Otoshibé sur le chemin d'Esashi. Dans un gravier de rivière.
NOTAP	1	froide	A 8 kilomètres d'Otoshibé, à côté d'Esashi.
SHIKABÉ	1 2 3 4 5	91° 70.5° 70° 44° 42°	Dans le village de Shikabé, à côté de la mer. La source No 1 est à environ 200 mètres de distance des autres et immergée pendant la haute marée.
YUMOTO	1 2 3	43°* 43°* 43°*	Près de la rivière Kennichi, à 6 kilomètres du côté ouest de la mer. Sol de granit et de travertin
YUNOSAWA	1 2	43°* 32°*	A 4 kilomètres du côté de la mer, près Kudow, sur la route de Moshibets.
YURAP	1 2	39° 35°	Près des fourneaux de Yurap : la 1re assez grande, la 2e petite.
YUNOKAWA	1	35°	Village à 10 kilomètres au Nord-est de Hakodaté. Source petite.
BORO	1 2	33° 27°	A 4 kilomètres d'Otoshibé, à côté d'Esashi. Sources petites.
YUNOSAKI	1	froide	A 500 mètres ouest de Washi-no-ki, à côté de la mer.
TOMI	1	50°*	A 6 kilomètres d'Ikusa-kusa et à 8 kilomètres de Shikabé.
KAMI-YUNO-SAWA	1	30°	Dans les calcaires de cet endroit, à 8 kilomètres Nord-Est de Hakodaté. Source assez importante.

(*) L'astérique signifie « degré approximatif »

CLASSIFICATION DES EAUX MINÉRALES DU JAPON QUI ONT ÉTÉ ANALYSÉES JUSQU'A CE JOUR.

Après avoir mentionné les résultats obtenus dans l'analyse de plusieurs sources du Japon, nous allons en donner la nomenclature selon leurs propriétés chimiques et médicales. (1)

Nous avons, à cet effet, adopté la classification suivante :

I. Eaux thermales simples, ou Neutres.

II. Eaux acides non gazeuses.

III. Eaux acidules gazeuses.

a. Eaux minérales alcalines gazeuses.
b. Eaux minérales acidules calcaires.
c. Eaux minérales acidules gazeuses simples.
d. Eaux minérales acidules ferrugineuses.

IV. Eaux salines.

a. Eaux minérales ferrugineuses sulfatées.
b. Eaux salines séléniteuses.
c. Eaux salines magnésiennes, ou eaux minérales amères.
d. Eaux minérales salées.

V. Eaux minérales sulfureuses.

I.—EAUX THERMALES SIMPLES OU NEUTRES.

Ces eaux sont caractérisées par l'absence de matières gazeuses et par la présence d'une très-faible quantité seulement de matières salines. Elles n'ont, en médecine, d'autre intérêt que celui de leur température élevée. Leurs effets sont par conséquent à peu près les mêmes que ceux des bains chauds ordinaires d'eau de puits ou de rivière.

La chaleur humide, une bonne hygiène, les promenades dans la campagne aux environs des bains et une diète raisonnée, suivant les cas, sont les agents thérapeutiques constituant le traitement pour ces sortes d'eaux. Elles peuvent être employées à la fois comme bain et comme boisson.

(1) Cette partie de l'ouvrage a été publiée séparément sous le titre « *Le guide du Baigneur au Japon* » ou Notice sur quelques eaux minérales du Pays et sur l'emploi qui peut en être fait. Yokohama. C. Lévy, 1877.

Nous les recommandons dans les maladies suivantes :

Rhumatisme chez les gens faibles et chez les femmes.

Goutte atonique.

Exsudations consécutives d'inflammations ou de contusions.

Surexcitation anormale du système nerveux et paralysie partielle par suite d'attaques de rhumatisme.

Maladies de peau provenant d'une surexcitation quelconque.

Quelques maladies des organes sexuels chez les femmes.

Convalescence tardive et lente à la suite de graves maladies.

Cas légers de scrofulose.

Voici la nomenclature de cette espèce de sources au Japon :

Province d'Idzou.

MU-YEN-NO-YU, près d'Atami		Temp. 97° C. (1).
KONA		» 55
YUGASHIMA	source *a*	» 41
	» *b*	» 44

Province de Sagami.

HAKONÉ-YUMOTO		Temp. 41° C.
TONOSAWA	*a*. Ando-no-yu	» 45 1/2
	b. Tamura-no-yu	» 43
	c. Nakata-no-yu	» 44
	d. Fukudzumi-no-yu.	» 44
	e. Tamano-no-yu	» 41
MYANOSHITA	*a*. Mikadzuki-no-yu.	Temp. 60° C.
	b. Kuma-no-yu	» 52
DOGASHIMA	*a*. Shin-ren-to	Temp. 56° C.
	b. Muso-no-yu	» 48
	c. Yakushi-no-yu	» 48
KIGA	*a*. Shobu-no-yu	Temp. 45° C.
	b. Iwa-no-yu	» 44
	c. Kami-no-yu	» 38
	d. Otaki-no-yu	» 47
	e. Tani-no-yu	» ?

Province de Shimotsuké.

NIKKO, YU-NISHI-GAWA-MURA, GOSHO-YU	Temp. 42° C.

(1) Tous ces degrés sont centigrades.

KITA	a. Aino-yu	Temp.	54° C.
	b. Taki-no-yu	»	54
	c. Tengu-no-yu	»	54
	d. Unsen-no-yu	»	47/54
OMARU-TSUKA	a. Ai-no-yu	Temp.	75° C.
	b. Taki-no-yu	»	74
	c. Hiyé-no-yu	»	49
	d. Sakura-no-yu	»	71

Province de Higo.

HINAGO .... Temp. ?
HIRAYAMA .... » ?

Les sources correspondantes les plus connues en Europe sont celles d'AIX, en Provence (France), BAINS et PLOMBIÈRES, dans les Vosges, également en France, GASTEIN, WILDBAD, JOHANNISBAD, en Allemagne, etc.

Pour les habitants de Yédo et de Yokohama, nous recommandons surtout, en raison de leur situation salubre et du pittoresque des environs, les stations de Myanoshita et de Hakoné-Yumoto. Les habitants de Nagasaki pourront se rendre de préférence aux sources de Hinago, dans la province de Higo.

II.—EAUX ACIDES NON GAZEUSES.

Ces eaux sont caractérisées par un goût acide, dû à la présence à l'état libre d'une quantité notable d'acide non effervescent (acide sulfurique, etc.) Elles se trouvent rarement dans la nature et n'ont guère d'emploi en médecine. On les recommande comme bain, mais non comme boisson, dans les violents flux pituitaires.

Province de Shimotsuké.

NASU-NO-YUMOTO, SHIKA-NO-YU .... Temp. 78° C.

(Cette source contient en outre une quantité considérable de sulfate d'alumine et un peu d'hydrogène sulfuré.)

[*Voir également Section IV*, EAUX VITRIOLIQUES.]

Les sources correspondantes sont celle du LAC-CRATÈRE DU MONT INDIEN dans l'île de Java, et celle RIO-VINAGRE DE POPAYAN, dans la Colombie.

III.—EAUX ACIDULES GAZEUSES.

Ces eaux contiennent une grande quantité d'acide carbonique libre, indépendamment des sels qui peuvent s'y trouver. Elles moussent et pétillent par l'agitation.

A.—**Eaux alcalines Gazeuses.**
(Natropegœ).

Ces eaux sont caractérisées par la présence d'une assez forte quantité de carbonate et de bicarbonate de soude. Quelques-unes contiennent en outre des quantités considérables de chlorure de sodium, et dans ce cas on les désigne parfois sous le nom d'EAUX ALCALINES GAZEUSES MURIATIQUES. Elles sont d'une véritable utilité dans un grand nombre de maladies sérieuses ; on les emploie surtout comme boisson. Leur principale action physiologique est de favoriser le maintien de l'état alcalin du sang, et de dissoudre par conséquent les albuminates qui se trouvent dans l'organisme. Elle augmentent l'exhalation de l'acide carbonique par les poumons et provoquent par suite une plus forte inhalation d'oxygène par ces organes. Mais c'est surtout dans les catarrhes chroniques des membranes pituitaires de la gorge, de l'estomac et du canal digestif que l'on a pu apprécier les effets salutaires de ces eaux. Elles facilitent la digestion et corrigent la trop grande acidité du chyle et du suc stomachique. On les emploie surtout comme boisson, mais elles trouvent aussi leur usage comme bain dans les maladies suivantes :

Catarrhes chroniques de l'estomac et toutes espèces de dyspepsies.

Ulcus rotundum.

Catarrhes chroniques des intestins.

Hyperhémie du foie.

Concrétions dans la vésicule biliaire.

Pléthore abdominale.

Catarrhes chroniques du pharynx et du larynx.

Catarrhes bronchiaux chroniques.

Pneumonie chronique.

Exsudations pleurétiques et péritoniales.
Catarrhes des organes urinaires.
Concrétions des reins et de la vessie.
Catarrhes des organes sexuels chez les femmes.
Goutte.
Scrofulose.

Province d'Isé.

KOMONO		Temp.	?	

Province d'Idzu.

SHIUZENZI	a. Shiu-zen-zu-yu...	Temp.	49.8°	Traces d'hydrogène sulfuré.
	b. Ishi-no-yu	»	63	
	c. Hako-no-yu	»	66	
	d. Sugi-no-yu	»	61	
	e. Shin-yu	»	67.8	
	f. Doko-no-yu	»	60	
	g. Kawara-no-yu...	»	64	
	h. Hana-no-yu.....	»	57...	»
	i. Fudji-no-yu.....	»	41	
	j. Meidji-rei-sen...	»	69	
	k. Kiku-yen-no-yu.	»	69...	»
	l. Noda-yu	»	45.5	
	m. Tatsu-no-yu....	»	71	

Province de Kii ou Ki-siu.

RIUJIN-MURA		Temp.	49°	
HONGU ou YUNOMINÉ		»	88.5...	»
TSUBAKI-NO-YU		»	27.5...	»
KANAYAMA	a. Hama-yu	Temp.	41.5	
	b. Awa-yu	»	34	
	c. Moto-no-yu.....	»	28.3	
	d. Saki-no-yu	»	?	
	e. Mabu-yu	»	43.3	
	f. Senki-yu	»	50	
	g. Yagata-yu	»	50	

Les sources correspondantes les plus célèbres en Europe sont celles de VICHY, d'EMS, de BILIN, de NEUENAHR, du MONT-DORE, de WEILBACH, etc.

Les meilleures sources alcalines du Japon qui aient été jusqu'ici analysées se trouvent dans la province de Kii. Nous recommandons surtout et avant toutes celles de Kanayama, entr'autres les eaux d'Hamayu, d'Awa-yu, de Moto-no-yu, de Saki-no-yu et de Mabu-yu. Elles sont presque complètement identiques à celles de la source KRAENCHENBRÜNNEN, à Ems (Allemagne).

Les sources alcalines des provinces d'Idzu et d'Isé sont beaucoup plus faibles.

Nous espérons que les sources minérales de Kisiu, si peu connues encore parmi les Européens qui résident au Japon, seront un jour ce que sont celles de Vichy pour la France et d'Ems pour l'Allemagne, auxquelles elles ne cédent en rien. Nous les avons analysées nous-même pendant notre séjour à Kyoto.

B.—Eaux Acides Calcaires ou Incrustantes.

Ce sont des eaux dans lesquelles il entre une quantité telle de carbonate de chaux en dissolution dans l'acide carbonique qu'elles révêtent en fort peu de temps d'une croute calcaire solide les objets que l'on y plonge. Elles n'ont pas grande importance en médecine : on les emploie cependant parfois dans les maladies suivantes :

Affections de la peau (en bain), à cause de leur propriété légèrement astringente.

Dyspepsie et affections des organes de la digestion (comme boisson), à cause de leur qualité neutralisante.

Scrofulose (comme boisson).

Il existe sans doute de ces sources au Japon, mais il n'en a pas encore été trouvé.

C.— Eaux Acides Gazeuses simples.

Ces eaux contiennent une grande quantité d'acide carbonique libre, saus avoir une dose notable de carbonate de soude ou de carbonate de chaux. Elles sont agréables au goût, rafraîchissantes et pétillent fortement quand on les agite. Elles possèdent, comme boissson, une action légèrement stimulante sur les membranes de la bouche et de l'estomac. On les livre d'ordinaire au commerce en bouteilles ou en cruches.

On en trouve au Japon dans les localités suivantes :

Province de Yamashiro.

SAGARAGORI DOSENBO.................... Temp. froide.

Province d'Idzu.

YUGAWARA.........	*a.* Shita-no-yu.....	Temp. 50° C.
	b. Kawara-no-yu....	» 41.5
	c. Yakushi-no-yu...	» 44.8
	d. Namo-no-yu.....	» Inconstante.

Province de Shimotsuké.

YUMOTO-SHIWOBARA, KAZIWARA-NO-YU ..... Temp. 32°/40°

Les sources correspondantes en Europe sont celles de Seltz, Vals, Condillac, etc.

L'eau minérale de Dosenbo, dans la province de Yamashi, est sans contredit la meilleure de cette espèce au Japon. Elle contient en outre un peu de bi-carbonate ferreux, et est rafraîchissante et d'un goût fort agréable. Le laboratoire de Kyoto a commencé à en mettre en vente, renfermée dans des cruches de porcelaine très élégantes. Les personnes qui ont visité les expositions annuelles de Kyoto auront certainement remarqué ces cruches, revêtues d'une étiquette en langue soi-disant anglaise et ainsi conçue : « Mineral water *contained* carbonic acid.» En dépit de cette dénomination fantaisiste, l'eau de Dosenbo, dont nous avons fait une analyse détaillée, mérite d'être mise dans le commerce ; mais il faudrait pouvoir en diminuer le prix, qui a été jusqu'à présent trop élevé. On en fait néanmoins beaucoup usage dans les environs de Kyoto et d'Osaka, surtout en été.

D. — Eaux Acidules Ferrugineuses.

(Chalybopegœ)

Ces eaux contiennent, comme base principale, une certaine quantité de carbonate ferreux en dissolution dans l'acide carbonique. Elles ont une saveur ferrugineuse très prononcée, et possèdent la propriété de se colorer en bleu-noirâtre par la teinture de noix de galle. Elles forment en s'écoulant et en s'évaporant à l'air libre un sédiment ocracé. On en fait usage tant pour bains que pour boisson. Dans ce dernier cas, elles constituent un remède diététique et tonique ; aussi les emploie-t-on dans les affections anémiques et chlorotiques. Mais il faut ne les prescrire qu'avec une grande prudence aux malades chez qui la digestion est difficile, sourtout si elles sont fortement ferrugineuses. L'estomac ne les supporte pas toujours, surtout chez les individus de complexion débile ou délicate.

Employées comme bains, les eaux acidules ferrugineuses ont une action à la fois astringente et stimulante sur l'épiderme. Elles provoquent une contraction des vaisseaux capillaires et augmentent par suite les fonctions du cœur et du système nerveux. On en fait usage dans les maladies suivantes :

Anémie ordinaire, occasionnée par des hémorragies consécutives à une opération chirurgicale.

Faiblesse causée par un violent saignement de nez par des hémorrhées ou hémorrhoïdes.

Chlorose.

Dyspepsie anémique et diarrhée chronique.

Leucémie et enflure amyloïde de la rate.

Hydropisie chronique par suite d'anémie.

Scorbut.

Convalescences longues et difficiles.

Quelques formes d'hypocondrie et d'hystérie.

Névralgie trigéminale, etc.

Ces eaux se trouvent dans les endroits ci-après :

Province de Shimotsuké.

NASUGORI, SANTOKOYA.................. Temp. 55°

Province de Setsu.

ARIMA............................... Temp. 40-41°

Province de Hizen.

WUNZENGADAKÉ, KO-JIGOKU............. Temp. ?

Les eaux correspondantes en Europe sont celles de Spa, de Pyrmont, de Griesbach, de Rennes, de Chatel-Guyon, etc.

Nous recommandons de préférence la source de Santokoya qui est la plus faible. Celle d'Arima est très forte et contient en outre une très grande quantité de chlorure de sodium. Il convient donc de ne l'administer comme boisson qu'avec une extrême prudence aux personnes d'une constitution délicate.

La source de Wunzengadaké est également très ferrugineuse. Il y en a d'ailleurs très probablement beaucoup d'autres au Japon, mais qui ne sont encore que peu ou point connues.

IV.—EAUX SALINES.

Ce sont des eaux qui contiennent beaucoup de sels solubles, abstraction faite de la faible quantité d'acide carbonique qu'elles peuvent également renfermer.

A.—**Eaux ferrugineuses sulfatées, ou vitrioliques.**

Ces eaux ont une saveur atramentaire (d'encre), astringente et en même temps acide : elles noircissent par la teinture de noix de galle et forment un précipité bleu par le cyanure ferroso-potassique. Elles conservent ce caractère, même après avoir été soumises à l'ébullition, tandis que les eaux ferrugineuses carbonatées le perdent complètement. Elles se trouvent dans les solfatares et dans les terrains volcaniques, et sont très abondantes au Japon.

On n'en fait usage que pour bains. Elles ont sur l'épiderme une action fortement astringente et peuvent, en raison de leurs principes, saisir un peu brusquement le malade, de telle sorte qu'il faut ne les administrer qu'avec beaucoup de prudence aux individus de faible constitution. Elles sont d'ailleurs d'une grande efficacité dans certaines affections cutanées d'un caractère opiniâtre. Nous les recommandons surtout dans les maladies suivantes :

Flux pituitaire.
Lèpre.
Ulcères syphilitiques.

Scrofulose.
Teigne, etc.

Ces eaux se trouvent dans les localités suivantes ;

KUSATSU	a. Kakké-no-yu	Temp. 47-52°
	b. Wata-no-yu	» 46½-48
	c. Matsu-no-yu	» 41-46
	d. Kompira-no-yu	» 42-48
GOSAYU		Temp. 65-70
JIZO-NO-YU		» 48-52
WASHI-NO-YU		» 49-51
NETSU-NO-YU		» 90
TAKI-NO-YU		Temp. 43-47

Province de Shimotsuké.

YUMOTO-SHIWOBARA	a. Kami-no-yu	Temp. 66°
	b. Naka-no-yu	» 75
	c. Tera-no-yu	» 56
	d. Mudzina-no-yu	» ?

Province de Hizen.

WUNSENGADAKÉ, O-JIGOKU .... Temp. 100°

Province de Higo.

YUTANI .... Temp. 100°
TARETAMA OU TARUKI-TAMA .... » ?

Province de Hiüga.

IWOTANI .... Temp. 100°

Toutes ces eaux sont très fortes, principalement celles de Kusatsu et de Yumoto-Shiwohara.

Les sources correspondantes en Europe sont celles d'ALEXISBAD, de MUSKAU de PARAD (Hongrie), de BONNEBY (Suède) etc.

B.—**Eaux Salines Séléniteuses.**

Ces eaux sont plus ou moins saturées de sulfate de chaux ; elles ont un goût fade et précipitent abondamment le savon. On les emploie rarement en médecine comme boisson ; mais elles peuvent être mises en usage, comme bains, dans les maladies suivantes :

Affections cutanées de toutes sortes, à cause de leur propriété légèrement astringente.

Scrofulose.

On les trouve dans les endroits ci-après désignés :

Province de Kotsuké.

IGAWO OU IKAO .... Temp. 40-45°

Province de Shimotsuké.

ITAMURO-MURA, NASUGORI .... Temp. 39°

Province de Hizen.

URESHINO .... Temp. 92°
TAKEWO OU TSUKASAKÉ .... » 50

Sources correspondantes en France : LES PUITS DE PARIS, etc.

C.—**Eaux Salines magnésiennes ou Eaux amères.**

Ces eaux doivent leur goût et leur propriété purgative à la présence d'une quantité notable de Sulfate de magnésie ou de Chlorure de magnésium. On ne les emploie guère que comme boisson. On les administre quelquefois à dose très forte, si l'on veut obtenir un effet purgatif marqué, ; on les ordonne aussi en plus petite quantité, mais pendant une plus longue période de temps.

Beaucoup de ces sortes d'eaux minérales se trouvent dans le commerce, en cruches ou en bouteilles.

On les recommande comme boisson dans les cas suivants :

Engraissement anormal.

Obstructions chroniques.

Pléthore.

Congestions sanguines.

Hemorrhoïdes.

Enflure du foie.

Quelques affections du cœur.

Maladies du canal intestinal.

Nous n'avons pas encore rencontré au Japon d'eaux purement magnésiennes, mais il en existe certainement, et nous espérons pouvoir bientôt en indiquer quelques-unes. Nous

nous attacherons d'autant plus à les rechercher qu'elles peuvent être d'une grande utilité dans beaucoup de maladies.

Sources correspondantes en Europe :

PULLNA, SEIDLITZ, EPSOM, KISSINGEN, FRIEDRICHSHALL, SAIDSCHUTZ, etc.

Les eaux salines qui contiennent une grande quantité de sulfate de soude ont les mêmes effets au point de vue médical. Elles sont, en conséquence, classées d'ordinaire parmi les eaux salines amères.

Les plus connues dans ce genre en Europe sont celles de CARLSBAD, de MARIENBAD, de FRANZENBAD, etc.

D.—**Eaux salées.**

(*Halopegæ.*)

La base principale de ces eaux est le sel marin ordinaire, ou chlorure de sodium. On les classifie souvent en trois subdivisions. Celles qui ne contiennent qu'une quantité moyenne de sel marin sont connues sous le nom d'eaux salées ordinaires. Lorsqu'elles en sont saturées au point de pouvoir être employées dans les salines, on les désigne sous la dénomination de « Soolen » (terme allemand). Enfin on distingue encore les eaux fortement salées, qui en outre de leur base principale, le chlorure de sodium, renferment aussi des quantités appréciables de *Iodures* ou *bromures alcalins*.

Toutes ces eaux s'emploient comme boisson et comme bains. Dans le premier cas, elles sont utiles pour stimuler et tonifier les organes de la digestion, pour accélérer et régulariser la secrétion des membranes pituitaires, pour améliorer la sanguification et pour remédier aux interruptions du fonctionnement du système glandulaire. Nous les recommandons tant comme boisson que comme bains dans les maladies suivantes :

Catarrhes intestinaux chroniques.
Pléthore abdominale.
Dyspepsie et catarrhe chronique de l'estomac.
Ulcères stomacaux chroniques.
Maladies du foie.

Enflure de la rate.

Catarrhes bronchiaux chroniques.

Scrofulose.

Enflure ou ulcères de l'utérus.

Différentes affections du système osseux, telles que caries, nécrose, rachitis.

Exsudations pleurétiques et péritonéales.

Les eaux fortement salées, ou «*Soolen*» peuvent être employées comme bains dans les maladies suivantes :

Scrofulose.

Rachitis.

Exsudations de l'utérus, des ovaires, des mamelles, etc.

Affaiblissement de l'épiderme.

Exanthèmes chroniques de la peau.

Ulcères chroniques des pieds.

Nevrose.

Les eaux salées *iodurées* ou *bromurées* sont prescrites comme boisson ou comme bains dans toutes les maladies où il y a lieu d'aider à une résorption quelconque, et principalement dans les

Scrofuloses.

Tumeurs glandulaires.

Exsudations de tous les organes.

Exsudations rhumatiques.

Exsudations chroniques et autres affections de la peau.

Les eaux salées ordinaires se trouvent au Japon dans les localités ci-après :

Province d'Idzu.

ATAMI (Source principale	Temp.	100°
MINOYU, près Atami	»	50
SHIN-YU, »	»	?
FURO-YU, »	»	97
KAWARA-YU, »	»	108
MIDORI-NO-YU, »	»	85

Province de Shinano.

SHIMA-MURA	Temp.	?

Province de Mimasaka.

YUNOYÉ OU YUNOGO .... Temp. ?

Province de Hizen.

SHIMABARA, OBAMA...................... Temp. variable.

Les sources correspondantes en Europe sont celles de MUNSTER AM STEIN, de HOMBOURG, de WIESBADEN, de KREUZNACH, de BOURBONNE-LES BAINS, etc.

Eaux fortement salées, ou " Soolen."

Nous ne connaissons jusqu'ici au Japon qu'une seule source de ce genre, c'est celle d'Arima, dans la province de Setsu, dont nous avons fait mention plus haut, au chapitre des eaux ferrugineées, cette source contenant en outre une grande quantité de carbonate ferreux. Deux autres qui se trouvent dans la même province, celles de *Tada* et de *Hitokura,* sont aussi, paraît-il, fortement salées ; mais nous n'en avons pas encore fait l'analyse.

Les eaux correspondantes en Europe sont celles de KISSINGEN, de SCHONBORN SPRUDEL, de NAUHEIM et de SODEN.

Eaux fortement salées, iodurées et bromurées.

Nous n'avons encore rencontré au Japon ancune source de cette nature : nous noterons toutefois que quelques sources alcalines gazeuses de la province de Kii, celles de Kanayama, entre-autres, contiennent des quantités appréciables de bromure alcalin. Il en est de même pour la source d'Arima, dans la province de Setsu.

Les sources correspondantes les plus connues en Europe sont celles de HALL (Autriche) d'HEILBRONN, de KREUZNACH, de SAXON EN SUISSE, de DURKHEIM, de SULZA, etc.

V.—EAUX SULFUREUSES.
(*Theiopegœ.*)

Ce sont des eaux qui contiennent comme base principale une certaine quantité de gaz hydrogéne sulfuré, ou un sulfure alcalin, ou tous deux à la fois. La quantité de soufre qui s'y trouve varie beaucoup, soit de 0,001 à 0,1 pour mille parties d'eau.

Elles ont une odeur et une saveur désagréable d'œufs pourris et noircissent les dissolutions de plomb et d'argent. On en fait usage en boisson, en bains, et en inhalations. Dans toutes ces eaux sulfureuses, le véritable principe médical est l'acide hydrosulfurique, les sulfures alcalins se trouvant modifiés par les acides du suc stomacal, avec dégagement d'hydrogène sulfuré.

Prises comme boissons, les eaux sulfureuses ont une action calmante sur le système nerveux : elles facilitent la transpiration, aident aux fonctions de la peau et augmentent les sécrétions urinaires.

Employées comme bains, elles exercent une action stimulante sur l'épiderme et par suite augmentent et activent la transpiration.

Nous les recommandons dans les maladies suivantes :

Rhumatisme musculaire chronique, raideur des muscles.
Affections cutanées de toute nature, telles que,
Eczéma, prurigo, psoriasis, érysipèle chronique.
Syphilis.

Empoisonnement chronique par les sels de plomb ou de mercure.

Pléthore abdominale.
Catarrhes chroniques du pharynx et du larynx.
Inflammation chronique de l'utérus et de ovaires.
Menstruation irrégulière.
Névrose par suite de rhumatisme.
Sources sulfureuses existant au Japon :

Province d'Idzu.

O-YU	Temp.	?
YOSHINA	»	41°

Province de Sagami.

OMARU-TSUKA	*a*. Naka-no-yu	Temp.	42°
	b. Soko-nashi-no-yu.	»	42
	c. Ashi-no-yu	»	42
	d. Daruma-no-yu	»	37

Province de Shimotsuké.

KITA	a. Naka-no-yu	Temp. 48°
	b. Taki-yu	» 48
	c. Umba-yu	» 65
	d. Sasa-yu	» 63
	e. Dzizai-yu	» 69
	f. Yakushi-yu	» 41

Province de Kii ou Kishiu.

KATSU-URA .... Temp. 36.4°

Province de Higo.

YAMAGA .... Temp. ?

Nous recommandons spécialement aux habitants de Yokohama et de Yédo la source sulfureuse de *Yoshina,* dans la province d'Idzu, parce que les maisons de bains et les baignoires y sont très convenablement installées, puis celles d'Ashi-no-yu, dans la province de Sagami. Ces dernières sont un peu plus fortes que les eaux de Yoshina.

Pour les habitants de Kobé et d'Osaka, il sera préférable de se rendre à Katsu-ura, dans la province de Kii ou Kisiu, la même où se trouvent également d'excellentes sources alcalines gazeuses.

Les sources correspondantes en Europe son celles d'AIX LES BAINS, de BAGNÈRES DE LUCHON, de BARÈGES, d'ENGHIEN etc., en France ; d'AIX-LA-CHAPELLE et de WEILBACH, en Allemagne ; de BADEN, près Vienne (Autriche), etc.

Nous finissons ici cet exposé sommaire, bien incomplet encore, sur quelques sources d'eaux minérales au Japon, et nous espérons que le lecteur, tout en n'y trouvant pas de renseignements sur un plus grand nombre de bains, nous saura néanmoins gré d'avoir cherché à être utile aux personnes à qui l'état de leur santé prescrit l'emploi de telle ou telle de ces eaux. Nous sommes convaincu en outre que cette notice préliminaire sera également bien accueillie par la population indigène ; il va de soi qu'il faudra, en tout état de cause, consulter un médecin rationnel sur l'usage à faire, suivant le cas, des différentes sources qui y sont mentionnées.

Nous ne voulons pas terminer sans déclarer que c'est le gouvernement japonais qui a pris l'initiative de cet utile travail. C'est au département de l'hygiène publique (Yeï-seï-kiyoku), dépendant du Ministère de l'Intérieur (Naimusho), c'est surtout à son chef, aussi zêlé qu'instruit, Mr. NAGAYO SENSAÏ, que revient l'honneur d'avoir fait connaître plusieurs bonnes sources d'eau minérale. Grâce aux laboratoires que nous avons installés par l'ordre du gouvernement, nous avons pu nous livrer aux études dont nous avons publié ici le résultat. Espérons qu'il nous sera donné de la poursuivre et que la population tant indigène qu'étrangère reconnaîtra en cette circonstance les excellentes intentions de Mr. le Ministre de l'Intérieur.

Nous avons enfin un devoir qu'il nous est bien agréable de remplir, celui de mentionner ici les noms de plusieurs de nos assistants, MM. Misaki, Nakamura, Miyaki, Onaka, Haraguchi, etc., qui nous ont puissamment aidé dans les analyses que nous avons faites des eaux mentionnées dans notre notice.

20.—EAU DE MER.

碧海水. **Heki-kai-sui.** UMI-NO-MIDZU. syn. *Ushiwo. Sui-so. Sui-O.* (Roi des Eaux). *So-mei* (Mer verte). *Dai-kai-sui* (Eau de la grande mer) et neuf autres noms poëtiques.

L'eau de mer est considérée par l'auteur chinois comme légèrement toxique et d'une température plus élevée que celle des autres espèces d'eau froide. Elle cause des vomissements, surtout après qu'on a mangé quelques fruits (fraises, etc.). On l'emploie pour en extraire le sel, et en médecine elle sert exclusivement comme bain, pour guérir une certaine maladie de peau, nommée *Fu-so-sen.*

21.—LESSIVE SALÉE.

鹽膽水. **Yen-tan-sui.** SHIWO-NO-NIGARI (lessive de sel déliquescent). Syn. *Shiwo-no taré-midzu* (eau produite de l'égouttement du sel). *Shiwo-no-shoben* (Urine du sel). *Niga-shiro.*

Cette eau amère est une solution concentrée de chlorure de magnésium, mélangée d'un peu de sel. On l'emploie beaucoup en Chine et au Japon dans la préparation du fromage végétal (豆 腐 *To-fu*) pour précipiter et endurcir la légumine ou caseïne légumineuse. (1) Les escamoteurs s'en servent aussi pour préparer les fils de soie auxquels ils suspendent une sapèque de cuivre. Après la combustion du fil, la monnaie se trouve soutenue par la cendre visqueuse et ne tombe pas. On dit qu'on peut même jeter des fleurs de narcisse ou de prunier dans le feu, sans qu'elles en soient attaquées, si on les plonge au préalable dans cette lessive.

En médecine, on la recommande comme bains pour la gale. Les Japonais assurent qu'elle tue d'une manière infaillible l'*acarus scabici*.

22.—EAU PURE DE YANG-KUH (JAPON *YO-KO*), PROVINCE KWAN-CHAU-FU (SHANTUNG), EN CHINE.

(*Hon. Fig. 1069* ;—SMITH *Mat. med. p. 28.*)

阿 井 泉 **A-se-sen.** 阿 膠 井 **A-kiyo-se.**

Ce puits célèbre et profond est situé dans un endroit distant de soixante *Li* chinoises (lieues) au nord-est de la ville de Yang-kuh (province Shantung). Son eau à des propriétés excellentes pour la préparation d'une espèce de *colle* de peau d'âne ou de bœuf, substance fort précieuse et très estimée en médecine. Quand elle n'est pas préparée avec cette eau, elle n'a point de valeur pour les hommes de l'art. Cette colle s'appelle *A-kiyo* (Cf. ci-après) et se vend à très haut prix. L'auteur chinois nous apprend que le vrai *Akiyo* est un « remède souverain. » M. SMITH dit à tort que le vrai *Akiyo* est le résidu de l'évaporation de l'eau elle même !! LI-SHI-CHIN décrit cette colle dans le cinquantième (50) volume de son ouvrage, au chapitre des quadrupèdes, précisément à côté de l'article consacré à l'âne, et ne dit pas que l'eau qui en provint puisse, par elle-même, produire de la colle. L'*Akiyo* est très estimée dans les maladies de poitrine et les catarrhes bronchiaux chroniques.

---

(1) Cf. Vol. II : Préparation du fromage végétal des semences de *Soya hispida*. MOENCH.

23.—EAU DE ROCHER ; EAU DE CASCADE.

山岩泉水 **San-gan-sen-sui.** YAMA-NO-IWA-YORI-NAGARU-MIDZU. Syn. *Tani-gawa-no-midzu.*

Cette eau est très pure et regardée comme excellente. Elle ne diffère guère de *kan-sen-sui,* ou eau des cascades droites. L'eau des cascades en général s'appelle *Yoku-sui,* (eau arrosante), *Taki-no-midzu* ou *Ri-sen,* (eau droite) ou *Hi-sen,* (eau volante). On distingue quatre variétés de cascades, savoir :

1° Celles qui tombent de haut en bas en ligne droite sans interruption 檻泉 *Kan-sen.*

2° Celles qui tombent d'une pierre à l'autre et par intervalles 沃泉 *Yoku-sen.*

3° Celles qui sont réflétées 汎泉 *Han-sen.*

4° Celles qui forment un grand nombre de petits rayons parallèles comme un rideau 水簾 *Sui-ren* (c'est-à-dire jalousie d'eau).

L'eau des montagnes qui produisent le jade est la plus estimée de toutes. On recommande d'en boire une grande quantité, afin de laver les intestins dans les maladies suivantes : *Kuwaku-ran* (diarrhée intense), *Han-mon, O-to* (vomissement), *Ten-ki.*

24.—EAU QUI S'EST ACCUMULÉE DANS LES VIEUX TOMBEAUX.

古塚中水 **Ko-cho-chu-sui.** FURU-TSUKA-NO-TAMARU-MIDZU.

Le *Pun-tsao* recommande cette eau sous forme de bains locaux dans la lèpre. On croit qu'elle est un peu vénéneuse.

25.—EAU DES CADAVRES.

糧罌中水 **Riyo-yeï-chu-sui.** FURUKI-TSUKA-NO-SHOKI-NO-NAKA-NO-MIDZU.

On pose des tasses dans le cercueil à côté du cadavre et en enterre le tout. Quand après quelques années le corps est putréfié, on ouvre secrètement le cercueil et l'on trouve alors les tasses remplies d'eau plus ou moins vénéneuse que l'on emploie dans les cas de frénésie, mais pas en plus grande quantité qu'un *go*. Une croyance populaire veut que l'on puisse voir le diable, quand on se lave les yeux avec cet étrange liquide. Au Japon on ne l'emploie plus depuis longtemps.

26.—EAU DANS LAQUELLE VIVENT DE PETITS SERPENTS ROUGES.

赤龍浴水. **Seki-riu-yoku-sui.** AKA-KUCHINAWA-ARU-SAWA-NO-MIDZU.

On trouve dans quelques marais de l'eau dans laquelle de petits serpents rouges vivent en grande quantité. On la croit légèrement vénéneuse et on la recommande comme vermifuge. Un bain pris dans cette eau facilitera l'ouverture des abcès. (Pratique inusitée au Japon.)

27.—EAU DES ORNIÈRES.

車轍中水. **Sha-tetsu-chiu-sui.** KURUMA-NO-WADACHI-MIDZU.

On peut se servir aussi de l'eau qui se trouve dans les empreintes du pied d'un cheval ou d'une vache, surtout lorsqu'on l'a recueillie au 5me jour du 5me mois. On recommande de se laver avec cette eau dans la maladie appelée *Reki-sho-fu* (abcès cancéreux ?) — (Pratique inconnue au Japon).

28.—EAU DES CAVITÉS D'UN SOL COMPOSÉ D'ARGILE JAUNE.

地漿. **Ji-sho.** TSUCHI-NO-TSUKURI-MIDZU. Syn. *Do-sho, Deï-sho-sui.*

L'eau qui est battue dans une argile jaune est considérée comme un vomitif efficace. Aussi la recommande-t-on dans les cas d'empoisonnement par des poissons vénéneux (le *Fu-ku*), par les champignons ou autres plantes vénéneuses. On peut aussi, pour le même usage, employer l'argile jaune, ou bien la terre grasse des murailles, mélangée avec de l'eau de puits ordinaire.

29.—EAU CHAUDE.

熱湯. **Netsu-to.** (pron. *Netto*). (Eau fiévreuse). ATSU-YU. Syn. *Niye-yu* (eau bouillante). *Sa-yu, Osa-yu.* 白湯 *Haku-to*.

L'eau qui a bouilli plusieurs fois et jusqu'à cent fois est très bonne pour la santé. Quand on a très froid, on ne doit pas boire de l'eau très chaude. Il faut éviter également de faire bouillir l'eau dans des vases de cuivre, car elle produit un fâcheux effet sur les organes de la voix. Un bain chaud est excellent, surtout après les fatigues et en voyage. L'*eau tiède* est désignée sous le nom de REI-NETSU-SUI ou *Mume-yu*. Syn. *In-yo-sui* (eau qui combine le principe masculin et féminin), *On-sui*. Mêlée avec du sel, elle est recommandée comme vomitif.

30.—EAU FORTEMENT BOUILLANTE.

生熟湯. **Seï-jiku-to.** UMI-YU. (Eau chaude *mûre*). Syn. *Kiyo-shu-to. On-yu-to* (eau chaude bouillante). *On-jiku-sui* (eau d'une chaleur parfaite). *On-kon-sui, On-sui, Dan-sui.*

Cette eau est considérée comme excellente pour les décoctions.

31.—LESSIVE DES NAVETS SALÉS.

虀水. **Seï-sui.** KUKI-DZUKÉ-NO-MIDZU. Syn. 漬物汁. *Tsu-ké-mono-no-shiru.* (Jus de salaison). *Kuki-no-shiru.* On sale des navets, des radis où du chou, et on les presse dans un tonneau au moyen d'une grosse pierre. La lessive ou jus qui en sort à la propriété de fortifier la voix. Prise en grande quantité elle constitue un vomitif.

32.—ESPÈCE DE VINAIGRE.

漿水. **Sho-sui.** HAYA-ZU. Syn *Kou-su. Tsukuri-midzu.* On prépare ce liquide plus ou moins acide de la manière suivante: On fait bouillir avec de l'eau une certaine quantité de millet ou de riz glutineux (*mochi-gomé*) en bouillie. La décoction est versée dans un grand vase en terre cuite, que l'on ferme au moyen d'un morceau de papier. Au bout de quelques jours, on trouve à la surface du liquide une couche épaisse de moisissure et la couleur du liquide a pris une teinte légèrement brunâtre, comme le *soyu*. Pris en petite quantité, ce liquide a des qualités toniques et apéritives, mais il faut avoir soin de ne jamais le boire en mangeant des prunes. Il constitue également un excellent antidote contre les mets gâtés : c'est aussi un remède diurétique, antihydropique et calmant.

33.—EAU RECUEILLIE PAR LA DISTILLATION DANS LES APPAREILS QUI SERVENT A FAIRE BOUILLIR LE RIZ A LA VAPEUR.

甑氣水. **So-ki-sui.** KOSHIKI-NO-HOKÉ-NO-SHITATARI.

Le riz glutineux qui sert au Japon à préparer certains gâteaux se fait bouillir à la vapeur, dans des récipients carrés en bois, que l'on superpose l'un sur l'autre au-dessus d'un vase de fer rempli d'eau bouillante. La vapeur s'échappe çà et là par les fentes et se condense en partie sur les parois extérieures de ces récipients. On recommande ce genre d'eau dans toutes les maladies des enfants que l'on nomme en Chine et au Japon « *kan.* » Elle sert aussi, comme application externe, pour guérir les cicatrices produites par les maladies de peau et s'emploie également pour les lotions à la tête, afin de donner aux cheveux plus de brillant et plus d'éclat. — (Pratique inusitée au Japon).

34.—EAU DE CLEPSYDRES EN CUIVRE.

銅壺滴漏水. **Do-ko-teki-ro-sui.** MIDZU-TOKEI-NO-NAKA-NO-MIDZU.

Les Chinois ont connu la clepsydre depuis les temps les plus reculés. Ils disent que leur empereur légendaire *Hoang-ti* en fut l'inventeur. Au Japon, cet instrument fut introduit en 600 par l'empereur *Ten-chi*, qui en fit construire en 671 un autre de plus grande dimension.

L'eau de ces horloges est recommandée pour faire les décoctions de quelques médecines. (Pratique inusitée au Japon).

35.—EAU SALE QUI A SERVI AU LAVAGE DES USTENSILES DE TROIS MAISONS.

三家洗碗水. **San-ge-sen-bon-sui.** SAN-GEN-NO-GOKI-ARAI-MIDZU.

Bouillie avec du sel, on recommande cette eau comme lotion dans toutes les maladies de la peau qui sont difficiles à guérir.

36.—EAU DES PIERRES A AIGUSER.

磨刀水. **Ma-to-sui.** TOGI-MIDZU. Syn. *To-midzu, Toshiru.* Cette eau contient en suspension de petites particules de métal et de la pierre à aiguiser. Cette poudre fine s'appelle *Ma-to-gin* ou *Riu-sen-fun.* Elle est regardée comme diurétique et recommandée en outre contre le « prolapsus ani » (chûte du rectum) (Ji), contre les morsures de serpent ou des insectes vénéneux et contre les maladies de l'oreille.—(Pratique inusitée au Japon).

37.—EAU PROVENANT DE LA MACÉRATION DES PLANTES D'INDIGO. (*Polygonum tinctorium* LOUR).

浸藍水. **Shin-ran-sui.** AI-WO-HITASU-MIDZU.

Cette eau paraît être un vomitif, car on la recommande dans les cas ou l'on cherche à expulser une sangsue qui s'est par hasard introduite dans l'œsophage ou lorsqu'on veut provoquer le rejet d'autres substances vénéneuses. — (Pratique inconnue au Japon).

L'eau bleue d'indigo s'appelle *Some-nuno-midzu :* elle est recommandée, qnand elle a bouilli, contre les maladies de la gorge.

38.—EAU SALE DES ÉTABLES A PORCS.

豬槽中水. **Cho-so-chiu-sui.** BUTA-HEYA-NO-MIDZU. Syn. *Buta-funé-no midzu, Buta-goya-no-midzu.*

S'emploie en lotion contre les morsures de serpents, et à l'intérieur comme vermifuge.—(Pratique inusitée au Japon).

39.—EAU DE PLUIE QUI S'EST RAMASSÉE DANS LES URINOIRS VIDES.

市門溺坑水. **Shi-mon-deki-ko-sui.** IBARI-ANA-NO-TAMARI-MIDZU. Syn. *Shōben-tsubo-tamari-midzu.*

On administre une seule tasse de cette eau dans la maladie « *Shokatsu,* » qui n'est probablement autre chose que le diabète. Le malade doit rester ignorant de la nature du remède qu'on lui fait prendre. (Pratique inusitée au Japon).

40.—EAU SALE DES BAINS DE PIED OU DES BRAS.

洗手足水. **Sen-shu-soku-sui.** TÉ-ASHI-NO-ARAI-MIDZU.

Cette eau est recommandée dans les fatigues du ventre chez les convalescents, et pour lisser les cheveux auxquels elle donne du brillant. (Pratique inusitée au Japon).

41.—EAU DU PREMIER BAIN DES ENFANTS.

洗兒湯. **Sen-ji-to.** Ubu-yu. Syn. *San-jo-midzu.*

On la recommande pour l'usage interne chez les accouchées, afin de faciliter l'expulsion du placenta. La patiente doit rester ignorante de la nature du breuvage qu'on lui fait prendre.

42.—EAUX NUISIBLES ET VÉNÉNEUSES.

諸水有毒. **Sho-sui-yu-doku.**

L'auteur chinois nous donne (vol. V, p. 51) les règles suivantes à observer au sujet de ces eaux :

Il ne faut pas boire l'eau des puits qui bouillonnent trop, car cette eau est souvent vénéneuse.

L'eau des puits vieux et hors de service est nuisible. L'eau courante, qui ne reçoit jamais les rayons du soleil, est pernicieuse. Il ne faut pas boire non plus l'eau dans laquelle se trouvent des tortues etc. L'eau stagnante qu'on rencontre sur les montagnes donne des abcès quand on en boit. L'eau des vases à fleurs est très dangereuse : elle peut donner la mort, surtout quand les branches du *Chimonanthus fragrans* Lindl (Ro-bai) ont fait partie du bouquet qui s'y trouvait baigné.

L'eau dans laquelle on a fait bouillir le riz produit des pustules quand on s'en sert pour se laver.

Toute espèce d'eau qui ne reste pas claire quand on la verse et qui prend une couleur jaunâtre est très pernicieuse. Il faut éviter même de s'en servir pour se laver les mains.

Pendant l'été, il ne faut pas se baigner dans une eau trop froide.

Les femmes en couches ne doivent jamais se baigner immédiatement après l'accouchement, sous peine d'être très gravement malades et le plus souvent d'en mourir.

Lorsqu'on a bu beaucoup de vin (saké) il ne faut pas boire d'eau très froide ni du thé.

Il est dangereux de se coucher immédiatement après qu'on a bu beaucoup d'eau.

L'eau que l'on conserve dans les calebasses (*Hiyotan*, fruit du Lagenaria vulgaris Ser) est nuisible pour les enfants, auxquels elle occasionne du bégaiement.

En voyage il ne faut pas se laver les pieds dans l'eau trop froide, et pendant l'hiver il ne faut pas faire usage d'eau trop chaude.

Ono Ranzan (vol. I. dernière page) nous apprend qu'il y a dans la province d'Idzumo (*Unshiu*) une montagne nommée *San-pen-san*, sur laquelle se trouve un petit lac appelé *San-pen-no-ko-sui*. L'eau de ce lac est très vénéneuse, mais pour les oiseaux seulement ; quand ils en boivent ils meurent immédiatement et on dit même que l'odeur seule suffit à les tuer. On a, pour cette raison, appelé ce lieu *Tori-no-ji-goku* (enfer des oiseaux) ; jamais on n'aperçoit de poussière à la surface de ce lac, et en hiver l'eau n'y gèle jamais. Dans les environs, on ne voit jamais de neige. Cette eau n'est pas nuisible aux hommes : les paysans s'en servent pour faire bouillir leur riz sans en éprouver aucun effet fâcheux.

Selon le livre *Yamato honzo*, il y a également dans la province de Yechigo, près de la montagne *Miuko san*, une eau vénéneuse pour les oiseaux. Dans la province de Kii, près de la la montagne *Koyasan*, il y a aussi une rivière, le *Tamagawa*, dont l'eau a des propriétés toxiques. Mais ce ne sont là que des assertions émanant d'auteurs indigènes. Pour nous, jusqu'à présent, il ne nous a pas été donné de rencontrer une seule de ces eaux ayant un caractère vénéneux, de sorte que nous devons nous contenter de mentionner ce qu'en disent les livres chinois ou japonais, sans en donner d'autre explication.

§ I

CLASSE DES MÉTALLOÏDES.

DEUXIÈME SECTION

LE SOUFRE. 硫黃 RIU-WO,—IWO.

43.—SOUFRE NATIF.

石硫黃. Seki-riu-wo, ou **Seki-yu-wo,** ou **Seki-i-wo.** Syn. *Yuwo, Iwo, Yu-no-hana* (Fleur des Thermes.)

(HON. *Fig. 85.*—KAEMPFER. *Livre I, chap. VIII.*—HAN. *p. 5.*—HEB. *47.*—SMITH. *Mat. med. 208.*—STAN. JUL. CHAMP. *24.*—TEN-KO-KAÏ-BUTSU 天工開物. *Vol. VI, Tab. 5.*—SEKI-HIN-SAN-SHO-KO *ou Minéral. jap.*—NAI-GUWAI-ICHI RAN *ou Statistique jap.*—B. S. LYMAN, *Geol. Survey of Yesso, 29.*—TAINTOR, *chinese custom's Report for 1869.*—WILLIAMS, *chinese comm. guide 104.*—COCHIUS, *Die Solfatara von Ashi-no-yu bei Hakoné, dans les Mitth. der Deutschen Ost-Asiatischen Gesellschaft, 3ten Heft, 1873. pag. 3.*—GEERTS, *ibidem, Heft 6. 1874, p. 49.*)

D'après le livre ZOKU-NIHON-KI, le premier soufre japonais fut présenté à l'Impératrice GEN-MEÏ-TENNO, dans l'an 714 de notre ère (6me année du Wado-nengo). Il avait été pris à Hakoné, dans la province de Sagami, à Asamagataké dans la province de Shinano et à Fukushima dans la province de Mutsu.

Le soufre se trouve en Chine, mais c'est surtout au Japon, aux îles Liu-kiu et à Formose qu'on le rencontre en quantités considérables. Un grand nombre de solfatares, 礦孔 *Ko-ko,* et plusieurs cratères de volcans sans éruption où intermittents de ce pays éminemment volcanique laissent échapper des vapeurs de soufre, conjointement avec des jets d'eau, par les crevasses qui se trouvent à la surface du sol poreux au milieu duquel ils sont placés. Ces fumaroles forment ainsi un dépôt jaune pulvérulent de soufre sur la croûte des rochers environnants. Presque tout le soufre au Japon se trouve ainsi à l'état de couche dure plus ou moins pure sur les rochers volcaniques des solfatares. Quand ces dernièrs sont déjà en voie de décomposition, le soufre est souvent mélangé avec des matières terreuses, résultant de cette décomposition. La forme des dépôts de soufre est très irrégulière ; bien souvent ils existent dans des endroits d'un accès très difficile, et dans les cratères mêmes des volcans. Pendant mon séjour à Nagasaki, plusieurs Japonais ont perdu la vie en allant à la recherche du soufre aux solfatares du volcan Aso-yama, dans la province de Higo. Ces malheureux s'étaient aventurés dans le cratère même de ce volcan intermittent, pour y ramasser les dépots de soufre assez épais qui s'y trouvent. Ils auront probablement été étourdis par les gaz méphitiques qui s'échappent presque toujours du cratère et n'auront pu se dérober par la fuite à l'influence mortelle de ces vapeurs asphyxiantes. Sur le volcan *Wunzengadaké,* dans la péninsule de Shimabara, j'ai vu des endroits assez dangereux, où se trouvait un dépot assez considérable de soufre gisant sur la lave et sur un tuff volcanique fort poreux, décomposé par l'action continue des fumaroles. En introduisant ma canne dans cette lave échauffée, j'en voyais sortir des vapeurs chaudes d'eau et de soufre. Les objets en argent se noircissaient d'une manière très sensible et l'on sentait partout l'odeur particulière de la vapeur de soufre qui s'échappait des nombreuses fumaroles existant dans le voisinage. Le récit que M. Cochius a donné des solfatares d'*Ashi-no-yu,* (l. c.) dans les montagnes de Hakoné, et le rapport de M. Ritter sur les solfatares d'*O-jigoku,* près du lac du même nom, sont tout à fait conformes à mes observations sur le *Wunzengadaké.* Ils y ont trouvé un grand nombre de fumaroles projetant des vapeurs chaudes d'eau, de soufre et d'acide sulfureux. La lave répandue partout aux alentours était recouverte d'un dépôt de soufre pulvérulent. M. B. S. Lyman, ingénieur des mines au service du Japon, nous a fourni (l. c) des renseignements fort intéressants sur les nombreux solfatares de l'île de Yesso, situés sur l'ancien volcan Yesan, sur le sommet du volcan Tarumai, au volcan sans éruption de Iwaönobori, près des fumaroles de Nuburibets, près du lac Oï et à Kobui, près de l'embouchure de la rivière Musu. Il évaluait la quantité de soufre existant dans ces différents endroits à environ 500 tonneaux. Au nord de l'île de Yesso il y a encore plusieurs autres mines de soufre.

L'auteur de l'encyclopédie japonaise nous apprend : « que l'on trouve ordinairement des eaux sulfureuses dans le voisinage des gisements de soufre. On préfère en Chine et au Japon les espèces de soufre qui sont un peu transparentes, et qui ont une couleur jaune clair. On donne au soufre le premier rang parmi les soixante-douze minéraux utiles, dont il est appelé, pour ce motif, le roi où le général (將軍 *Sho-gun*). Il a la propriété de transformer le mercure en poudre (par la formation de sulfure de mercure) ; il perd sa couleur et devient noir quand on l'amalgame avec les cinq métaux, et produit une substance rougeâtre (vermillon), si on le fait chauffer avec le mercure. Associé au salpêtre et au charbon, il constitue la poudre à canon et sert aux différents feux d'artifice. »

Le soufre de la province de Shinano est considéré comme le meilleur du Japon. Les espèces qui viennent d'Akita, dans la province de Dewa, et de Fukushima, dans la province de Mutsu, n'ont que le second rang.

Dans les districts Hayama-gori et Kiu-shu-gori, (province de Bungo) et à Iwoshima, dans la province de Satsuma, se trouve en abondance une espèce de soufre de moyenne qualité. Pour la fabrication de la poudre à canon on n'emploie guère que le soufre de première qualité, bien qu'il coute environ cinq fois plus cher que le soufre de qualité inférieure.

On distingue dans les livres indigènes les espèces suivantes de soufre :

1°. 靈黃. **Reï-wo** ou 石硫黃 **Seki-yu-wo.** Syn. *Taka-no-mé-iwo* (soufre « yeux des aigles »). C'est la meilleure espèce. Brillante, un peu transparente et d'une couleur jaune-claire ; elle sert à la fabrication de la poudre à canon.

2°. 石硫赤. **Seki-riu-seki** ou **Seki-yu-seki**. Syn. *U-no-mé-iwo*. Il a une couleur jaune-rougeâtre et est également brillant. On le considère comme étant de 2me ou moyenne qualité ; il sert aussi à la fabrication de la poudre et pour les usages médicinaux.

3°. 石硫青. **Seki-riu-seï** ou **Seki-yu-seï**. Syn. *Ao-iwo* (soufre bleu-verdâtre). *Hi-guchi-no-iwo* (soufre à allumettes). C'est l'espèce que nous nommons soufre gris. Il n'est pas estimé et sert seulement à la fabrication des allumettes.

4°. 土硫黄. **Do-yu-wo** ou **Do-iwo**. Syn. *Tsuchi-iwo*. (soufre terreux). Espèce impure, de couleur grisâtre. Il contient beaucoup de matières terreuses.

5°. 生硫黄. **Sei-riu-wo** ou **Sei-yu-wo**. Syn. *Yu-wo-kuwa, Iwo-kuwa* (fleur de soufre). C'est le soufre qui a été sublimé et condensé en poudre impalpable. On en fait très peu usage et on ne le trouve que fort rarement.

6°. 煮硫黄. **Sho-yu-wo** ou **Ni-yuwo**. (soufre fondu). C'est le soufre ordinaire qu'on a fait fondre dans des vases de fer pour le séparer des matières terreuses qui se précipitent au fond du récipient.

7°. 水硫黄. **Sui-yu-wo** ou 湯ノ花 **Yu-no-hana**. (fleur des thermes). C'est un dépôt pulvérulent qui se trouve quelquefois dans le voisinage de certaines eaux minérales à haute température. Il consiste ordinairement en un mélange de soufre, d'alun et de matières terreuses.

8°. 硫黄香. **Riu-wo-ko** ou **Yu-wo-ko**. C'est, selon le *Hon-zo-ko-moku,* une espèce de soufre odoriférant. Il n'est pas connu au Japon et ne se trouve, dit-on, que dans le district 昆南 *Ko-nan,* au sud de la Chine. Selon l'auteur chinois il constituerait un excellent vermifuge. Nous n'avons jamais vu cette variété de soufre. Ne serait-ce pas une espèce de soufre bitumineux ?

Ranzan nous raconte qu'on trouve dans la province de Satsuma un étang rempli d'une eau légèrement acide. Les habitants l'emploient en guise de vinaigre et l'appellent *Iwo-su,* c'est-à-dire vinaigre de soufre. C'est probablement une solution étendue d'acide sulfurique ou sulfureux.

EXTRACTION DU SOUFRE DES MINÉRAIS.

On obtient au Japon le soufre du minerai au moyen de deux méthodes, la fusion et la sublimation. La méthode par fusion est presque uniquement en usage. On place aux ouvertures supérieures d'un fourneau de pierres et d'argile une série de 3 ou 4 grands vases en fer, ayant chacun 6 décimètres de diamètre et de 8 à 9 décimètres de profondeur. Chaque vase est chauffé séparément au moyen d'un feu de bois. Quand le soufre brut placé dans le premier vase est fondu, l'argile et les matières terreuses se précipitent au fond ; le soufre qui surnage est recueilli dans des cuillers en fer et transporté dans le second récipient où on le fait fondre à nouveau. Quand il s'est clarifié, on le met dans le troisième vase et on le filtre ensuite au travers d'un morceau d'étoffe rude. Lorsqu'il est refroidi, on l'emballe dans des sacs ou dans de petits tonneaux. Les sédiments qui restent au fond des pots ne sont pas perdus ; ils servent d'engrais pour l'agriculture. Les vases en fer qui servent à la fonte doivent être souvent renouvelés à cause de l'action corrosive du soufre sur le fer. Le soufre obtenu par ce procédé s'appelle 煮硫黄 *Sho-yu-wo* ou *Ni-iwo.*

La deuxième méthode, celle de la sublimation, est plus en usage en Chine, mais on s'en sert rarement au Japon. On fait chauffer le minérai de soufre dans un petit fourneau fermé par un couvercle sphéroïdal en terre cuite. Dans ce couvercle se trouve sur les côtés un trou dans lequel on fixe un tuyau conique et recourbé, également en terre cuite. L'autre extrémité de ce tuyau aboutit à un réservoir en briques, dont le fond est couvert de cendres. Les vapeurs de soufre se condensent sur les parois de la calotte de terre cuite, et le soufre liquide se rassemble, par le tuyau, dans le réservoir.

D'après Ono Ranzan, on a fabriqué autrefois en Chine du soufre au moyen de la combustion des pyrites de fer et de cuivre ; mais au Japon on ne se sert pas de ce procédé pour en obtenir, bien qu'il s'y trouve des pyrites en abondance.

Nous avons analysé plusieurs espèces de soufre du sud du Japon (Satsuma etc.) et n'y avons trouvé que des traces d'arsenic.

La fabrique d'acide sulfurique à Osaka, près de la Monnaie impériale, prépare aujourd'hui un très bon acide avec le soufre japonais, provenant pour la plupart de la province de Satsouma.

Le soufre est un des médicaments les plus usités dans la médecine chinoise. Mêlé au camphre, à la poudre des semences de Muricia cochinchinensis (LOUR), à celle des graines de Chaulmoögra et à de la graisse, il sert dans le traitement de la gale, de la lèpre et de plusieurs autres maladies de la peau. Il a aussi une grande réputation comme remède dépuratif et vermifuge ; il s'emploie également pour faciliter la menstruation chez les femmes, et dans les cas chroniques de dyssenterie. Au Japon on le fait entrer comme substance principale dans les pastilles dont la combustion éloigne les maringouins (moustiques). Autrefois on se servait dans la médecine chinoise de tasses de soufre 硫黃盃, *Riu-wo-hai* ou *Iwo-sakadzuki*. Pour préparer ces tasses on mêle la poudre d'une bonne espèce de de soufre avec une petite quantité d'alun. On fait fondre cette mixture et l'on introduit le mélange liquide dans des moules en bois ou en terre. On enterre ensuite le tout pendant une nuit et la tasse ainsi faite reçoit un poli au moyen des tiges d'Equisetum hyemale (L.). Quelquefois on enlumine ces tasses sur les parois extérieures. Le vin qui y a été contenu fortifie la vue et le système nerveux. Nous verrons plus tard que les Chinois recommandent aussi l'usage des tasses de REALGAR, dans les cas de fièvres intermittentes.

La vente du soufre en Chine est monopolisée par les officiers du gouvernement, mais au Japon le commerce de cette substance est parfaitement libre. On importe en Chine du soufre de Manille et des îles de l'Archipel Indien ; dans ces derniers temps on a également employé en Chine le soufre de Formose, qui est de très bonne qualité. Une petite quantité y est aussi importée du Japon, par l'intermédiaire des Chinois de Nagasaki.

En Chine on a trouvé du soufre dans les provinces suivantes :

KIAN-SI, CHAN-SI, FOKIEN, KÏANG-NAN près TONG-HAÏ, YUN-NAN près KUWANG-NAN, SECH'UEN, TURFAN, TANGUT, Ile de Formose, dans les trois solfatares de TAM-SUI, de KELUNG et de KIM-PAO-LI.

D'après M. Taintor (l. c) le soufre de Formose est importé en Chine secrètement par des contrebandiers. Le même auteur affirme qu'il se trouve de grandes quantités de soufre dans les trois solfatares de cette île. La manière de purifier le soufre brut à Formose est la même que celle usitée au Japon.

Le Japon est remarquable par l'abondance de ses solfatares, ce qui fait que le soufre y existe à profusion, et qu'on n'y en importe pas. Le tableau suivant mentionne avec exactitude les différents endroits où l'on en trouve :

PROVINCES.	DISTRICTS.	LOCALITÉS.	REMARQUES.
Yamato	....	Nara	
Hida	Yoshiki-gôri	Hirayama-mura	
Shinano	Andon-gôri	Noguchi-mura	
	Takaï-gôri	Kiso-mitaké	Le meilleur soufre du Japon.
		Mekodaki-yama	
		Asamaga-daké	
		Yoneko-mura	
		Haï-no-mura	
Sagami	Ashigara-gôri	Hakoné	
Iwashiro	Aidzu-gôri	Oshiwo-no-sato	
		Takaya	
	Asaka-gôri	Adachi-taro-yama	Assez grande quantité.
	Shinbu-gôri	Kami-nakura-miya	
Mutsu	Kita-gôri	Fukushima	Epuisé à présent.
		Usori-yama	
Déwa (Uzen)	....	Nagano-mura	
		Obayo	
Déwa (Ugo)	Semboku-gôri	Satooki	
		Kita-ura	
	Okachi-gôri	Takamatsu	
Idzu	Kamo-gôri	Amagi-yama	
		Oshima	
	Naga-gôri	Ikeshiro-mura	
		Ten-jio-san	
Kotsuké	Adzuma-gôri	Omayé	Assez grande quantité.
		Kusatsu	
		Shirané-yama	
Shimotsuké	Nasugôri	Nasu	
Rikuzen	Tamatsukuri-gôri	Naruko-mura	
	Kurihara-gôri	Oni-no-kubi-mura	
Kaga	....	Haku-san	
Yechigo	Kubiki-gôri	Ohira	Peu.
		Miyüko-san	
Yechiu	Nikawa-gôri	Tate-yama	
		Ariminé-mura	

PROVINCES.		DISTRICTS.	LOCALITÉS.	REMARQUES.
YECHIZEN		Ku-gun	Ushikubi-mura	
SETSU		....	Tada, Unsen	
TOZA		....	Yu-no-yama-ga-daké.	
IYO		....	Dogo-yu-no yama	
BUNGO		Kiu-shu-gôri	Tano-mura	
		Ono-gôri	Kiura	Grande quantité.
		Hayami-gôri	Tsurumi-yutsubo-mura Tsuka-wara-mura	
BIZEN		Takaki-gôri	Shimabara Wunzen-ga-daké.	Assez grande quantité.
HIGO		Asogôri	Aso-yama	Peu.
OSUMI		Komu-gôri	Kirishima-yama Kami-nakatsu-ga-wa-mura Kiri-tori-yé-no-yu	Beaucoup.
SATSUMA		Iwo-shima	Iwo-ga-daké Kita-hira	
Ile de Yesso et les Kouriles	OSHIMA-SHU	Kayabé-gôri	Ishi-kura-mura Komaga-daké Ofuné-onsen Kobuyé	(Cf. B. S. Lyman l. c).
		Kameda-gôri	Ye-san	
	SHIRIBETSU-SHU	Takashima-gôri	Akambu	
		Iwanaï-gôri	Iwo-yama	
	IBURI-SHU	Gorobetsu-gôri	Nobori-betsu	
	CHISHIMA-SHU	Shana-gôri Iturup-gôri Here-taré-gôri	Chiro-tsupu	
	KITAMI-SHU	Shari-gôri	Neta-uchi-mura Itashibé-yama	

§ 1

CLASSE DES MÉTALLOÏDES.

TROISIÈME SECTION.

ARSENIC. 砒 HI.

(*St. Jul. Champ Ind. p. 47.—Techn. Chin.* TEN-KO-KAÏ-BUTSU 天工開物 *Vol. VI, Tab. 6.—Honzkm. Lib. IX, Fig. 25 et Lib. X, Fig 52 et 53.*— ONO RANZAN, *Kei-mo, Ed. 1847, Vol. 6.—Encycl.* WA-KAN-SAN-ZAÏ-DZU-YÉ *Vol. 61.* SMITH. *Mat. med. p. 24.*)

Les minerais d'arsenic sont très abondants en Chine et au Japon et se trouvent pour la plupart mêlés ou combinés avec d'autres métaux. Le protosulfure jaune d'arsenic (orpiment), le bisulfure rouge (réalgar) et l'acide arsénieux blanc natif (fleur d'arsenic) sont connus en Chine depuis les temps les plus reculés, et il semble que les Chinois aient été renseignés sur les qualités vénéneuses de ces minéraux bien avant qu'on le fût en Europe. Aristote (4me siècle av. J. Chr.), a mentionné le premier les deux sulfures d'arsenic sous les noms de σανδαράκη et ἀρσενικόν, dont le premier représentait le réalgar et le dernier l'orpiment ; mais c'est GEBER (1) (8me siècle) qui a décrit le premier les qualités vénéneuses de l'arsenic. Or des livres chinois du 8me siècle av. J. C. parlent déjà de l'arsenic comme d'un poison violent. Du reste, il est avéré que les Hindous ont connu l'arsenic et l'ont employé depuis la plus haute anti-

---

(1) Gebri Summa perfect. p. I, Lib. II, Cap. II.

quité dans la lèpre, les fièvres intermittentes etc. Mais il existe en Chine comme au Japon beaucoup de confusion dans la détermination des nombreux minéraux arsénifères. Proprement dit, il n'y en a que trois, l'orpiment, le réalgar et l'arsenic blanc natif, qui aient été décrits d'une manière distincte et suffisante. Des autres nombreux minerais arsénifères, connus sous le nom d'*arsénides,* on n'a que des idées vagues et bien insuffisantes. Ils portent tous la dénomination générale de *Yoseki* 礜石 et on distingue dans les livres indigènes plusieurs espèces de *Yoseki,* selon la couleur. On n'a cependant aucune idée de la composition chimique de ces différents minéraux.

Le nom générique de *Yoseki* s'applique à tous les minéraux qui peuvent donner un sublimé d'acide arsénieux impur par un procédé de grillage. Le nom 砒石 *Hi-seki* est donné aussi en général à toutes les substances minérales qui contiennent l'arsenic à l'état d'acide arsénieux, mais en outre il a encore une signification plus spéciale pour dénoter l'acide arsénieux blanc natif. Tandis que le caractère 礜 *Yo* de « *Yoseki* » signifie « *mort au rats* » (Nedzumi-koroshi), le caractère 砒 *Hi* ou 貔 dérive de 貔 *Hi* « *animal féroce* » (Takeki-kémono) et représente la signification de « *mauvaise substance* » (ashimono-no-ishi), peut-être en raison des qualités destructives qu'ils ont tous deux. C'est par suite de cette confusion entre les deux noms « *Hiseki* » et « *Yoseki,* » que plusieurs livres indigènes croient à tort que l'acide arsénieux impur, obtenu par le grillage des arsenio-sulfures métalliques, que l'on nomme « *Yoseki,* » est une substance tout-à-fait différente de l'acide arsénieux blanc natif que l'on appelle « *Hi-seki.* » Ono Ranzan luimême, qui se montre généralement plus exact et plus judicieux que ses prédécesseurs, émet l'opinion qu'on n'a pas le droit de considérer « *Yoseki* » et « *Hiseki* » comme étant la même substance. Li-shi-chin cependant incline à croire à leur identité, bien qu'il dise que le « *Hiseki* » est plus fort dans son action que le « *Yoseki.* »

Nous n'avons pu réussir à voir ni à nous procurer les espèces de « *Yoseki* » qui sont mentionnées dans les livres : chez les naturalistes japonais nous avons sur ce point trouvé une ignorance complète. Personne ne connaît plus qu'une seule espèce de « *Yoseki* », que l'on peut se procurer dans toutes les pharmacies, et qui n'est autre chose qu'un acide arsénieux impur d'une couleur jaune-brunâtre. Voici les espèces mentionnées dans le HON-ZO-KO-MOKU :

白礜石......	*Haku-yo-seki* ...	Minerai d'arsenic blanc.
蒼礜石......	*So-yo-seki*	» » vert.
紫礜石......	*Shi-yo-seki*.....	» » violet.
紅皮礜石...	*Ko-hi-yo-seki*...	Minerai d'arsenic d'une couleur d'écorce de carthame.
桃花礜石...	*To-kuwa-yo seki*.	Minerai d'arsenic de la couleur de la fleur du pêcher (rose).
金星礜石...	*Kin-seï-yo-seki*..	Minerai d'arsenic d'une couleur d'étoile d'or.
銀星礜石...	*Gin-seï-yo-seki*..	Minerai d'arsenic d'une couleur d'étoile d'argent.
特生礜石...	*Toku-seï-yo-seki*.	Minerai d'arsenic qui se trouve isolément.
握雪礜石...	*Aku-setsu-yo-seki*	Minerai d'arseni poignée de neige.

A l'exception de ce dernier minerai, qui ne serait pas vénéneux et ne peut être de véritable arsenic, les autres ont tous presque les mêmes propriétés, et ne diffèrent que par la couleur. Les deux premières espèces surtout sont recommandées en médecine.

Le caractère général du « *Yoseki* » naturel serait d'être un des principaux minéraux mâles [陽石 *Yôseki*] et de renfermer par conséquent une grande quantité de chaleur spécifique. Selon la philosophie médicale chinoise, le minéral doit être regardé comme formant une des médecines les plus puissantes pour combattre toutes les maladies, qui sont causées par le principe froid ou féminin de la nature ; mais le minéral doit être grillé ou sublimé à l'avance, autrement il pourrait exercer un effet nuisible sur l'organisme.

Quand l'eau contient le « *yoseki* » en dissolution, on croit qu'elle ne se gêle jamais, même par le plus grand froid. La cause de ce phénomène serait également l'existence dans cette eau du principe mâle ou chaleur spécifique, qui empêche la congélation. On dit qu'il y a plusieurs petits lacs en Chine, dont l'eau ne gêle jamais, par suite de l'arsenic qui s'y trouve en dissolution. Sur les montagnes au sein desquelles se trouvent des minerais d'arsenic, la neige et la glace ne peuvent rester longtemps sans se fondre, et on conclut de là que la meilleure méthode pour examiner ces minerais est de les jeter dans une eau qu'on expose ensuite à un grand froid. L'eau ne se gélera jamais, si le minéral est du vrai « *yoseki.* » Il est fort curieux de voir que tous les livres chinois et japonais sont d'accord au sujet de cette croyance fabuleuse. Quelques livres disent encore que la grue (文鸛 *Bun-kuwan*) échauffe ses enfants avec un morceau de « *yoseki* », et que les rats meurent rapidement s'ils mangent de cette substance, qui a par contre la propriété de favoriser la croissance des vers-à-soie ; mais d'autres livres écrits par des auteurs moins crédules et plus sensés déclarent que ces croyances populaires ne sont que de pures fables.

Le « *Aku-setsu-yo-seki* » ou minerai d'arsenic *poignée de neige,* serait, selon la description qu'en font les naturalistes chinois et japonais, une pierre blanche et dure, qui transsude un certain liquide pendant l'hiver. Pulvérisé, il aurait beaucoup de ressemblance avec la farine : les livres indigènes considèrent cette pierre comme la moëlle ou le cerveau [石腦 *Seki-no*] des minéraux. Elle aurait le pouvoir de prolonger la vie et de transformer le mercure en une substance solide quand elle est chauffée avec ce métal à l'état liquide.

Quant au *Hi-seki* 砒石 ou acide arsénieux blanc natif, les livres indigènes en parlent de la manière suivante : En Chine, ce minérai se trouve plus abondamment et de meilleure qualité qu'au Japon ; on le rencontre surtout dans le voisinage des mines de cuivre ; cependant il existe aussi en dissolution ou en précipité dans quelques eaux minérales, comme par exemple dans l'eau du puits vénéneux de SHIN-SHU 信 州 en Chine. De là est venu le nom de 信 石 *Shin-seki* que l'on donne aussi à ce minéral. L'eau de ce puits célèbre a une couleur vert-grisâtre ; on la nomme 砒 井 *Hi-seï* et elle est fort vénéneuse. Au fond du puits se trouve l'arsenic natif en pierre. On l'appelle aussi 生 砒 黄 *Sei-hi wo.* C'est un poison violent pour l'homme, et il devient encore plus subtil quand il est sublimé à nouveau dans un vase fermé. Dans cet état on l'appelle 砒 霜 *Hi-sô* où 砒 霜 石 *Hi-sô seki,* c'est-à-dire « *Givre d'arsenic.* »

On croit que ce minéral forme la base de l'étain, parce qu'on a vu des exemples d'hommes empoisonnés par du vin qui avait séjourné longtemps dans des bouteilles d'étain nouveau.

ONO RANZAN est de l'opinion que l'eau de la rivière Tamagawa, près de la montagne Koya-san, dans la province de Kii, l'eau de Tori-no-jigoku (enfer des oiseaux) à Arima, dans la province de Setsu, l'eau minérale qui se trouve sur le volcan Unzengadaké, à Shimabara, dans la province de Hizen, et la pierre nommée « *Setsu-sho-seki,* » à Nasu, dans la province de Kotsuké, doivent toutes leurs qualités vénéneuses fort connues à l'acide arsénieux qu'elles contiennent.

Après avoir mentionné ce que les livres indigènes disent de l'arsenic, nous allons maintenant faire l'énumération des minerais japonais arsénifères qui sont venus à notre connaissance.

44.—FER ARSÉNIEURÉ OU PYRITE ARSÉNICALE.

Nous proposons pour ce minéral le nom de 鋼 色 礜 石 KO-SHOKU-YO-SEKI ou *Hagané-iro-yoseki,* c'est-à-dire : « minerai d'arsenic d'une couleur d'acier. » Comme synonyme, nous avons adopté le nom de 砒 化 鐵 *Hi-kuwa-tetsu,* c'est-à-dire « fer arséniuré. »

Ce minéral forme des masses amorphes assez dures d'une couleur d'acier et d'un éclat métallique. Il se trouve au Japon en très grande quantité dans les mêmes filons que la pyrite cuivreuse, et fort souvent on voit cette dernière mêlée de pyrite arsénicale. A l'état pur, ce minerai contient environ

66 °/₀ d'arsenic, 30 °/₀ de fer et 2 à 4 °/₀ de soufre ; mais bien souvent il est mêlé avec celui dont nous parlons ci-après, le *mispickel,* de telle sorte que la composition chimique en est assez variable.

45.—MISPICKEL OU FER SULFO-ARSÉNIURÉ. (PYRITE ARSENICALE SULFUREUSE).

Pour ce minéral qui, comme aspect, ressemble beaucoup au précédent, nous avons adopté le même nom général 鋼色礜石 KO-SHOKU-YO-SEKI et le synonyme 砒化鐵及硫化鐵 *Hi-kuwa-tetsu-to-riu-kuwa-tetsu.* L'analyse chimique démontre qu'il renferme plus de soufre (environ 20 °/₀) que le minéral précédent. On le trouve au Japon dans les mêmes gisements que la pyrite cuivreuse et quelquefois avec l'étain sulfuré (*Zinnkies*). Ces deux minéraux sont employés au Japon pour le grillage et la sublimation de l'acide arsénieux impur. (Pour les endroits où on peut les trouver voyez l'article cuivre).

46.—FER ARSÉNIATÉ OU ARSÉNIATE DE FER CUBIQUE OU PHARMACOSIDÉRITE.

Nous donnons à ce minéral le nom de ROKU-MEN-YO-SEKI 六面礜石, c'est-à-dire « minerai d'arsenic en hexaèdres » et le synonyme 六面砒酸酸化鐵 *Roku-men-hi-san-san-kuwa-tetsu.*

Ce minéral n'est pas très-rare en Chine et au Japon : il forme des cristaux parfaitement cubiques, d'une couleur brune-noirâtre, obscure. Nous avons recueilli de jolis échantillons à Kiura, dans le district d'Onogôri, province de Boungo. On trouve souvent ce minéral chez les droguistes japonais sous le nom de 自然銅 *Ji-nen-do*, c'est-à-dire « cuivre natif. » Ce nom est trop inexact pour qu'il puisse être maintenu dans la minéralogie japonaise, et en outre la pyrite de fer cubique, qui se distingue du fer arséniaté cubique par son éclat métallique et à sa couleur jaunâtre, porte le même nom incorrect de *Ji-nen-do.*

47.—CUIVRE ARSÉNIATÉ OU OLIVÉNITE.

Se trouve au Japon à Ashiwo, dans la province de Shimotsuké, et à Naganobori, dans la province de Choshu (Nagato), en masses compactes ou fibreuses d'un vert sombre. A sa surface, il est d'une couleur irisée. Nous adoptons pour ce minéral le nom de 蒼礜石 So-yo-seki, c'est-à-dire « minerai d'arsenic vert » et le synonyme 砒酸酸化銅 *Hi san-san-kuwa-do,* c'est-à-dire « cuivre arseniaté. » Il est probable que le So-yo-seki des anciens livres chinois n'est autre que ce minéral, c'est pourquoi nous avons retenu ce nom pour le désigner.

48.—CUIVRE GRIS, PANABASE ou « FAHLERZ » ou CUIVRE GRIS ANTIMONIAL. 暗灰白礜石 AN-KUWAI-HAKU-YOSEKI, C'EST-A-DIRE « MINERAI D'ARSENIC D'UN GRIS SOMBRE. »

Ce minéral accompagne souvent le cuivre pyriteux au Japon. Il a une couleur gris-noirâtre et un éclat métallique. La composition chimique en est très-compliquée et fort variable. On n'y trouve pas moins de six et souvent même sept éléments combinés. Il peut être considéré comme une combinaison de sulfure de cuivre avec les sulfures d'antimoine, d'arsenic, de fer, de zinc et souvent d'argent. Au Japon, comme en Europe, c'est un des minerais qui servent à l'extraction de l'argent, quoique ce métal précieux s'y trouve seulement en petite quantité. Le panabase donne par le grillage une proportion assez considérable d'acide arsénieux impur ; c'est à lui qu'on doit attribuer l'une des maladies dont les ouvriers japonais dans les fonderies de cuivre sont les malheureuses victimes. Quant aux endroits où on le trouve au Japon voyez l'article cuivre.

49.—CUIVRE GRIS ARSÉNICAL ou TENNANTITE (ESPÈCE DE « FAHLERZ. ») 暗灰白礜石 AN-KUWAI-HAKU-YOSEKI.

Ce minéral se trouve aussi souvent associé avec le cuivre pyriteux, l'un des minerais les plus répandus au Japon. Il forme des amas cristallins d'un gris de plomb, et il est fort variable dans sa composition chimique. On peut le regarder cependant comme une combinaison de sulfure de cuivre et de mispickel.

50.—CUPROSULFURE D'ÉTAIN ou « ZINNKIES. » 硫化錫鑛 RIU-KUWA-SHAKU-KO, C'EST-A-DIRE « MINERAI D'ÉTAIN SULFURÉ. »

Ce minéral parait se trouver en abondance dans les provinces du Sud-ouest de la Chine : au Japon on l'exploite dans les provinces de Satsuma et de Bungo. Il renferme fréquemment une quantité notable d'arsenic, de plomb et d'antimoine, de sorte que l'étain obtenu de ce minerai est très-impur et souvent arsénifère. Les indigènes savent très-bien maintenant que leur étain est de mauvaise qualité et bien inférieur au métal de Malacca ou de Banca.

Tels sont les différents arsénides ou arsénio-sulfures métalliques que nous avons trouvés dans ce pays. Il y en a encore bien d'autres que nous n'avons pas encore rencontrés au Japon jusqu'à présent : mais il est fort probable que l'on trouvera plus tard les espèces suivantes :

Arsenic métallique natif (Scherbenkobalt) . 砒金 HI-KIN.
Nickel arséniuré (Kupfernickel) .... 砒化鏕結兒
Nickel biarséniuré (Nickel-arsénical) 第二砒化鏕結兒
Nickel sulfo-arséniuré (Nickel gris, Nickel glanz) .... 硫化砒及硫化鏕結兒
Nickel arséniaté .... 砒酸酸化鏕結兒
Cobalt arsénical (Smaltine, speiscobalt). 砒化格拔爾多
Cobalt sulfo-arséniuré (cobalt gris, cobalt glanz)... 硫化格拔爾多及砒化格拔爾多
Cobalt arséniaté.............. 砒酸酸化格拔爾多
Argent sulfo-arséniuré (argent rouge)硫化砒及硫化銀

Les terrains dans lesquels existent ces minéraux sont pour la plupart des filons ou des dépôts métallifères, surtout de cuivre pyriteux, et des terrains primitifs, que l'on rencontre si fréquemment au Japon.

51.—ACIDE ARSÉNIEUX NATIF OU FLEUR D'ARSENIC OU ARSENIC BLANC. 砒石 HI-SEKI OU 信石 SHIN-SEKI.
SYNONYMES : 信砒 SHIN-HI.—黄龍華 KO-RIU-KUWA.—赤帝華精 SEKI-TEI-KUWA-SEI.

(*Honz. Lib. X. Fig. 53. — Hanb. p. 7.* « SIN-SHIH ». — *Smith. Mat. med. p. 24.* « PI-SHIH » *et* « PEH-SIN-SHIH ».—*Waring Pharm. Ind. p. 340* « SAFÉD SUMBUL » *Hind.*)

C'est, comme nous l'avons dit plus haut, un des minerais d'arsenic les mieux connus dans l'Inde, en Chine et au Japon.

Il paraît qu'il se trouve dans ces pays en petite quantité, comme produit secondaire, près des solfatares et de certains thermes volcaniques. Il forme des croûtes ou concrétions cristallines à demi transparentes qui se composent en partie d'un amas de petits cristaux blancs prismatiques ou d'aiguilles divergentes, et qui sont mêlées d'une substance rougeâtre, jaunâtre ou grisâtre. Probablement ces dernières substances coloriées ont pour éléments l'arsenic métallique et le sulfure d'arsenic, de sorte que ce minéral chinois doit être considéré comme un mélange. Les morceaux d'une couleur rouge-jaunâtre, qui s'y trouvent tantôt en moindre et tantôt en plus grande quantité, portent le nom de 砒黃 *Hi-wo*, c'est-à-dire arsenic jaune : les morceaux qui ont une couleur rouge semblable à celle de la viande crue sont très-estimés. On peut trouver ce minéral chez les droguistes chinois ou japonais ; mais nous croyons que le plus souvent le *Hi-seki* des pharmacies indigènes n'est pas le minéral naturel mais un produit artificiel préparé à l'aide de la sublimation. Cette substance doit cependant avoir le nom de 砒霜 *Hi-sô*. Bien qu'on établisse dans les livres indigènes une distinction entre l'arsenic blanc natif et le produit artificiel, on ne semble pas la faire dans les usages de la vie journalière. La plupart des droguistes japonais ne connaissent même pas la différence qu'il y a entre les deux substances. C'est la province de Kiangshin (Shin-shu), en Chine, qui semble produire la plus grande quantité de ce minéral.

52. — ARSENIC SULFURÉ JAUNE.-ORPIMENT LAMINAIRE 雌黃 SHI-WO C'EST-A-DIRE « JAUNE FÉMININ.» SYNONYMES : 金液 KIN-YEKI.— 帝女血 TEI-JO-KETSU (SANG DE L'IMPÉRATRICE). ORPIMENT COMPACT, 石黃 SEKI-WO.

(*Honz. Lib. IX. Fig. 26.* — *Hanb. p. 7.* « TSZE-HWANG ». — *Deb. p. 47* « PICHOANG ». — *Smith Mat. med. p. 165* « *Tsz'e-Hwang.* » — *Waring Pharm. Ind. p. 346.* « HARTAL » *Hind.* —)

La meilleure espèce ne se trouve pas au Japon, mais on la rencontre en Chine dans les provinces Yunnan, Honan, Chansi, Kansûh, en Tartarie et dans le Cambodje. Elle forme de petits amas de lames tendres et flexibles, d'un jaune doré, très-éclatant et nacré. La poussière en est d'un jaune d'or magnifique et sert à la peinture.

Mais l'orpiment chinois de deuxième qualité est celui que l'on trouve généralement dans le commerce. Ce minéral a une structure bien différente et se présente en masses compactes, amorphes, mates, d'une couleur jaune-orange ; il est beaucoup moins brillant et beaucoup plus dur que l'espèce de première qualité. Aussi porte-t-il un autre nom, celui de 石黃 *Seki-wo* ou *pierre jaune*.

Tandis que l'espèce laminaire est assez rare et fort chère en Chine et au Japon, la seconde variété en masses amorphes se trouve en abondance et est très-bon marché.

On distingue encore une fort mauvaise variété en masses compactes et très-dures d'une couleur jaune-grisâtre. Cette espèce est connue sous le nom Hindoustanien de « Hartal. »

Au Japon on trouve l'orpiment en petite quantité dans les endroits suivants :

Province d'Iwani, district Shikazo-gōri, à Sasagaya, dans une mine de cuivre.

Ile de Yézo, à Sadayama-dani, près de la ville de Sapporo.

Ile de Yézo, Wataréshima, district Sugayabé-gori à Furubé.

L'orpiment chinois en masses compactes se trouve chez les droguistes, mais il est bien rare d'y rencontrer les espèces lamellaires de première qualité.

On l'emploie pour colorer certains papiers, pour la fabrication d'une encre jaune-rougeâtre, pour dessiner et pour la préparation d'une colle jaune qui empêche l'absorption de l'encre par le papier. Les dessinateurs le mélangent aussi avec une substance bleue (Seï-taï) pour obtenir une belle couleur verte. On s'en sert également en pyrotechnie et en médecine. Il constitue un spécifique contre la gale, la lèpre et d'autres maladies de la peau : il tue les insectes et a, dit-on, la propriété de faire repousser les cheveux sur la tête des personnes chauves.

53. — ARSENIC SULFURÉ ROUGE, RÉALGAR. 雄黃 U-WŌ OU Ō-WŌ C'EST-A-DIRE : « JAUNE MASCULIN. »

(*Honz. Lib IX Fig. 25.* — *Hanb. p. 7.* « HEUNG-HWANG. » — *Cleyer Med. Simpl. No 176* » HIÙM-HOÂM ». — *Deb, p. 47* HIONG-HOÂNG - » *Smith Mat. med. p. 183* « HIUNG-HWANG. » — *Waring. Pharm. Ind. p. 346* « MAINSIL » *Hind*).

Ce minéral, le « Mainsil » des Indes, n'est pas rare en Chine et on le trouve aussi, mais en quantité moins abondante, au Japon. Il forme presque toujours des masses amorphes, d'une couleur orange-rougeâtre, et écailleuses sur la cassure.

Selon la qualité, on distingue trois variétés de ce minéral, qui diffèrent beaucoup de prix :

A. Le 鷄冠石 KEÏ-KUWAN-SEKI ou 鷄冠雄黃 KEÏ-KUWAN-Ō-WŌ : « *pierre crête de coq.* » C'est la meilleure espèce, le vrai « *ōwō* » : il est d'une belle couleur rouge vif et sans aucune odeur. Il doit être un peu transparent, pas très-dur et d'une structure égale ou homogène. En poudre, il a une belle couleur rouge-orange. On l'estime beaucoup tant pour la bijouterie que pour la médecine.

B. Le 薰黃 KUN-WŌ ou « *Réalgar odorant.* » Il a une couleur moins pure que le précédent ; il est plus dur et souvent mêlé à d'autres pierres adhérentes, et il répand au frottement une odeur désagréable.

C. Le 臭黃 SHU-WO ou *Réalgar fetide*, qui répand même à froid une forte odeur alliacée d'arsenic, bien qu'il ressemble du reste beaucoup au vrai « ōwō » de bonne qualité. Il n'est pas permis de se servir des deux dernières espèces comme médicament. On ne peut les employer que pour l'usage externe, comme remède contre la gale. Les Chinois lavent le « *Shu-wō* » et « *Kun-wo* » (réalgar fétide) avec du vinaigre pour lui enlever sa mauvaise odeur et augmenter sa valeur commerciale.

Le réalgar du Japon n'est pas de très-bonne qualité, ce qui fait que les marchands chinois à Nagasaki importent de Chine le réalgar rouge demi-transparent.

D'après le livre *Zoku-nihon-ki,* les habitants de la province d'Isé présentèrent pour la première fois du réalgar japonais à l'empereur Mon-mu-tenno, dans la deuxième année de son règne (698).

Les Chinois et les Japonais aiment beaucoup le beau réalgar taillé, affectant la forme d'une boule, d'un fruit, d'un vase etc. On en fait aussi des « *Netsuké* » (boutons servant à attacher la pipe et la tabatière) et nous avons vu plusieurs fois de jolis sphéroïdes en réalgar taillés et polis, mêlés à des boules de quartz hyalin, de quartz enfumé, de quartz rose, quartz agate, jade oriental etc., sur des ornements (bateaux, oiseaux) en argent. (1)

Quoique le bon réalgar se polisse parfaitement et constitue ainsi une assez jolie pierre taillée, il ne peut cependant servir qu'à faire des ornements de salon, à cause de son peu de dureté. Il ne peut pas supporter le contact avec d'autres substances sans se rayer et sans perdre son poli.

Bien connues sont en Chine les petites tasses et les coupes faites avec ce minéral taillé et destinées à un usage médicinal. On y laisse séjourner différentes infusions et différents liquides, que l'on donne aux malades dans les cas de fièvre intermittente. Ces liquides ne deviennent pas très-vénéneux, parce que le *réalgar natif* est insoluble. On peut le prendre, même à dose considérable, sans en éprouver d'accident fâcheux. M. Hanruby a donné dans ses notes (l. c.) une intéressante description d'une de ces tasses chinoises en réalgar. Au Japon nous n'en avons jamais vu, parce que leur usage en médecine y est inconnu. Les « *Netsuké* » en réalgar étaient considérés autrefois comme des préservatifs (amulettes) contre les fièvres et toute sortes de maladies du sang, mais ils ont aujourd'hui perdu cette réputation chez la plupart des Japonais. Aussi l'usage que l'on faisait jadis de la poudre du réalgar dans les onguents pour guérir la gale et la lèpre a diminué beaucoup au Japon. Le *Hon-zo-ko-moku* recommande encore la fumigation au moyen du réalgar chez les jeunes femmes qui souffrent de nymphomanie ou d'hystérie. On se sert du réalgar pour tuer

(1) A l'exposition de Kiyoto en 1875, il y avait plusieurs de ces ornements (vieux style), tous d'un prix assez élevé. Nous en avons vu un très-joli échantillon dans la collection du Dr. Ermerins à Osaka.

les moustiques en en jetant la poussière sur un charbon allumé. On sait que ce minéral est essentiellement volatil et se transforme en vapeurs d'acide arsénieux en répandant une forte odeur d'ail. Respirées en quantité considérable, ces vapeurs peuvent devenir mortelles. On dit aussi que les Chinois mêlent le réalgar avec la poudre à canon pour faire détonner plus fortement leurs pétards. Le réalgar est considéré en Chine comme doué du principe masculin (陽 *Yô*), tandis que l'orpiment serait féminin (陰 *In*) dans son action. On croit qu'il constitue la base de l'or : de là lui vient son synonyme de 黃金石 *O-gonseki*, ou pierre d'or. D'après les livres indigènes, le cuivre et l'argent acquièrent l'éclat de l'or quand on les polit au moyen du réalgar. Cette substance sert du reste à la préparation d'une couleur rouge-jaunâtre pour la peinture.

Nous ne savons pas au juste si les Chinois et les Japonais connaissent la méthode de préparer le réalgar artificiel en fondant la pyrite arsénicale avec la pyrite ordinaire de fer, comme on le fait en Europe, mais nous avons vu quelquefois des pièces de réalgar chinois qui ressemblaient beaucoup à la pierre artificielle.

Comme lieux de provenance nous trouvons mentionnés :

EN CHINE.

Provinces.	*Localités.*
YUNNAN	Mung-hwa-ting.
KWEICHAU	Hing-i-fu. Tsun-i-fu.
KANSUH	Tun-hwang.
CHENSI	Wuh-tou.

AU JAPON.

Provinces.	*Localités.*
ISÉ	Itakagōri, Tanjo-mura.
SENDAI	Minoha-yama.
RIKUZEN (Mizawa-ken)	Kurihara-gōri, Monji-mura.

Préparation de l'acide arsénieux artificiel en Chine et au Japon.

礜石 YOSEKI ou *Nedzumi-koroshi* « *Mort aux rats.*» *Haï-koroshi* « *mort aux insectes.*» Syn. *Jo-fu-seki.—Haku-ko.—Haku-riu.*

(*Honz. Lib. X., Fig. 52. — Stan Jul. Champ. p. 47. — Ten-ko-kai-butsu Lib. VI., fig. 6.*—RANZAN. *Vol. 6.*)

L'arsenic sublimé se prépare au moyen d'un procédé de grillage et de sublimation assez grossier. On y emploie différents minéraux arsénifères, tels que la pyrite arsénicale, le tennantite, le cuivre gris arsénical etc. Le travail est très-dangereux pour les ouvriers à cause de la mauvaise construction des fourneaux de grillage. La méthode chinoise qui se trouve décrite dans le livre de technologie *Ten-ko-kai-butsu*, auquel nous avons emprunté la planche ci-jointe, est la suivante :

Le fourneau est construit dans un endroit inhabité, sur une montagne, et se compose de quelques pierres fixées temporairement avec de l'argile. Il a la forme d'un cône tronqué au sommet. La partie supérieure du cône est ouverte et surmontée d'une espèce de marmite en fonte renversée qui ne la recouvre qu'imparfaitement. A la partie inférieure du fourneau se trouve une ouverture qui sert à la fois, à l'entrée de l'air et à l'introduction du combustible (du bois). Après qu'on a grossièrement divisé le minerai à coups de marteau, on le place par couches sur le bois, dans l'intérieur du fourneau, et on met le feu. Le minerai sulfure est décomposé par l'action simultanée de la chaleur et de l'air : le soufre se dégage en grande partie à l'état de gaz acide sulfureux, et l'arsenic est transformé par l'air en acide arsénieux volatil. Ce dernier se condense sur les parois froides ou peu échauffées de la marmite en fonte, à l'état de poussière ou de croutes à demi-cristallisées. Quand la croute sublimée dans la marmite est devenue assez épaisse ou bien quand le couvercle s'est fortement échauffé on laisse le feu s'éteindre afin de pouvoir recueillir l'arsenic sublimé. On remplace cette marmite par une seconde ;

烧ヲ砒レ圖
其下曲突

on recommence de nouveau à chauffer et ainsi de suite. La matière condensée est encore bien impure et contient ordinairement des quantités considérables d'oxyde de fer, ce qui fait qu'elle n'est pas blanche, mais d'une couleur plus ou moins jaune-brunâtre. C'est dans cet état qu'on la livre au commerce sous le nom de *Yoseki* ou *Nezumi-koroshi*.

Quelquefois ce produit impur est soumis à une seconde sublimation ou bien il est purifié au moyen de la cristallisation. Il porte alors le nom de 砒霜 *Hi sō* où *givre d'arsenic* et constitue une masse cristalline blanche assez pure.

Pendant l'opération du grillage on recommande aux ouvriers de se tenir à une distance d'au moins cent pieds du fourneau, dans la direction d'où le vent souffle. Les mêmes hommes ne peuvent travailler d'une manière continue ; ils doivent se relayer après deux opérations consécutives, autrement leur santé serait rapidement détruite. Selon Ono Ranzan, la préparation de l'acide arsénieux s'effectue au Japon principalement dans la province d'Iwami, près de la montagne Gin-san et dans la province de Cho-shu (Nagato) à Naganobori. Les minerais arsénifères sont placés sur la matière combustible dans un petit fourneau grossièrement construit. La partie supérieure du fourneau est recouverte de nattes humides en paille. Pendant l'opération du grillage, les vapeurs formées par l'acide arsénieux se condensent sur les nattes humides ; puis, à la fin, la dernière se sèche de plus en plus et commence elle-même à brûler. A ce moment, on éteint le feu et l'on recueille le produit sublimé qui se trouve condensé dans les cendres de la natte. Il est fort impur et d'une couleur jaune-brunâtre. On voit que le procédé japonais est encore plus grossier et plus dangereux que la méthode chinoise que nous venons de décrire.

En Europe même, où l'on emploie des fourneaux faits avec soin et des chambres de condensation assez larges, le grillage des minerais arsénifères est toujours une opération fort malsaine ; mais les anciennes méthodes sinico-japonaises ne peuvent être considérées que comme de véritables empoisonnements pour les malheureux ouvriers qui doivent s'y livrer.

RANZAN recommande de ne pas jeter dans les fleuves ou rivières les cendres de la natte, qui a servi à la fabrication de l'arsenic blanc, attendu que cela suffirait à faire périr les poissons.

La vente de l'acide arsénieux chez les droguistes resta libre au Japon jusqu'à l'année 1661, époque où l'empereur GOSAI-TENNO défendit l'importation de cette substance par les Chinois, à cause des nombreux cas d'empoisonnement auxquels elle donna lieu. Le même décret ordonnait que les minières arsénifères dans les provinces de Kotsuké et de Setsu fussent fermées et palissadées. Plus tard le gouvernement abrogea cette ordonnance, et maintenant la vente de ces matières vénéneuses est soumise au Japon aux mêmes réglements que dans la plupart des pays de l'Europe, c'est-à-dire à l'enregistrement du nom des acheteurs et à la constatation par témoin de leur identité.

Aujourd'hui les cas d'empoisonnement en général et plus spécialement l'usage criminel de l'arsenic sont extrêmement rares au Japon comme en Chine. Nous croyons même qu'ils le sont beaucoup plus au Japon qu'en Europe ; mais évidemment il a été un temps où les cas d'empoisonnement étaient assez nombreux dans ce pays. On raconte qu'autrefois adversaires politiques et ennemis privés employaient les cérémonies de thé (*Cha-no-yu*) pour empoisonner secrètement leurs ennemis. Sous le prétexte d'une reconciliation, on attirait son adversaire dans la petite maison à thé, qui se trouve dans le jardin de tout officier d'un certain rang, et on lui servait *la cérémonie* du thé. Comme le convive du plus haut rang doit boire le premier et comme l'hôte sert lui-même, sans l'aide ni la présence d'aucun domestique, on regardait le *Cha-no-yu* comme l'occasion la plus favorable pour combiner toutes sortes d'intrigues, de négociations secrètes, voire même pour se débarrasser d'un ennemi en l'empoisonnant. C'est ainsi par exemple que le célèbre général KATO KIYOMASA, prince de Higo, fut empoisonné secrètement en 1611 dans un *Cha-no-yu* par le *Shogun* IYÉYASU.

L'acide arsénieux est d'un usage général pour tuer les rats, et pour détruire les puces et autres insectes nuisibles. Dans la médecine chinoise, il est recommandé pour fortifier l'organe de la vue, pour chasser les fièvres intermittentes et on l'emploie sous forme d'onguent pour la guérison de plusieurs maladies de la peau. En Chine, on s'en sert aussi pour protéger le riz et autres graines de culture contre les ravages des mulots. On sait que cet animal, originaire de l'Himalaya, vient souvent, en troupes innombrables, détruire les jeunes plantations dans l'Inde et dans le sud de la Chine. En parsemant la terre d'acide arsénieux, on se débarrasse des mulots, tandis que les plantes n'en éprouvent aucun effet nuisible ; il semble même au contraire que l'arsenic exerce une action salutaire sur le développement de la plante et sur l'abondance de la récolte. M. STAN. JULIEN nous apprend (l. c.) qu'on plonge les radicelles du riz, avant de les repiquer, dans une solution d'acide arsénieux et qu'on les garantit par ce procédé de la triple influence des moisissures, des plantes parasites et des insectes. Au Japon, on n'emploie pas ce procédé, du moins que nous sachions : les mulots n'y font pas d'aussi grands ravages que dans le sud de la Chine et dans l'Inde. Pour terminer, nous ne devons pas omettre que l'arsenic s'emploie en assez grande quantité dans les fonderies du *cuivre blanc* 白 銅 *Haku-do*, alliage de cuivre, d'antimoine et d'arsenic, qui ressemble un peu à l'argent et qui est fort en usage en Chine et au Japon.

EMPLOI MÉDICAL DES PRÉPARATIONS D'ARSENIC ET ANTIDOTES DE L'ARSENIC.

Comme nous l'avons dit plus haut, ce sont spécialement l'arsenic blanc, l'orpiment et le réalgar qui ont été usités dans la médecine chinoise et indienne depuis les temps les plus reculés. On dispose les préparations d'arsenic le plus souvent sous forme de très-petites pilules 丸 藥 *Guwan-yaku*, ou bien en onguents 膏 藥 *Kō-yaku*. Mais il ne semble pas qu'il existe de règles fixes quant aux doses de ce poison si violent. L'arsenic forme la base principale d'une espèce « d'Elixir longœ vitœ » *Cho-seï-yaku* 長 生 藥. Une autre préparation composée d'arsenic, est le *Do-wo* 土黄. Le *Hon-zo-ko-moku* en donne la formule suivante :

Arsenic blanc (砒石 *Hi-seki*)................	20 parts.
Poudre des semences de *Muricia cochinchinensis* Loun. (Cucurbitaceae) (木鼈子 *Moku-betsu-shi*)	1 part.
Poudre des semences de *Croton Tiglium* L. (Euphorbiaceae) (巴豆 *Ha-dzu*)...........	1 part.
Sel ammoniac (硇砂 *Do-sha*)...............	4 parts.

On mélange toutes ces substances avec un peu de bitume ou huile de pétrole brute (石腦油 *Seki-nō-yu*), jusqu'à ce que l'on ait obtenu une masse pétrissable. On doit enterrer cet amalgame pendant 49 jours et ensuite le faire sécher et le pulvériser. La poudre étendue d'un peu d'eau est employée comme application dans les tumeurs du sein chez les femmes, dans les tumeurs cancroïdes et glandulaires etc.

On recommande dans la matière médicale chinoise beaucoup de substances, plus ou moins réputées, comme antidotes dans les cas d'empoisonnement par l'arsenic et ses composés ou dérivés. Nous nous bornerons à citer les plus connues :

1° Une infusion froide d'une espèce de petite fève [*Phaseolus radiatus* L. *var. subtriloba* Miq. 綠豆 Roku-dzu. Syn. : *Bundo-mamé* ou *Yayenari*]. Mélangée avec des excréments humains séchés et réduits en poudre cet antidote serait le plus efficace (?)

2° Du plomb ou de l'étain métallique en poudre impalpable, telle qu'on l'obtient en frottant ces métaux sur une pierre dure.

3° La poudre d'une espèce d'argile ferrugineuse ou ocre rouge, mêlée avec un peu d'eau.

En outre, il y a encore plusieurs herbes qui pourraient servir dans le même cas. Nous n'avons pas besoin de dire qu'aucun de ces antidotes n'a beaucoup d'efficacité, et qu'ils doivent être tous bien inférieurs à l'hydrate ferrique récent, que l'on trouve dans toutes les pharmacies d'Europe et qui est le meilleur antidote de l'arsenic.

§ I

CLASSE DES MÉTALLOÏDES.

QUATRIÈME SECTION.

LE CARBONE, 炭 TAN,-SUMI.

LE FEU, 火 KUWA,-HI.

(*Honzo-komoku*, vol. VI et IX, Fig. 41.—K. HIST., livre I, chap. VIII. —DEB. 48.—*Sm. Mat.*, *m.* p. 59, 117.—ST. JUL., CH. p. 5-10, Pl. I et p. 129-139, Pl. VIII.—. *San-kaï-meï-butsu-dzu-yé*, 山海名物圖會, vol. II, tab. 6, 7, 8; vol. III, tab. 7; vol. IV, tab. 5.—*Ten-ko-kaï-butsu*, 天工開物, vol. VI, Tab. 1, et vol. VIII, Tab. 14 et 15.—*Naï-guwai-ichi-ran* ou statistique Japon.—*Chin. Commg.* Ed. 1863, p. 86.—H. S. MUNROË, the Mineral Wealth of Japan, Engineering Journal, Philadelphia June 1876.—*Official Catalogue* of the Japanese section of the International Exhibition, 1876, Philadelphia, page 43.—PLUNKETT, Report on the Mines of Japan, p. 2.—B. S. LYMAN, Reports of the Geologic-Survey of Yesso, 1871-1877, Tokei, Kaitakushi. — FERD. VON HOCHSTETTER, Asien, seine Zukünftsbahnen und seine Kohlenschätze, Wien 1876.—BARON VON RICHTHOFEN. CHINA, Ergebnisse eigener Reisen 1877 und flg. Berlin.—RADAU, les routes de l'avenir à travers l'Asie et les gisements houilliers de la Chine, dans la *Revue des Deux Mondes*. Livr. 15 juillet. 1876, pag. 386).

Nous nous proposons de réunir les récits des livres indigènes sur le *feu*, un des cinq éléments de la philosophie chinoise, avec la description des différentes espèces de carbone et nous espérons qu'on voudra bien nous pardonner cet assemblage.

De même que la plupart des autres nations ont, à leur berceau, vénéré le feu comme un élément sacré et purifiant, de même les Chinois et les Japonais le considèrent comme un symbole divin. Retracer l'histoire du feu chez ces derniers, est chose aussi difficile qu'elle l'est chez les autres peuples. Dans les plus anciens livres, la *Véda* des Brahmanes, comme dans la *Zendavesta* des Perses, on trouve déjà des récits sur le *feu sacré,* c'est-à-dire le feu produit par la *friction* d'un axe tournant sur un plan en bois (le *Matha* ou *Pramatha* de l'Inde, et le *Prometheus* des Grecs) et en Chine, comme au Japon le feu a existé en même temps que l'homme. Du reste la géologie a prouvé déjà que l'homme préhistorique, contemporain de l'Ours des Cavernes et du Reindeer, a fait usage du feu pour cuire sa nourriture, pour brûler les morts et pour carboniser les poteaux de ses demeures, afin de les préserver de la pourriture.

N° 54.—FEU MASCULIN.

陽火 (Yô-kuwa).

C'est le feu qui résulte du frottement de deux minéraux ou de la friction d'un métal sur une pierre (*Hi-uchi-ishi,* feu à briquet). Il s'éteint au contaet de l'eau et il est considéré comme imprégné du principe mâle dans la nature. Cette espèce de feu est utile à l'homme et douée de propriétés bienfaisantes.

N° 55.—FEU FÉMININ.

陰火 (In-kuwa).

Toutes les espèces de feu qui proviennent de l'eau ou celles qui, au lieu de s'éteindre, gagnent en force par l'eau, jouissent d'une très-mauvaise réputation. Les phénomènes de phosphorescence et de fluorescence, les éclairs de la mer, les insectes lumineux, les feux follets etc. y sont compris.

Ce dernier, (en japonais 野火 *Yo-kuwa* ou *No-bi*, feu de campagne), a aussi son histoire au Japon. On raconte qu'en été ou au printemps il apparait quelquefois au promeneur, pendant une nuit obscure, dans les forêts, les montagnes ou les marais, mais qu'il s'éteint aussitôt qu'on allume une lanterne ou qu'on fait entendre sa voix. Selon le livre *Hakubutsu-Shi,* on voit parfois, aux alentours des tombeaux des guerriers, sortir et voltiger en plusieurs endroits des lueurs phosphorescentes qui se réunissent ensuite ; elles s'échappent quand on veut les saisir et elles suivent l'homme quand il s'éloigne. RANZAN nous dit qu'on peut voir ces sortes de feux follets, ayant à peu près le volume de la lumière d'une lanterne, à *Matsu-yama* et dans la forêt près de *Ko-no-ura* (Kabuto-ura), dans le district Kiotogōri de la province de *Buzen*. On a appelé ce feu *Shirase-hi*, c'est-à-dire feu miraculeux, et il se montre annuellement au trentième jour du septième mois, bien qu'on le voit à présent quelquefois vers le 27me jour ou le 28me de ce même mois, surtout lorsqu'il a plu auparavant.

Ce feu serait visible au 16me jour de chaque mois, vers trois heures du matin, à Amano-hashi-daté, dans le district Yosagōri de la province de Tango, tout près du temple Monju-do.

En outre, on croit que quelques substances d'origine organique, comme l'huile, la soie, le papier, le blé, les excréments de cheval et plusieurs herbes peuvent produire cette espèce de feu féminin.

N° 56.—FEU PRODUIT PAR LE FROTTEMENT DE DEUX MORCEAUX DE BOIS SEC.

燧火 (Sui-kuwa). *Ki-yori-momi-idasu-hi.*

RANZAN nous dit que les Chinois se sont procuré ce feu, éminemment pur, dès les temps les plus reculés, par le frottement de deux morceaux de bois, et qu'ils se sont servis à cet effet de différentes espèces de bois, selon les saisons. Le bois de saule s'employait au printemps et de temps en temps on se servait même du bambou sec.

Au Japon on emploie encore à présent le bois du *Meliosma rigida* SIEB ET ZUCC. (ヤマビハノキ *Yama-biwa-no ki*) et du *Chamaecyparis (Retinospora) obtusa* ENDL, (檜 Hi-no-ki) pour allumer le feu sacré dans les fêtes religieuses à Yamada, dans la province d'*Isé*, et on l'appelle aussi quelquefois *Kiri-hi* (feu du choc). Les Aïnos, à Yesso, se servent encore maintenant du perçoir à feu, instrument qui consiste en une planche en bois sec (*Shoppo*) et une verge en bois (*Katsuchi*).

Dans tous les pays de l'extrême-Orient on attribue au feu par la friction une pureté parfaite et on le considère comme le meilleur moyen de se préserver contre l'influence du démon ou d'autres mauvais esprits.

N° 57.— FEU DU BOIS DE MURIER.

桑柴火 (So-sai-kuwa). *Kuwa-no-ki-wo-taku-hi.* Syn. *Kuwa-no-shiba-no-hi.*

On croit que le bois de mûrier donne un feu beaucoup plus vif que les autres espèces de bois et on le recommande par suite pour la préparation de quelques décoctions médicinales.

Afin de prouver la force du feu du mûrier, on raconte en Chine la fable suivante :

Autrefois un homme rencontra dans la montagne *Kiu-ton-san*, du district *Yei-ko-ken*, une grande tortue qui lui dit : « Ma promenade d'aujourd'hui est bien malheureuse, car je serai prise par vous. » L'homme prit avec lui cette tortue étrange et l'offrit à l'empereur *Go-wo*. Celui-ci ordonna à ses serviteurs de la faire immédiatement rôtir. Mais bien qu'on eût employé un grand nombre de fagots, la tortue ne mourait pas et parlait toujours. Un officier vint alors pour assister les serviteurs étonnés et ordonna qu'on essayât le bois d'un vieux mûrier, ce qui fut fait, et en peu de temps on obtint alors le résultat voulu.

Le feu du mûrier est très-vif mais celui du bambou sec donne un gout plus agréable et plus prononcé à l'alcool, quand on en fait usage pour la distillation. On croit en définitive que la qualité et la force du feu varient selon les bois employés pour le produire.

N° 58.— CHARBON DE BOIS.

炭火 (Tan-kuwa). *Sumi-hi.*

L'usage du charbon de bois, tant dans la vie journalière que dans l'industrie et les manufactures, est fort répandu au Japon, et l'art de carboniser le bois a atteint un haut degré de

FOURNEAU DE CHARBON DE BOIS AU JAPON.

池田炭—CHARBON DE BOIS DE CHÊNE (IKÉDA-SUMI) DE LA PROVINCE DE SETSU.

perfection dans ce pays. Il est vrai toutefois que l'on n'a pas encore appris à utiliser aussi les matières volatiles qui s'échappent pendant le cours de la carbonisation, comme on le fait à présent en Europe. Mais la qualité du charbon de bois au Japon est en général meilleure, par suite d'une carbonisation plus complète. Le bois de plusieurs espèces de chêne surtout donne un charbon excellent.

Dans toutes les provinces où se trouvent des forêts on s'occupe de la carbonisation, mais ce sont surtout les provinces montagneuses et boiseuses de *Setsu, Ki-siu*, *Idzumi*, *Shinano* et *Hiüga* qui sont célèbres pour la bonne qualité du charbon de bois.

La carbonisation s'effectue pour les meilleures espèces dans un fourneau sphéroïdal et pour les qualités inférieures dans un trou pratiqué dans le sol.

Les planches II, III et IV donneront une idée de la manière dont on se procure le bois nécessaire dans les montagnes boisées, soit en formant des radeaux que l'on fait descendre le long d'un torrent vers un magasin de bois dans une grande ville, soit pour en fabriquer du charbon, sur les lieux mêmes où l'on a coupé les arbres. Les fours se trouvent dans les montagnes, à côté d'un ruisseau ou d'un torrent. Ils sont construits au moyen de quelques pierres réfractaires d'une forme irrégulière, de bambous et surtout d'argile. Sur une assise faite de quelques pierres on construit une carcasse en bambou que l'on enduit de deux côtés d'argile réfractaire. Après que les premières couches sont séchées, on en met une seconde et ainsi de suite jusqu'à ce que le mur ait obtenu l'épaisseur voulue. Afin de le protéger contre la pluie, le four est surmonté d'un toit de roseau, grossièrement construit.

Les poutres de bois à carboniser sont arrangées dans le four verticalement autour d'une pile, construite au moyen de quelques pierres de serpentine ou ophiolithe (*Seï-rō-Seki*).

Quand le fourneau est rempli et le bois allumé en bas, on bouche l'entrée avec quelques pierres et de l'argile, et les petites ouvertures du haut restent ouvertes, jusqu'au moment où la fumée qui en sort prend une couleur plus ou moins blanchâtre. Alors on ferme aussi ces ouvertures au moyen de terre glaise. Le feu s'éteint, et quand le tout est refroidi, on retire le charbon de bois. La planche IV donne une idée assez exacte de la forme du fourneau, tel que nous en avons vu plusieurs dans les montagnes aux environs de *Kuramayama,* près *Kiyoto.* La deuxième méthode est plus simple et se pratique pour les espèces ordinaires et inférieures de charbon de bois *(Keshi-Sumi).* On creuse tout uniment dans le sol un trou d'environ un mètre à un mètre et demi de profondeur et d'un mètre de diamètre. On le remplit de bois, après qu'on a mis quelques charbons ardents sur le fond de l'excavation. Aussitôt que le bois commence à brûler vivement, on ferme légèrement l'ouverture avec des rameaux, de l'herbe et de la terre. Puis on abandonne le tout et on laisse la combustion s'opérer jusqu'au moment où la fumée prend une couleur blanchâtre. On éteint alors le charbon avec de l'eau et on le laisse sécher à l'air.

On distingue au Japon les espèces suivantes :

a. *Charbon de bois de chêne.* 櫟 炭 **Reki-tan.** *Kunugi-no-Sumi* ou 池 田 炭 *Ikeda-Sumi.* Syn. *Sakura-Sumi.* C'est une espèce de charbon de bois dur et dense, qui produit un son métallique quand on le remue. Il tient le feu très-longtemps et c'est le plus estimé de tous. Le bois du *Quercus Serrata* Thunb. (Kunugi) sert surtout à fabriquer ce genre de charbon, quoiqu'on emploie aussi le bois d'autres espèces de chêne. Le district d'Ichikura, dans la province de Setsu, en produit beaucoup. On envoie ce charbon à la ville d'*Ikéda* dans la même province, d'où lui vient le nom d'Ikéda-Sumi. La planche V représente une des boutiques de charbon de bois de chêne dans cette ville.

Quoique dans les maisons aisées l'Ikéda-Sumi ne manque jamais dans le « brasero » *(hibachi)*, on se sert plus généralement de l'espèce suivante qui est moins chère :

b. *Charbon de bois de Sapin.* 消 炭, **Fu-tan.** (Charbon éteint). *Keshi-Sumi.*

Les sapins (Pinus spec.), le cèdre du Japon (Cryptomeria) et plusieurs autres conifères produisent cette espèce de charbon de bois. Il est en usage dans presque toutes les maisons au Japon. Les montagnards le préparent souvent eux-mêmes en brûlant le bois dans des trous pratiqués dans le sol, comme nous l'avons indiqué plus haut.

Le livre chinois *Sichi-shu-rui-ko* raconte que les fourmis ne peuvent traverser une ligne tracée sur la terre avec cette espèce de charbon de bois.

c. *Charbon de bois blanc.* 白炭, **Haku-tan.** *Shira-zumi*, ou 枝炭 *Yéda-zumi* (charbon fait avec des branches).

C'est une espèce de charbon très-dur, d'un son métallique. Il arrive en cylindres minces, qui ne dépassent guère un centimètre de diamètre et on lui donne un aspect blanchâtre en l'immergeant plusieurs fois dans un mélange de craie et d'eau, afin qu'il ne puisse salir les mains quand on le touche.

Il est fabriqué avec les branches d'une espèce d'Azalea 躑躅 **Teki-shoku,** *Tsutsuji* (Rhododendron indicum Sweet.), arbuste qui se trouve en abondance et partout sur les montagnes du Japon. L'origine du charbon de bois blanc est due probablement aux cérémonies de thé (*Chanoyu*), qui ont joué auparavant un si grand rôle parmi les gentilshommes du Japon. Comme on sait, le plus grand soin, la plus exquise propreté et les règles les plus minutieuses doivent présider à cette cérémonie, à laquelle aucun serviteur n'est autorisé à d'assister. L'hôte lui-même prépare et sert le thé : il emploie le charbon blanc pour faire bouillir l'eau. A Kiyoto nous avons assisté plusieurs fois à cette cérémonie, entre autres une fois au palais même de l'Empereur et toujours nous avons remarqué le charbon blanc dans la corbeille. Le charbon noir pourrait souiller les mains ou les appareils qui doivent rester tous d'une propreté extrême.

On dit que le meilleur « *Yéda-zumi* » vient de l'endroit appelé Yokoyama, dans la province d'*Idzumi*. Depuis que les hauts officiers de l'Etat ne s'occupent plus guère de la cérémonie du thé, peut-être pour ne pas perdre autant de temps inutilement, le charbon blanc est plus difficile à trouver dans les magasins.

d. *Charbon de bois de Magnolia.* 朴炭, **Boku-tan**, *Hō-no ki-zumi*. Syn. 浮爛羅勒炭, *Fu-ran-da-roku-tan.*

Le bois du *Magnolia hypoleuca* SIEB. et ZUCC., un bel arbre des forêts montagneuses du Japon, est très-léger, régulier, sans nœuds et sans fentes ; il servait, comme on le sait, principalement à fabriquer les fourreaux des anciens sabres japonais. On en fait aussi une espèce de charbon très-léger, doux et régulier, qui s'emploie, mélangé avec de l'eau, au polissage des métaux, des sabres et des objets de bijouterie.

Comme ce charbon est très-léger, poreux et égal, il peut parfaitement servir, de même que l'espèce suivante, pour la purification de l'eau dans les filtres ou pour toute autre désinfection où l'on employe d'ordinaire le charbon végétal.

e. *Charbon de bois de Paulownia.* 桐炭, **Tô-tan**, *Kiri-Sumi.* Syn. 白桐炭, *Haku-do-tan.*

Le bel arbre *Paulownia imperialis*, SIEB. et ZUCC. dont les grandes feuilles ressemblent beaucoup aux Catalpas de nos jardins, donne un bois blanc, très-léger et élastique, qui s'emploie surtout au Japon pour la fabrication des armoires et des sabots. Bien que le charbon provenant de ce bois soit à présent peu en usage, en raison de ce qu'il n'est pas très-bon pour la combustion, il mérite cependant d'être employé comme un des meilleurs pour les cas de désinfection. Il peut également servir pour le polissage.

f. *Charbon de bambou.* 竹炭 **Chiku-tan.** *Také-Sumi.* Ce charbon constitue en raison de sa rareté, une sorte de curiosité, qui se trouve parfois dans les brasiers chez les gens riches. Il brûle très-lentement, donne peu de chaleur et laisse beaucoup de cendres. Il ne se fabrique que dans la province de *Yechiu*. Nous n'avons vu qu'une seule fois à Kiyoto se servir de ce curieux charbon.

g. *Charbon demi-incandescent.* 帶火炭, **Tai-kuwa-tan.** *Hi-no-tsuitaru-Sumi.*

On l'emploie pour distiller le mercure du cinnabre naturel.

h. *Charbon de bois « sur pied »*. 上立炭, **Jo-riu-tan**, *Tate-ni-naritaru-Sumi*.

L'auteur chinois recommande de placer une pièce de charbon dans la maison pendant la nuit du dernier jour de l'an ou bien d'en porter un morceau sur soi si l'on veut chasser le mauvais air et se soustraire à des miasmes nuisibles (邪氣 *Jaki)*.

i. *Briquettes sphériques de charbon de bois*. 炭墼, *Tadon* ou 炭團.

Les restes du charbon de bois existant dans les magasins, mélangés à une décoction visqueuse d'algues marines (海羅 *Funori*, Gloeopeltis species variæ), produisent une masse pétrissable dont on confectionne des boules de 8 à 10 centimètres de diamètre. On les fait sécher au soleil sur des claies en bambou et on les vend comme combustible à bas prix pour les cuisines et les maisons de bains. Ces pains de charbon en poudre brûlent lentement et donnent une chaleur très-régulière. En Chine, on remplace même quelquefois la poudre de charbon de bois par le charbon friable obtenu par la carbonisation des feuilles de conifères et d'autres résidus végétaux.

N° 59.—FEU DE BAMBOU ET DE ROSEAU.

蘆火竹火 **Rō-kuwa Chiku-kuwa**.—*Yoshi-také-wo-moyashitaru-hi*.

L'auteur chinois enseigne que l'on peut faire au moyen de ce feu, qui est très-doux, des décoctions médicinales pour les convalescents sortant d'une grave maladie.

N° 60.—FEU DU MOXA.

艾火, **Gai-kuwa**, Kiu-no-hi.—Syn. *Yaito-no-hi*,—*Mō-gusa-no-hi*.

Les feuilles d'une plante, qui ressemble beaucoup à notre absinthe, l'*Artemisia vulgaris* Linn. varietas *vulgatissima* Bess. 艾 Gai ou オホヨモギ *Ō-yomogi* ou イブキヨモギ

Ibuki-Yomogi, prennent au printemps (dans les mois de Mai et de Juin) une surface tomenteuse. C'est le temps, surtout au matin du 5me jour du 5me mois, où il faut les ramasser, pour en faire des moxas ; on les pile longtemps dans un mortier en bois et l'on enlève avec la main les parties dures, jusqu'à ce qu'on obtienne une masse égale, laineuse et véloutée, que l'on fait ensuite sécher à l'air.

Pour fabriquer la meilleure espèce de moxas, on coupe la masse pilée en très-petits cylindres de 3 millimètres de diamètre et de 8 à 10 millimètres de longueur. On les fixe sur un morceau de carton et on les enferme dans une boîte. Les moxas de 1re qualité se vendent ainsi tout préparés ; mais ordinairement on trouve chez les droguistes la masse pilée, laineuse, dont on forme soi même de petits cylindres au moment où l'on veut appliquer le moxa. Tout le monde sait comment on le prend entre le pouce et l'index pour l'appliquer sur l'épiderme à l'endroit où l'on veut opérer la combustion. On allume l'extrémité libre au moyen d'un petit bâton de senteur (*sen-kō*) auquel on a mis le feu et on laisse le cylindre brûler jusqu'à ce qu'il ait légèrement excorié la peau.

L'application du moxa est recommandée dans les cas de rhumatisme, de goutte, de crampes au mollet, *Béri-béri* etc ; mais au Japon surtout il sert comme préservatif dans une foule de maladies. On ne l'applique pas toujours sur les parties douloureuses elles-mêmes, mais bien souvent à d'autres endroits du corps, ainsi que le prescrivent d'une manière fort détaillée les livres indigènes de médecine. *Kæmpfer* a donné un récit assez complet des manières d'appliquer le moxa. (Cf. le cinquième chapitre de l'appendice de son *Histoire du Japon*).

L'usage du moxa tant comme préservatif que comme remède domestique est encore de nos jours fort répandu au Japon ; il est facile de s'en rendre compte en voyant, pendant l'été à découvert le dos des gens du peuple, y compris les femmes : on y remarquera deux séries parallèles de cicatrices très-apparentes produites par les moxas.

La meilleure herbe pour le moxa vient des montagnes

Ibuki-yama et Mino-yama dans la province d'Omi : elle a une réputation telle que l'on en exporte tous les ans des quantités considérables en Chine, où l'usage du moxa est encore également très-répandu.

N° 61.—FEU DIVIN DE CHEVILLE, OU FEU D'UNE CHEVILLE FAITE DU BOIS DU PÊCHER.

神鍼火 **Shin-shin-kuwa**, *Momo-no-ki-no-hari-no-hi.*

Outre le moxa ordinaire, il y a encore plusieurs autres moyens d'appliquer une brûlure sur l'épiderme des malades, par exemple le bois du pêcher, la moëlle d'une espèce de jonc, le fer à brûler, qu'on emploie après les avoir immergés dans l'huile, le soufre liquide, le coton bleu, la guède des teinturiers, les racines séchées d'*Aristoloche*, etc. Sous le nom de *Shin-Shin-kuwa* (litt. *Feu divin d'une cheville)* l'auteur chinois mentionne ce genre de moxa. Au 5me jour du 5me mois, on se procurera des branches du côté Est d'un pêcher et on en coupera des chevilles (cylindres coniques) d'environ 5 pouces de longueur et d'un pouce de largeur. Lorsqu'elles sont parfaitement séchées, on les plonge dans l'huile de chanvre et on les allume. Si elles brûlent trop vivement, on étouffe la flamme, on déprime légèrement le cylindre chaud et on le fait courir sur la partie douloureuse après avoir pris soin d'y appliquer au préalable quelques feuilles de papier, pour ne pas produire une brûlure trop intense. *Li-shi-chin* dit qu'il est encore préférable d'appliquer ce « *feu divin* » de la manière suivante : On prépare un mélange en poudre de moxa, mastic, myrrhe, soufre, réalgar, racine d'aconit, écorce de pêcher et musc et on en fait avec du papier des espèces de cigarettes de 3 à 4 pouces de longueur et d'un pouce de diamètre. On les enferme dans une bouteille que l'on enterre pendant 49 jours. Ensuite on applique cette sorte de moxa de la même manière que la cheville du bois de pêcher, mais sans faire usage d'huile. Il est défendu au malade de boire de l'eau froide pendant l'opération.

N° 62.—FER A BRULER OU CHEVILLE A BRULER.

火鍼 **Kuwa-Shin.** *Yaki-bari.* Syn. *Yai-bari.*

Le « *Kuwa-Shin* » est une aiguille obtuse ou cheville en fer, emboitée dans un manche de bois. Il a une longueur de 5 pouces et est à sa partie médiane un peu plus épais qu'aux deux extrémités, lesquelles ont qu'un pouce à un pouce et demi de diamètre. On chauffe le fer au feu d'une lampe dans laquelle on a placé plusieurs mèches afin d'augmenter l'intensité de la chaleur. Puis, lorsque le fer est rouge, on le plonge dans l'huile de chanvre et on répète l'opération deux à trois fois. On l'applique alors sur les ulcères ou boutons pour les faire « *mûrir* » rapidement. Selon *Ranzan*, on n'emploie le fer que très-rarement au Japon et on appelle l'opération *Niragibari.* Aujourd'hui on ne fait plus usage de ce procédé.

N° 63.—FEU DE LA LAMPE.

燈火 **Tō-kuwa.** *Andon-no-hi.* Syn. *Tomoshibi.*

La mèche de la lampe japonaise, qui est faite de la moëlle d'une espèce de jonc, (*Juncus communis* E. Meyer var. *α effusus* Linn) est au préalable imbibée d'huile et ensuite appliquée de la même manière que le moxa. L'auteur chinois recommande de brûler ainsi les nouveaux-nés au-dessous du nombril, pour les protéger en hiver contre la fâcheuse influence d'un froid rigoureux. L'huile de sésame est préférable aux autres ; toute autre espèce d'huile minérale ou animale est regardée comme très-mauvaise.

N° 64.—MÈCHE CARBONISÉE DE LA LAMPE.

燈花 **Tō-kuwa.** *Tomoshibi-no-hana.* Syn. *Chōji-gashira.* *Chōji-bana* (Fleur de clou de girofle).

Une croyance populaire veut qu'on puisse prédire le beau ou le mauvais temps en observant la forme de l'extrémité carbonisée de la mèche. Quand un nourrisson crie trop pendant la nuit, il sera utile de mêler un peu du charbon de la mèche au lait maternel.

Aussi l'emploie-t-on quelquefois dans le peuple comme hémostatique sur les coupures ou autres blessures produites par un instrument tranchant.

N° 65.—MÈCHE CARBONISÉE D'UNE CHANDELLE.

燭燼 **Shoku-jin.** *Rôsoku-no moyésashi.* Syn. *Rôsoku-no-hokuso.*

La poussière obtenue par la carbonisation de la mèche d'une chandelle mélangée à un peu de fer pulvérisé, à l'huile de sésame et au vinaigre est recommandée par l'auteur chinois contre les abcès cancéreux de la bouche (Jap. *kiu-rō*).

N° 66.—NOIR DE FUMÉE.—ENCRE DE CHINE ET DU JAPON.

a. 松煙 **Sho-yen.** *Matsu-no-Kémuri*, (fumée du bois de pin). 松煤 —**Sho-bai.** *Matsu-no-Susu*, (noir de fumée du bois de pin). Syn. *Hai-zumi.*

b. 油煙 **Yu-yen.** *Abura-susu.* (suie de la lampe à huile).

c. 墨 **Boku.** *Sumi.* (Encre de Chine).

(Sm. Mat. m. p. 117. — St. Jul. Ch. p. 129-139. — History of Education in Japan, by the Dept. of Education. New-York, 1876, p. 173).

Selon l'histoire chinoise, on a commencé en Chine à fabriquer de l'encre avec le noir de fumée sous la dynastie des *Weï* et des *Tsin* (220-419 apr. J. Chr.). Avant ce temps, on ne connaissait pas encore l'encre proprement dite : on se servait pour écrire d'un morceau de bambou, trempé dans une espèce de vernis noir.

Vers l'année 610 apr. J. Chr. le prêtre coréen *Tan-tsching*, de Kaoli, introduisit au Japon l'art de fabriquer l'encre et le papier*. Cette industrie, d'origine chinoise, fut vulgarisée avec une ardeur extrême par le célèbre prince japonais *Sho-toku-dai-shi* le grand initiateur de la propagation du Boudhisme au Japon.

* Nipponki, XXII. 15.

Dans le principe, on employait seulement le noir de fumée provenant de bois résineux : plus tard, on apprit des Chinois la manière de fabriquer une encre meilleure avec le noir de fumée des lampes à huile.

Les provinces d'Omi (encre *Musa*), de Tamba (encre *Kaibara*), de Yamashiro (encre *Tai-heï*) étaient jadis célèbres par leurs encres ; mais aujourd'hui ce sont la ville de *Nara*, l'ancienne capitale du Japon, située entre Kiyoto et Osaka et les fabricants *Matsuda* et *Matsumura* dans la province de *Kaga* qui jouissent pour ce produit de la plus grande réputation.

Quoique la fabrication de l'encre soit en principe la même en Chine et au Japon, elle diffère néanmoins par quelques détails. L'encre préparée en Chine semble être de meilleure qualité que celle du Japon, et les Japonais l'estiment beaucoup plus. *Stan. Julien* et *Champion* ont décrit très-minutieusement le procédé usité par les Chinois (l. c.) : nous n'avons donc à mentionner ici que la méthode japonaise.

Les matières premières principales sont au Japon, 1° le noir de fumée, obtenu par la combustion du bois de sapin résineux (肥 松 *Koï matsu*) ou provenant de l'huile de sésame et de colza, pour les espèces de 1re qualité, 2° une colle liquide, faite avec les peaux de taureau. On la parfume quelquefois avec du musc, du camphre de Bornéo ou d'autres substances odoriférantes.

Sur un parquet fait d'argile et de pierres, on construit une cabane d'environ 2 mètres de largeur sur 8 à 10 mètres de longueur, et l'on élève sur le devant un four grossier où le bois résineux doit brûler lentement sur le parquet d'argile. Trois des parois de ce four sont faits de bambou et d'argile ; le quatrième côté du foyer communique avec une carcasse en bois (障 子 *Shō-ji*), sur laquelle on colle du papier épais et grossier. Ce revêtement de papier contient plusieurs cloisons où la suie se condense. Le noir de fumée déposé à l'extrémité du four est le plus fin et le plus estimé pour la fabrication de l'encre. La suie qui est la plus rapprochée de l'endroit où s'opère la combustion est rude et trop compacte : elle ne peut servir, après avoir été tamisée, qu'à faire de l'encre de mauvaise qualité. La combustion du bois doît être réglée avec beaucoup de soin et ne jamais être trop rapide, parce que le noir de fumée serait alors trop compact et grossier. Si au contraire elle est trop lente, la suie n'est pas assez pure et contient trop de matières empyreumatiques. On enlève le noir de fumée au moyen d'une plume ou d'une brosse. (Cf. planche VI).

La suie de la lampe à huile (油煙 *Yu-yen*), destinée à la fabrication des meilleures sortes d'encre, ne se prépare au Japon qu'en petites quantités. Une série de lampes garnies des mèches ordinaires en moëlle de jonc sont placées sur une planche et remplies d'huile de sésame (ou d'huile de colza). On recouvre la flamme au moyen d'écuelles renversées faites d'une poterie sans émail, afin que le noir de fumée vienne se déposer en couches poreuses. De temps en temps on retire l'écuelle pour recueillir la suie, qui pourrait devenir trop compacte si elle restait trop longtemps sur la flamme.

La suie ainsi préparée, on commence par faire cuire dans l'eau de la colle forte fabriquée avec des peaux de taureau. Cette colle une fois liquide se mélange avec le noir de fumée dans un grand bassin en cuivre, placé lui-même dans un autre récipient plus vaste, de telle sorte qu'il reste entre les deux calottes un espace vide de 3 centimètres qu'on remplit d'eau chaude, afin que la colle ne se solidifie pas pendant que l'on fait à la main le pétrissage du mélange. Pour obtenir une pâte molle bien homogène, il faut pétrir longtemps ; on laisse ensuite reposer le tout pendant deux ou trois jours pour faire « mûrir » la pâte. On recommence alors à battre cette mixture sur une planche avec un pilon en bois. Pour les meilleures espèces, on y ajoute encore, dans une petite proportion, un mélange de carthamine, de camphre de Bornéo et de musc, additionné d'une faible quantité d'huile. Ensuite un ouvrier sépare la pâte en plusieurs gâteaux plats, pendant qu'un autre moule les pains. Le moule contient deux plaques de bois, qui sont divisées en compartiments pour façonner à la fois plusieurs bâtons d'encre. Au moyen d'une presse à levier, on comprime fortement les deux moitiés du moule, de manière à ce que les pains reçoivent l'empreinte de certains dessins. Puis les bâtons sont soumis ensuite à la dessiccation. On les recouvre d'un morceau de papier et on les place pendant quelques heures sous des cendres légèrement humectées ; ensuite on les laisse pendant une journée environ dans une autre cuve pleine de cendres un peu plus sèches, et enfin on les fait sécher complètement, durant plusieurs jours, dans des cendres tout-à-fait sèches. Puis finalement on lave les bâtons, on les polit, on les vernit et on les dore.

L'encre de première qualité est uniforme, sans fissures et brillante sur ses cassures ; en la frottant avec de l'eau sur la pierre qui sert d'écritoire, elle ne doit pas craquer, c'est-à-dire qu'il faut qu'elle soit parfaitement exempte de toute espèce de matières sableuses. L'odeur doit être celle d'un mélange agréable de musc et de patchouli ; la couleur d'un noir-brunâtre, avec une teinte légèrement roussâtre. L'écriture, quand elle est sèche, doit avoir des tons glacés et brillants. Les batons de 1re qualité ont ordinairement une surface égale, sans beaucoup de dessins et sont entièrement dorés ; ceux de qualité secondaire ou inférieure ont en général plus de dessins.

L'auteur chinois recommande en médecine l'emploi de cette encre comme un remède légèrement astringent, hémostatique et emménagogue. Dans la vie journalière on l'emploie parfois pour en enduire les ulcères et les blessures.

N° 67.—DIFFÉRENTES ESPÈCES DE SUIE.

L'auteur chinois décrit, après l'encre de Chine, dans sa section de la « *Terre* » (7me volume), plusieurs espèces de suie, qu'il recommande surtout comme remède hémostatique et emménagogue. Elles sont :

a. *La suie des tuileries.* (煙膠 **Yen-kiyo.** *Kawara-wo-yaku-muro-no-uyé-no-Sumi.*)

Mélangée avec du chlorure de mercure (輕粉 *Keï fun*) et un peu d'huile, on en fait une pommade contre la teigne et quelques maladies de la peau.

b. *La suie, qui s'est déposée au fond des marmites.* 釜臍墨 **Fu-seï-boku.** *Kama no-héso-no-Sumi.* Syn. *Nabé-Sumi.*

Mélangée avec de l'eau ou du *saké,* elle sert comme remède hémostatique dans les crachements de sang. On l'emploie également comme remède domestique pour les blessures faites avec un couteau ou tout autre instrument tranchant du même genre.

c. La suie qui s'est déposée dans les petits fourneaux. 白草霜 **Haku-so-so.** *Kamado-no-hitai-no-Sumi.* Syn. *Kémuri-dashi-no-Susu.*

On peut s'en servir dans les cas de dyspepsie ou comme remède hémostatique et emménagogue.

d. La suie, qui s'est déposée sur l'entablement des toits 梁上塵 **Riyo-jo-jin.** Syn. *Utsubari-no-uyé-no-hokori.*

Elle est recommandée pour les coliques et comme remède hémostatique, emménagogue et diurétique.

LES MINÉRAUX DU CARBONE.

N° 68.—LE DIAMANT.

金剛玉 **Kon-go-giyoku.** (Pierre précieuse fort dure). Ordinairement au Japon デヤマン, *Deyaman* ou ギヤマン石 *Giyaman-Seki.* Syn. 鑽石 **San-seki.** (Pierre tranchante). *Kiri-ishi.* 鑽石玉 **San-seki-giyoku.** (Pierre précieuse tranchante).

(*Honzkm.* vol. X, fig. 60.—*Sm. mat. med.* p. 85.—*Keïmo.* vol. 6).

Quoique le diamant n'ait pas encore été trouvé en Chine et au Japon, on le connaît cependant depuis de longues années, mais assez vaguement, d'après la description qu'en donnent les livres boudhiques de l'Inde et d'après quelques échantillons importés autrefois sous la forme de bagues par les Hollandais. Mais on a constamment confondu dans les livres indigènes cette pierre précieuse avec plusieurs autres minéraux très-durs qui se trouvent en Chine et qui peuvent, comme le diamant, servir à tailler d'autres pierres. Le corindon, le spath adamantin ou corindon opaque (Germ. *Diamantspath*), l'éméri ou corindon granulaire, le grenat-pyrope, le grenat almandin, le zircon etc., portent tous le nom générique de *Kon-go-seki* 金剛石, qui a la même signification que le mot αδάμας chez les Grecs et les Romains, c'est-à-dire l'indomptable, ou substance très-dense et dure, qui sous ce rapport, l'emporte sur l'acier. Les anciens auteurs grecs et komains (Theophaste, Pline, etc.), ont décrit aussi le corindon blanc sous le nom de diamant. Le spath adamantin fut autrefois largement employé dans l'Orient pour couper et perforer l'amethyste, la sardoine, la cornaline et autres pierres dures.

Afin d'éviter une confusicn avec les autres minéraux durs, surtout le corindon et le grenat, nous avons adopté un autre nom sinico-japonais pour le diamant, savoir 金剛玉 **Kon-go-giyoku** (pierre précieuse fort dure) et le synonime 鑽石玉 *San-seki-giyoku* (pierre précieuse tranchante), bien que M. WELLS WILLIAMS (chinese chrestomathy, page 431) et plusieurs autres auteurs célèbres aient assimilé le *Kon-go-seki* au diamant. De la description que LI-SHI-CHIN donne du *Kon-go seki* (Honzkm. vol. X. fig. 60), il résulte qu'il n'a pas eu seulement en vue le diamant, mais encore une autre « pierre « très dure, variant de la grosseur d'un grain de maïs *jusqu'à « un pied de diamètre,* et qui possède différentes couleurs, « le brun, le gris, le rouge et même le noir ». Il parle de ce minéral dans la section des « pierres ordinaires » et non sous la rubrique des pierres précieuses (vol. 8). Il dit « qu'on « l'emploie comme outil tranchant pour tailler d'autres pier-« res » et nous semble indiquer le corindon ou le grenat. D'autre part, il dit : « que cette pierre se trouve dans les « régions tropicales de l'Asie, dans le lit des rivières et qu'elle « a la même forme que le spath-fluor violet (*Shi-seki-yéi*) », ce qui semble indiquer le vrai diamant.

Aujourd'hui un grand nombre de vitriers chinois et japonais savent se servir très-adroitement de diamants importés d'Europe pour couper le verre ; mais cette pierre précieuse est fort rarement recherchée en Chine et au Japon comme bijou. Les Japonais n'ont aucune connaissance de la valeur

PRÉPARATION DU NOIR DE FUMÉE, DESTINÉ A LA FABRICATION DE L'ENCRE JAPONAISE, (松煙 SHO-YEN), AU MOYEN DE BOIS DE PIN RÉSINEUX.

réelle du diamant sous ce rapport. On nous a apporté plusieurs fois des galets de quartz hyalin et de la topaze en nous demandant si ce n'était pas du vrai diamant ? On croit généralement que toute pierre qui raie ou coupe le verre doit être nécessairement du diamant, et l'on ne fait attention aux autres qualités de ce dernier.

N° 69.—GRAPHITE.

石筆石 **Seki-hitsu-Seki.** (Pierre crayon). 石墨 **Seki-boku** ou *Ishi-sumi* (Encre pierre). Syn. 黒色石脂 *Koku-shoku-seki-shi* (Pierre onctueuse noire). 黒鉛 *Koku Yen* (Plomb noir d'après l'anglais « *black lead* »).

Ce n'est que dans ces dernières années que l'on a commencé au Japon l'exploitation (très-minime encore toutefois) du graphite, bien qu'il soit probable que l'on a connu ce minéral, à titre de curiosité, sous le nom de *Koku-shoku-seki-shi* (litt. pierre onctueuse noire). Il constituait une des célèbres « cinq pierres onctueuses à cinq couleurs », 五色石脂 *Go-shiki-seki-shi,* dont nous parlerons plus loin dans la 16me section de notre ouvrage. Il se trouve principalement dans la province de Satsuma, d'où l'on nous en a apporté des échantillons à Nagasaki dès 1870 pour en faire l'essai. Ce graphite était très-fragile, onctueux, d'un gris-noirâtre, peu luisant, terreux, grenu, peu squammeux et noircissait fortement les mains. D'après son aspect il était impossible de la classer parmi les bonnes espèces de ce minéral. L'analyse que nous en avons faite montrait en outre qu'il renfermait trop d'oxyde de fer comparativement aux espèces de qualité supérieure. Nous trouvâmes :

Poids spécifique = 2,151 à 15° c. temp.

Carbone	83.5
Oxyde de fer	2.9
Matières terreuses	13.6
Total	100.0

Deux maisons de commerce de Nagasaki ont envoyé en 1871 une certaine quantité de graphite de Satsuma en Europe ;

mais le minéral du Japon n'a pu soutenir la concurrence avec les bonnes espèces qui viennent de Ceylan, d'Allemagne et d'Angleterre. Il fut vendu comme graphite de qualité inférieure pour l'usage des forgerons. Il était trop impur et trop ferrugineux pour qu'on pût songer à en faire des crayons ou des creusets. Plusieurs fois nous avons vu à Nagasaki du graphite de Satsuma, mélangé pour la moitié de pierres terreuses, qui avaient pris une couleur gris noirâtre par le contact avec les pièces de vrai graphite, mais dont on reconnaissait facilement le vrai caractère en les brisant d'un coup de marteau. Ce genre de graphite serait tout simplement invendable en Europe.

Plus tard, on s'est donné plus de peine pour mieux choisir et assortir le graphite et l'on en a envoyé à la Monnaie d'Osaka, où l'on avait besoin de creusets réfractaires en graphite. M. Gowland en a analysé deux espèces qui semblent avoir été de meilleure qualité que l'échantillon essayé par nous. M. Gowland a trouvé :

	No. I.	No. II.
Carbone	88.09	89.22
Cendres (d'une couleur grisâtre..	11.91	10.78
Total	100.00	100.00

Depuis on a fabriqué des creusets avec ce graphite mélangé de terre réfractaire. Ces creusets servent maintenant à Osaka pour la fonte des alliages monétaires. A l'exposition de Kiyoto en 1876 nous en avons vu de très-bons faits à Osaka.

D'après le catalogue officiel de l'Exposition internationale de 1876 de Philadelphie (l. c. page 46) on a trouvé dernièrement des échantillons très-purs de graphite, qui pourraient même servir à la fabrication des crayons, après avoir subi certain lavage ; mais nous n'en avons vu nous-même aucun spécimen au Japon.

Le graphite se trouve à Satsuma, en blocs très-irréguliers dans les fentes des schistes intermédiaires des terrains primitifs et de transition. Les localités où on l'a rencontré jusqu'à présent au Japon sont :

PROVINCES.	LOCALITÉS.
—	—
SATSUMA	Tarémitsu. Kaséda. Yagi-mura. Ichi-gaya.
TŌTŌMI	Chiwa-mura-Kiga, près Shimada.
KAGA	Ishi-dani-mura et Kataya.
MIKAWA (Aichi-ken)	Kamogōri, Wago-mura.
RIKUZEN	?
IDZUMO	?
YECHIZEN	?
KII	?
HIDA	?

N° 70.—ANTHRACITE.

無焰炭 **Mu-yen-tan.** *Hō-nō-naki-sumi.* (Charbon qui n'a pas de flamme). Syn. 無炎石炭 *Mu-yen-seki-tan.* (Houille sans flamme). 輝石炭 *Ki-seki-tan*, (charbon de terre brillant.)

L'anthracite se trouve en Chine comme au Japon en quantités assez considérables. Primitivement les chaufourniers seuls faisaient usage de ce combustible d'une nature excellente, mais dans les dernières années on a commencé à s'en occuper davantage. Les gisements énormes de ce minerai en Chine sont certainement appelés à jouer un grand rôle dans l'avenir.

Nous avons eu en mains de très-bonnes espèces d'anthracite japonais ; la meilleure nous semble être le minérai d'*Amakusa.* Cet anthracite n'est pas, il est vrai, tout à fait exempt de principes volatils pyrogénés, mais il est assez dur et doué d'un grand éclat métallique ; ses cassures sont coquilleuses, et ne présentent aucune structure organique. Il ne tache pas les doigts et ne laisse pas de trace sur le papier. Au chalumeau, il dégage une faible odeur empyreumatique. Dans les fourneaux ordinaires, il ne brûle que mélangé à d'autres espèces de charbon, mais alors il donne une très-forte chaleur. Les gisements d'anthracite d'Amakusa ont une étendue d'environ vingt-six kilomètres carrés, mais il n'y a que deux couches, d'environ trois pieds d'épaisseur, qui pourraient être exploitées. On trouve en différents endroits de l'île plusieurs mines exploitées selon l'ancien système, mais jusqu'ici la production en est insignifiante.

L'anthracite de Miyé (province d'Isé) nous paraît aussi de bonne qualité. Il a, comme, l'anthracite d'Owari et de Kii, une structure fibreuse ou boiseuse. Dans la province d'Isé, les couches se trouvent en plus grand nombre et elles y sont d'une plus grande épaisseur que dans l'île d'Amakusa.

Nous citons ci-après les gisements qui nous sont connus, mais il est très-probable que la continuation des explorations géologiques au Japon en fera bientôt découvrir d'autres.

Au Japon :

Prov. de Kii (Wakayama-ken)....	Bansai-san.
Prov. d'Owari (Aichi ken)	Chita-gōri, Ogawa-mura, Hama-mura.
Prov. de Yétchigo (Niigata-ken)..	Kanbara-gōri, Akayamura.
Prov. d'Isé (Miyé-ken)...........	Haghibara-mura.
Ile d'Amakusa	Côté ouest de l'île.
Iles de Goto..................	Près Nagasaki.

En Chine :

PROVINCES.	REMARQUES.
Chihli	Dans les environs de Pékin. Houille anthraciteuse.
Sétchuen	Houille anthraciteuse.
Yunnan..............	Bon anthracite. Dans la même province, qui est très-riche en minerais utiles, se trouvent plusieurs mines de cuivre, d'étain, de zinc et de plomb.
Hounan	Bon anthracite, qui se vend actuellement à Hankow à raison de 6 dollars la tonne.
Chansi..............	Très-bon anthracite, qui se vend à très-bas prix sur place ; on l'extrait de la montagne *Hō-chan*.
Honan	Anthracite de qualité moyenne.

N° 71.—HOUILLE.

石炭 **Seki-tan.** *Ishi-zumi* (charbon de pierre). 石煤 *Ishi-baï* (pierre fuligineuse). Ancien nom chinois 煤 *Meï* (Japonais *Baï* ou *Susu,* litt. « Suie » ou « Bistre ») ou 煤炭 *Meï-tan* (Japonais *Baï-tan,* litt. « charbon fuligineux »). Syn. 土煤 *Dō baï* (Terre fuligineuse). 烏金石 *U-kin-seki.* 焦石 *Shō-seki* ou *Kogé-ishi* (pierre qui brûle). Dans les provinces d'Iwaki et de Chōshu on l'appelle *Karasu-ishi* (pierre de corneille) à cause de sa couleur noire. Dans la province de Chikuzen on le nomme souvent *Taki-ishi* (pierre à bouillir) ou *Moyé-ishi* (pierre à brûler) ou *Ishi-dzumi* (charbon de pierre) ou *Nama-dzumi* (charbon brut). Dans la province de Harima on dit *Abura-ishi* (pierre grasse) et à Isé *Uni* ou *Taki-uni.* Dans la province d'Omi on le nomme *Uji* et à Iyo *Ba-seki.* Enfin les anciens pharmaciens l'appellent dans leurs ouvrages 岩乾漆 *Gan-kan-shitsu* (vernis sec de rocher).

Les auteurs chinois disent que dans les temps très-reculés on ne connaissait pas l'usage du charbon de terre, mais MARCO-POLO, au XIIIe siècle, constate déjà : « que les habitants du « Cathay brûlent en guise de bois une pierre noire qu'ils appel- « lent *meï* (煤) ». Le géographe arabe ISTAKHRY, qui vivait au Xe siècle, nous apprend : « qu'il existe dans le Fergana (Tur- « kestan, Khokand) une montagne que l'on dit formée d'une « roche noire qui brûle aussi bien que le charbon. On en a « trois charges pour un « dirham » ; les cendres sont employées « à blanchir le linge ». Par conséquent il nous est permis d'admettre que la houille est utilisée comme combustible en Chine et dans l'Asie centrale depuis plus de mille ans.

La Chine est très-riche en gisements de houille, mais ce n'est que depuis une douzaine d'années qu'ils ont attiré l'attention des explorateurs européens d'une manière un peu plus sérieuse. Plusieurs voyageurs, M. W. KINGSMIL, M. R. PUMPELLY, M. L'ABBÉ DAVID, ont visité quelques-unes des mines les plus importantes ; mais c'est surtout M. le baron VON RICHTHOFEN qui a fait connaître d'une manière plus exacte les nombreux bassins carbonifères de l'empire du Milieu. Le gouvernement chinois comprend à présent très-bien la valeur de ce « pain de l'industrie », car il a déjà commencé à explorer et à exploiter quelques mines de houille d'après le système européen. Il est vrai que la Chine marche lentement, mais elle marche dans la bonne voie. En ce moment, M. l'ingénieur MORRIS, qui a exploré jadis quelques mines au Japon dans l'île de Kiu-shiu, se prépare à exploiter les mines de houille et de fer aux environs de Han-kow, dans la partie ouest. M. TYZACK a apporté de l'étranger des outillages et des machines aux mines carbonifères de *Lao-liao-k'ëng*, pour exploiter les environs de Keelung, dans l'île de Formose, où se trouve un charbon de très-bonne qualité, et dans les environs de Pékin on installe maintenant des machines à vapeur dans une houillère. Les Chinois conviennent qu'il y a en Europe de meilleures choses qu'en Chine. On sait très-bien que les procédés primitifs pour l'extraction du charbon de terre, en usage depuis plus de mille ans, sont fort défectueux en comparaison des nôtres. Dans le système chinois, on attaque les flancs des collines par des galeries plus ou moins inclinées et on est obligé de les abandonner au plus vite dès que l'eau commence à les envahir. La proclamation du Taotai (gouverneur) de Formose et des îles Pescadores (Octobre 1875 (1), où il est dit que les taxes minières (pit-duties) sur le charbon sont complètement abolies, prouve que la Chine a commencé à ouvrir les yeux sur cette importante industrie.

Les dépôts houillers qui se trouvent au sud de la chaîne de montagnes qui sépare le bassin hydrographique du Yang-tse-kiang de celui du Hoang-ho n'ont pas la même importance que ceux qui se trouvent au nord de la Chine, bien qu'ils aient cependant une étendue énorme. C'est au nord de la Chine que se rencontrent les bassins carbonifères les plus riches et les plus vastes ; ils peuvent rivaliser avec les gisements américains. Le centre de ces gisements est placé par M. von Richthofen dans la province de Chansi, où se trouve aussi une grande quantité de minerai de fer. Toute la partie sud de la province de

(1) Cf. Consular Report of Tansuy and Keelung, Formosa, for the year 1875, by A. Fraser, Acting-vice-Consul.

Chansi forme un terrain houiller d'une incroyable richesse, et nulle part ailleurs l'extraction ne se trouve dans des conditions aussi favorables.

Les provinces de Honan et de Kansou, qui touchent au Chansi du côté du sud et de l'ouest, sont moins abondantes en charbon. La province de Chantung renferme des gisements de houille, situés à proximité de la côte. Incontestablement la Chine peut marcher de pair avec l'Amérique quant à l'étendue des terrains houillers et la qualité du charbon. Lorsque, dans plusieurs siècles ou peut-être des milliers d'années, les terrains houillers de l'Europe seront épuisés, les pays de l'Extrême-Orient entreront en scène comme centres producteurs par excellence, car la houille s'accompagne en Asie d'excellents minerais de fer et d'autres métaux.

Au Japon, les travaux miniers du charbon de terre sont aussi d'une date relativement récente. Jadis il ne s'en exploitait qu'une très-petite quantité, et seulement pour l'usage des forgerons et des chaufourniers. Mais le développement de la navigation à vapeur dans les mers du Japon a puissamment favorisé l'exploitation des terrains houillers. La production annuelle de charbon au Japon peut s'évaluer à présent (1877) à environ 400,000 tonnes anglaises, représentant une valeur d'environ deux millions de dollars, ou six millions de francs. Mais cette quantité est encore tout-à-fait insignifiante quand on la compare avec les ressources que le Japon peut fournir au commerce. La houille se trouve tant au nord (Yesso) qu'au sud (Kiu-shiu) du Japon en grande abondance, et ces gisements houillers constitueront certainement dans l'avenir un des revenus les plus importants du règne minéral, à la condition qu'une législation plus large et plus libérale vienne favoriser et encourager leur exploitation à l'aide d'entreprises privées. Ces dernières seules pourront développer les travaux miniers au Japon et en Chine dans des conditions réellement avantageuses à ces deux pays. Les capitalistes qui formeront des sociétés pour l'exploitation des mines auront soin de demander aux ingénieurs-conseils une comptabilité rigoureuse et ils obtiendront ainsi des économies, qui seraient impossibles avec un système de contrôle exercé par les nombreux fonctionnaires du gouvernement. Il nous semble beaucoup plus convenable que ce dernier se borne à prendre l'initiative des explorations géologiques au point de vue scientifique, à faire dresser une cartographie topographique et géologique exacte du pays, à faire déterminer les minéraux utiles et leurs gisements, à faire inspecter les mines, à construire des chemins, à creuser des canaux, à exécuter enfin tous les travaux de ce genre qui peuvent être profitables et utiles au pays.

Toutefois nous devons reconnaître que le gouvernement a grandement encouragé, dans ces dernières années, l'industrie minière parmi les Japonais. Plusieurs ingénieurs étrangers ont voyagé dans les districts carbonifères et l'île de Yesso surtout a été l'objet d'investigations géologiques minutieuses. Un bureau spécial des mines a été installé à Tokio et l'enseignement de la géologie, de la minéralogie et de la métallurgie a été confié par le ministère des travaux publics à plusieurs professeurs éminemment capables, dans le choix desquels le gouvernement a été beaucoup plus heureux que dans celui du directeur actuel (1877) du bureau central des mines, qui, pendant un tranquille séjour de plusieurs années dans la capitale, a laissé son département plongé dans une mystique et solennelle obscurité Le département de la colonisation de Yesso (Kaitakushi) grâce à son ingénieur aussi habile que zélé, M. Lyman, est déjà entré dans la bonne voie. Cette île a été explorée par M. Lyman et M. Munroë, avec le concours d'une douzaine d'assistants japonais, d'une manière minutieuse et consciencieuse, comme le prouvent le rapport détaillé de ces Messieurs et les excellentes et nombreuses cartes topographiques et géologiques qui y sont jointes. La valeur de ce sérieux et important travail, poursuivi pendant plusieurs années, sera appréciée bien davantage encore dans l'avenir, quand il se formera des entreprises minières pour exploiter les riches gisements carbonifères de Yesso.

Les houillères construites d'après l'ancien système japonais se composent de galeries creusées dans le flanc des montagnes et dont les corridors souterrains sont consolidés à l'aide de charpentes résistantes. On choisit autant que possible les gisements qui se trouvent au-dessus du niveau des rivières environnantes ; dans ce cas, le drainage peut s'effectuer sans trop de difficultés, par des galeries descendantes spéciales, que l'on appelle 大 切 口 *Okiri-guchi* ou *Midzu-nuki*. Parfois cependant on est obligé de creuser la mine au-dessous du niveau de l'eau et alors le mineur japonais est contraint à un travail des plus pénibles, pour éviter que la mine soit inondée. Des pompes à main d'une construction simple et grossière et de petites roues hydrauliques sont les seuls moyens employés pour se débarrasser de cet ennemi importun et dangereux. La ventilation dans les mines s'effectue quelquefois par la galerie principale elle même ; mais dans le cas où cette dernière a une trop grande longeur, on construit une galerie spéciale qui va de bas en haut et s'ouvre à son extrémité au dehors de la montagne. Ce canal de ventilation s'appelle alors *Kazé-mawashi-guchi* 風 廻 シ 口 (tourneur du vent) ou *Kemuri-dashi* (cheminée). Ce n'est que bien rarement que l'on emploie, pour se mettre à l'abri des gaz méphitiques et inflammables, des tuyaux ventilateurs en bambou ou la chaleur artificielle produite à l'entrée du canal de ventilation.

Les mineurs japonais se servent, pour détacher la houille, du pic et du coin de mine ; mais ceux qui ne sont pas suffisamment rompus au métier recueillent parfois indifféremment des fragments du gisement schisteux, de telle sorte qu'il faut, après l'extraction, faire des triages soigneux. De jeunes garçons ou des femmes traînent la houille hors de la mine, dans des paniers à fond plat, qu'ils s'attachent à la ceinture au moyen d'une corde en paille. Lorsque, ce qui arrive souvent, la galerie s'étend sur une longueur considérable, ce travail devient fort pénible, surtout quand les tunnels sont en même temps fortement inclinés ou tortueux. Chaque panier ne contient plus environ que 60 à 70 kilogrammes de charbon. Après que la houille a été amenée au jour, on la transporte d'ordinaire à dos de cheval, ou bien, si le terrain le permet, ce qui est rare, sur des charrettes, jusqu'au point d'embarquement de la rivière la plus proche ou de la côte la plus voisine. Là, le charbon se charge à bord de chaloupes ou de jonques qui l'apportent sur les marchés. Pour toutes les mines qui ne sont pas situées dans le voisinage de la mer ou d'une rivière navigable, le transport coûte beaucoup de travail et occasionne des frais énormes, à cause du mauvais état des routes, qui, pour la plupart, sont impraticables à des voitures attelées de chevaux ou de buffles.

La plupart des charbons de terre au Japon (l'anthracite et les nombreuses variétés de lignite (*browncoal*) exceptés) appartiennent à l'espèce de *houille bitumineuse* ou bien à celle dite *houille maréchale* (*caking coal*, *Backkohle*) à coke boursoufflé.

Sous le rapport de la structure, la houille japonaise doit être classée en général comme *houille schisteuse bitumineuse* (*bituminöse Schieferkohle*), bien que nous ayons trouvé parmi les charbons de l'île de Yesso quelques espèces de houille schisteuse terreuse (*sandige Schieferkohle*). Ces dernières forment des houilles sèches, c'est-à-dire non empyreumateuses, et brûlent avec une longue flamme ; à la distillation, ce charbon ne donne pas ou ne donne que peu et de mauvais coke. Nous n'avons pas encore rencontré au Japon de houille compacte, ou *cannel-coal*, quoiqu'il s'y trouve une assez grande quantité de lignites piciformes polissables, ou jayet, qui, comme on sait, ressemblent extérieurement au *cannel-coal*, mais qui en diffèrent d'une manière notable par la façon dont elles se comportent au feu.

Un fait remarquable c'est que la houille japonaise de l'île de Kiu-Siu paraît être formée exclusivement de conifères et qu'elle n'est pas le résultat de l'enfouissement d'énormes végétaux cryptogames, comme les prêles, les fougères et les lycopodes. Dans les mines houillères du sud, nous avons trouvé parmi les schistes charbonneux une grande quantité de bois de pin pétrifié, tandis que les pétrifications de fougères, calamites etc. y manquent totalement. Ceci semble indiquer que la houille de Kiu-siu est aussi d'une formation plus récente que celle des terrains carbonifères de l'Europe. Dans l'île de Yesso, les gisements semblent appartenir à la période tertiaire et sont par conséquent plus récents que les terrains houillers de nos pays. Une étude spéciale et approfondie des pétrifications animales serait sans contredit très-intéressante ; elle serait même nécessaire pour fixer d'une manière certaine l'âge des formations houillères au Japon.

Bien souvent la houille japonaise est entremêlée par couches alternatives de grès ou d'argile rougeâtre, et la plupart du temps remplie de petits cristaux de pyrite de fer cubiques. Ces derniers sont la cause de l'infériorité comme aussi de la grande friabilité du charbon japonais, surtout lorsqu'il a été exposé à l'air pendant un certain temps. La pyrite, en s'effleurissant à l'air humide, détruit la cohésion de la houille japonaise, dont tous les navigateurs qui fréquentent les mers du Japon connaissent l'extrême friabilité.

Quoique la houille de certains terrains carbonifères du Japon, celles de Takashima, de Matsushima (Kiu-siu), de Poronai dans la vallée d'Ishikari et de Sorachi (île de Yesso) notamment, soit d'assez bonne qualité et puisse très-bien servir à la navigation à vapeur ou à tout autre emploi, celle des autres gisements est loin d'égaler le charbon anglais (*coaking coal*) de Newcastle ou celui de la Grand-Croix et de Rive-de-Gier (Loire) en France.

En général la houille japonaise ne surpasse pas comme qualité le charbon d'Epinac (Saône-et-Loire, France) ou celui de la Westphalie en Allemagne.

De tout le charbon exploité jusqu'à ce jour au Japon, celui de la mine de Takashima, près de Nagasaki, est sans contredit le meilleur ; toutefois quelques espèces qui se trouvent dans l'île de Yesso, comme le charbon de Sorachi, de Poronai, etc. sont presque aussi bonnes. Mais dans ces dernières localités on ne l'exploite pas ou du moins fort peu jusqu'à présent, par suite de la difficulté des transports. La houille de Takashima est d'un beau noir, d'un éclat très-vif, dure et assez compacte. Elle est fragile et se divise en fragments plus ou moins prismatiques ou irréguliers. Elle brûle avec une longue flamme fuligineuse, s'agglutine et s'enfle beaucoup en brûlant. Elle donne à la distillation environ 60 % d'un coke métalloïde, dur, boursouflé et poreux. C'est par conséquent une espèce de houille grasse, *maréchale (Backkohle),* qui donne un coke excellent. Son seul défaut consiste dans son haut dégré de friabilité, inconvénient qui est, comme nous l'avons dit plus haut, celui de presque toutes les bonnes houilles du Japon. Nous avons fait en 1870, à Nagasaki, une analyse élémentaire de ce charbon. M. MUNROE en mentionne dans les « *Reports of the Survey of Yesso by* HORACE CAPRON *and his foreign assistants* » (1) une qui a été faite par lui. Les voici toutes deux :

	GEERTS.	MUNROE.
Pesanteur spécifique............	1,281 à 15° C.	1,260
Humidité	1,132 (à 140° C.)	1,320
Carbone........................	79,106	78,633
Hydrogène......................	5,231	5,816
Oxygène et Azote...............	8,492	8,721
Soufre	0,725	0,659
Substances anorganiques (cendres)	5,314	4,851
	100.	100.

On voit par ces analyses qui concordent assez bien l'une avec l'autre que la houille de Takashima donne très peu de cendres, (une proportion de 5 à 6 % seulement).

Des analyses faites par M. MUNROE sur un grand nombre d'espèces de houille de l'île de Yesso, il résulte que le charbon du terrain carbonifère dans la vallée de la rivière Ishikari, surtout celui de Sorachi, de Poronai, etc., est également de bonne qualité. Malheureusement toutes les mines, à l'exception de celles du terrain houiller de Kayanoma, sont situées à une assez grande distance de la mer, ce qui fait que l'exploitation en sera sans doute retardée, tant que les mines de Takashima, de Matsushima, de Karatsu, de Miiké, etc., au sud du Japon, où l'on a tant de facilités pour le transport, pourront fournir la quantité nécessaire aux besoins actuels. Le charbon du terrain houiller de Kayanoma (Midzunuki), dans la partie ouest

(1) *Yesso coals*, 44 assays and 12 ultimate analyses, April 1874, p. p. 29 and 3 large tables.

de l'île de Yesso, près d'Iwanai, dans la province de Shiribeshi se trouve déjà en exploitation ; mais sur ce point la houille n'est pas d'aussi bonne qualité que celle des terrains de Poronai, de Sorachi, etc., dans la vallée de la rivière d'Ishikari. La houille de Kayanoma donne de 15 à 20 % de cendres et contient en outre beaucoup de soufre. Pour exploiter le terrain carbonifère de Kayanoma avec succès, il serait nécessaire de construire pour les bateaux un meilleur port sur ces côtes dangereuses et pleines de rochers.

Le terrain houiller de *Makumbetsu* dans la province de Hitaka est très-pauvre. D'après M. LYMAN, il n'y a qu'une ou deux couches de 3 à 4 pieds d'épaisseur, qui pourraient être exploitées.

Les gisements d'*Akkéshi-Kusuri* province de Kushiro, (Yesso), dans la partie sud-est de l'île, ceux de *Kudō* dans la province d'Oshima et ceux de *Rurumoppé-Herashibetsu,* dans la province de Teshiwo ne sont pas, selon ce géologue, d'assez grande épaisseur et la houille n'est pas d'assez bonne qualité pour que l'on trouve avantage à en entreprendre l'exploitation. L'étendue des terrains carbonifères de Yesso explorés et mis en carte par M. LYMAN et ses assistants est déjà très-considérable, ainsi que le prouve le tableau suivant que nous empruntons aux « Reports » de ce géologue :

		LIEUES CARRÉES ANGLAISES.	KILOMÈTRES CARRÉS.
GRAND BASSIN CARBONIFÈRE DANS LA VALLÉE DE LA RIVIÈRE ISHIKARI (HORUMUI COAL-FIELD).	Ichikishiri..........	1.2	3.1
	Poronai	2.7	7.1
	Nuppaomanai.......	3.8	9.9
	Bibai..............	4.8	12.5
	Sankekibai et Naiyé..	2.6	6.7
	Sorachi............	?	?
GISEMENT HOUILLER DE KAYANOMA..........	Hurushiki, Midzunuki, Honshiki, Tateire ... Env.	1	2.6
TERRAIN HOUILLER DE MAKUMBETSU........	Makumbetsu	1.9	5.0
	Total (envron)....	18.	46.9

Ces chiffres ne s'appliquent qu'aux terrains explorés jusqu'ici avec exactitude. L'étendue des gisements d'Ishikari est beaucoup plus considérable. D'après Mr Lyman, on peut évaluer, sans risque d'exagération, le total des terrains carbonifères de l'île de Yesso à environ 5,000 lieues carrées anglaises, ou 13,000 kilomètres carrés ; il en conclut qu'il doit y avoir à Yesso les quantités suivantes de charbon de terre.

Au-dessus du niveau des eaux environnantes,	7,000,000,000	tonnes.
A 500 pieds de profondeur	11,000,000,000	»
Entre 500 et 4,000 pieds de profondeur,	47,000,000,000	»
Total	65,000,000,000	»

Si l'on tient compte des couches d'une épaisseur inférieure à trois pieds et de celles qui sont d'une plus grande épaisseur, mais dont le charbon est de moindre qualité, il estime la quantité totale à un chiffre deux fois et un tiers plus élevé, c'est-à-dire à un total de 150,000,000,000 ou cent cinquante milliards de tonnes anglaises (1 tonne = 1,016 kilo.) !

La ville d'Ishikari, à l'embouchure de la rivière de ce nom, est à juste titre considérée par M. Lyman, comme le grand port de l'avenir, lorsqu'une ligne de chemin-de-fer aura établi une communication entre cette ville et le centre du grand terrain carbonifère qui se trouve entre Poronai et Nuppaomanai. La construction d'un chemin-de-fer jusqu'à la ville d'Ishikari, ou du moins jusqu'à la partie navigable de la rivière de ce nom, sera le seul moyen d'utiliser une quantité de charbon à peu près égale aux deux tiers de la production de la Grande-Bretagne entière, quantité qui pourrait subvenir aux besoins actuels de cette dernière nation pendant une période d'environ mille ans.

Pour des renseignements plus spéciaux et plus détaillés à

ce sujet, il nous faut renvoyer le lecteur aux travaux précieux de M. LYMAN et de ses assistants (1).

La qualité de la houille de Yesso est très-variable selon les endroits et les gisements, mais prise en général elle est d'un caractère très-bitumineux et ressemble au lignite piciforme commun, tel qu'on en trouve en France, principalement aux environs d'Aix, de Marseille et de Toulon, et en Suisse, près de Vevay et de Lausanne. Ce lignite ressemble tellement à la houille véritable qu'on le vend en France comme telle.

La houille de Sorachi, à Yesso, nous parait être la meilleure : elle ressemble beaucoup au charbon de Takashima, mais elle est un peu moins grasse. Elle ne donne qu'environ 3 % de cendres et produit à la distillation environ 60 % d'un très-bon coke.

Le charbon de Hurushiki, à Yesso, dans le terrain houiller

(1) YESSO REPORTS.—Tokei, Kaitakushi. (Publié par le gouv. japonais).

1° *Makumbets Coal-field*, 17 July, 1875, 11 pages avec une carte du terrain à $\frac{1}{5000}$.

2° *Sankekibai and Naie Coal Survey*, 12 April 1876, pages 11, avec une carte à $\frac{1}{5000}$.

3° *Bibai Coal Survey*, 31 August 1876, p. 18, avec une carte à $\frac{1}{5000}$.

4° *Nuppaomanai Coal Survey*, 2 September 1876, p. 16, avec une carte à $\frac{1}{5000}$.

5° *Poronai Coal Survey*, 3 September 1876, p. 21, avec une carte à $\frac{1}{5000}$.

6° *Ichikishiri Coal Survey*, 3 September 1876, p. 9, avec une carte à $\frac{1}{5000}$.

7° *Kayanoma Coal-field*, 6 September 1876, p. 29, avec une carte à $\frac{1}{5000}$.

8° *General Report on the Geology of Yesso*, avec 1° une carte géologique coloriée de Yesso à $\frac{1}{2,000,000}$; 2° une carte d'une partie de la vallée d'Ishikari à $\frac{1}{50,000}$; 3° une carte d'une partie de l'Asie orientale à $\frac{1}{10,000,000}$, 17 September 1876, p. 116.

de Kayanoma, est une houille grasse *maréchale,* assez bonne, qui donne un coke excellent.

Après les terrains houillers de Yesso, les plus étendus sont ceux de l'île de Kiu-siu ; et si l'on tient compte de la situation géographique de ces derniers, il est incontestable qu'ils sont bien plus importants pour l'industrie et la navigation que le sont les mines de Yesso.

L'île de Kiu-siu, en effet, mérite plus que l'île de Yesso d'attirer l'attention. Située sur la grande route de navigation du Japon en Chine, habitée par une population industrieuse et accoutumée au climat, elle a sur celle de Yesso de grands avantages. Les deux trésors de l'industrie, le charbon de terre et le minerai de fer s'y trouvent en quantité abondante et maintenant déjà la production de la houille y est 80 % ou 4/5 de la production totale du Japon tout entier.

Cinq bassins carbonifères sont en ce moment très-bien connus dans cette île, mais il est probable qu'il y a encore d'autres.

Le plus grand est le terrain houiller du district Karatsu, dans la partie ouest de l'île ; il s'étend selon M. Godfrey sur un espace d'environ 266 lieues anglaises ou à peu près 700 kilomètres carrés et selon M. Munroe sur un espace d'environ 360 lieues anglaises, ou 936 kilomètres carrés. Les mines se trouvent dans les villages de Hayama, Shimo-mura, de Oshikawa et de Kaméyama, et le charbon est transporté sur les petites rivières de Toku-dzuyé-gawa et de Shari-gawa, dans le port de la ville de Joka, la capitale du district Karatsu, d'où les jonques l'apportent à Shimonoséki, à Hiogo, à Yokohama et Nagasaki. Les couches carbonifères du terrain houiller de Karatsu sont assez minces, variant de 1 à 5 pieds d'épaisseur, mais néanmoins elles sont largement exploitées par les Japonais. La production annuelle du district entier s'élève maintenant à environ 84,000 tonnes anglaises. La houille n'est pas d'aussi bonne qualité que celle de Takashima, près de Nagasaki, mais elle peut néanmoins très-bien servir pour tous les besoins de l'industrie. Elle est d'un beau noir, d'un éclat vif, dure et compacte ; elle se divise aisément en fragments plus ou moins cubiques ; elle s'allume d'abord assez difficilement, mais une fois enflammée, elle brûle très-vite avec une flamme longue et claire. Elle s'agglutine très-peu, mais ne s'enfle pas en brûlant. Elle laisse environ 10 % de cendres et donne à la distillation 57 % d'un très-bon coke, dur et solide.

Le charbon du district houiller de Takū-ura, village situé à environ 6 kilomètres au sud de la montagne Ten-san, est de la même qualité que la houille de Karatsu. Il est connu dans le commerce sous le nom de charbon de *Kokuwatsu,* qui est celui d'un petit port du golfe de Shimabara, d'où les jonques le transportent à Nagasaki. Les principales mines sont à Hachinosu-yama, Nitano-oyama, Yénoki-bara-yama, Kaïdan, Kita-Kaïdan et Minami-Kaïdan. Elles sont toutes superficielles; les galeries en sont fort étroites et mal disposées; les meilleures couches ont une épaisseur de 3 à 4 pieds. Le transport du charbon de ces mines est extrêmement pénible et s'effectue en charettes jusqu'au hameau de Yamasaki et de là, le long du courant de la rivière Rokaku-gawa, jusqu'à la côte. Une certaine qualité de houille des mines de Taku s'expédie, de l'autre côté, au port de Joka (Karatsu), mais cette voie de transport est également difficile et couteuse. La houille de Takū qui vient au marché par Karatsu porte ordinairement le nom de ce port. Les mines de Takū produisent à présent environ 40,000 tonnes de charbon par an, mais la production pourrait s'augmenter de beaucoup si on construisait un « tramway » sur un parcours d'environ 15 kilomètres, entre les mines et le port de Kokuwatsu. On ne se sert pas de machines d'Europe pour les travaux d'extraction dans les mines de Takū, ni dans celles de Karatsu.

La houille du district Imabuku est meilleur marché mais elle n'est pas d'aussi bonne qualité que celle de Karatsu ou de Takū. Les mines se trouvent tout près de la baie d'Imari dans les petits ports de Yéguchi, Misaki, Kanaï-saki, Tateïwa, Yokeïwa, Uragasaki; le charbon s'expédie directement de ces ports qui sont excellents au moyen de jonques. Le port d'Imari est la capitale de ce district. La production annuelle s'élève à 32,000 tonnes de charbon. La facilité du transport et la situation favorable des mines du district Imabuku font d'autant plus regretter que la houille ne soit pas de meilleure qualité.

Le charbon de Karatsu sert surtout à la consommation indigène (salines, fourneaux, etc.) ; il s'en emploie cependant une certaine quantité à bord des bateaux à vapeur.

Après le bassin houiller de Karatsu, c'est celui de la province de Chikuzen, qui semble être le plus considérable. Il s'étend jusque dans la province de Buzen et comprend, d'après une estimation un peu approximative, 800 kilomètres carrés ou plus ; mais l'on ne sait encore rien jusqu'à présent (1877) concernant le nombre et l'épaisseur des bancs carbonifères, aucun géologue n'ayant fait une inspection sérieuse de ces gisements. Les Japonais ont creusé, d'après l'ancien système, plusieurs mines dans ce bassin, mais la production en paraît être insignifiante. D'après l'examen des nombreux échantillons de Chikuzen, qui figurent dans notre collection, il nous semble que la houille est d'assez bonne qualité et qu'elle a beaucoup d'analogie avec celle de Karatsu. L'exploration topographique et géologique de la province de Chikuzen nous semble devoir être d'un grand intérêt ; elle donnera certainement de précieux résultats pour les travaux miniers du pays.

Le bassin houiller près Nagasaki, bien que la partie susceptible d'être travaillée soit de petite dimension et ne comprenne qu'environ 5 kilomètres carrés, est d'une très-grande importance à cause de sa richesse, de la bonne qualité du charbon et des facilités du transport. Le charbon s'y trouve dans plusieurs petites îles aux environs du port de Nagasaki. Les gisements de ces îles communiquent sans doute entre eux au-dessous de la mer, mais il n'est pas probable que la grande portion sous-marine du bassin puisse être exploitée avantageusement.

La petite île de Takashima, située à quinze kilomètres au sud de Nagasaki, est devenue célèbre par l'excellente qualité de la houille qu'elle produit. Autrefois le prince de la province Hizen avait déjà exploité ces gisements carbonifères d'après l'ancienne méthode japonaise ; mais c'est à notre ami M[r]. T. B. Glover que revient l'honneur d'avoir entrepris en 1868, en vertu d'un contrat passé avec le prince, l'exploitation sérieuse de cette mine à l'aide de machines et d'après le système européen. Aujourd'hui, la mine se trouve entre les mains d'une compagnie japonaise qui poursuit ces travaux avec le concours d'ingénieurs européens, et elle le fait avec une activité telle que la production a été portée dernièrement jusqu'à 500 et 700 tonnes par jour. L'épaisseur des treize bancs que l'on a trouvés varie de 3 à 15 pieds. Trois couches de 5, 8 et 10 pieds d'épaisseur sont fouillées en ce moment. Dans quelques autres petites îles près de Nagasaki, dans l'île de Koyaki notamment, on va commencer aussi l'exploitation.

Nous avons déjà parlé plus haut de la bonne qualité du charbon de Takashima, le meilleur connu au Japon. Mais les bateaux à vapeur feront mieux de se servir du charbon de Karatsu, à condition qu'il soit exempt des pierres schisteuses qui s'y trouvent souvent. La houille de Takashima est trop grasse comme charbon de bateau à vapeur (steam-coal). La proximité de l'excellent port de Nagasaki, d'où les navires peuvent transporter si aisément la houille en Chine, à Shanghai, la protège actuellement contre toute concurrence venant de houillères moins favorisées, telles par exemple que celles de Yesso. Aussi Takashima est-il devenu le point central des travaux houillers au Japon : on y trouve maintenant une population de plus de deux mille mineurs, accoutumés à travailler méthodiquement, 350 ouvriers, 200 charpentiers, forgerons, mécaniciens, etc. Espérons qu'il ne s'y produira plus d'accidents d'incendie ou d'inondation et que la première mine exploitée au Japon d'après le système européen contribuera de plus en plus à la prospérité de la population aux environs de Nagasaki.

Le bassin houiller de Miiké est situé dans le sud de la province de Chikugo, près de la frontière de la province de Higo, le long de la baie de Shimabara. M. Munroe estime la surface de ce terrain à 65 kilomètres carrés ; trois bancs au moins, de sept à huit pieds d'épaisseur, ont été découverts jusqu'ici. En 1870, quand nous avons visité les mines, elles étaient exploitées entièrement d'après l'ancienne méthode japonaise, mais depuis deux ans le bureau central des mines du gouvernement s'est chargé d'y introduire l'exploitation selon le système européen. Actuellement, sous la direction de l'ingénieur POTTER, les mines de Miiké promettent un bon résultat. La production annuelle s'est élevée déjà à 80,000 tonnes d'une houille grasse, *maréchale*, d'assez bonne qualité, se comportant au feu à peu près comme celle de Takashima ; elle lui est cependant inférieure par suite de la plus grande proportion de cendres qu'elle donne (15 à 18 %). A la distillation elle produit environ 60 % d'un très-bon coke. On l'emploie beaucoup dans les usines à gaz de Tokio, de Yokohama et de Kobé ; elle sert en outre pour la navigation à vapeur et pour les besoins de l'industrie indigène. Elle a obtenu une certaine réputation comme charbon à gaz (*gaz-coal*), mais elle est souvent mélangée d'un grès argileux rougeâtre, dont la présence est la cause de la forte proportion de cendres qu'elle donne à la combustion.

L'étendue des différents terrains houillers connus dans l'île de Kiu-siu peut donc être résumée ainsi :

	GODFREY.	LIEUES CARRÉES ANGLAISES.	MUNROE.	LIEUES CARRÉES ANGLAISES.	KILOMÈTRES CARRÉS.
GRAND BASSIN CARBONIFÈRE DE KARATSU.	Imabuku .	70	Presqu'île de Karatsu .	140	
	Taku.....	36	Presqu'île de Hirado...	180	
	Karatsu ..	40	Presqu'île au sud de Hirado et Matsushima .	40	 936
	Hirado ...	120			
	Total....	266	Total	360	
GRAND BASSIN HOUILLER DE CHIKUZEN.........				300	 780
TERRAIN HOUILLER PRÈS NAGASAKI			Takashima............	$\left(\frac{1}{5}\right)$	
			Autres îles............	$\left(1\frac{1}{5}\right)$	 5
			Total	2	
TERRAIN HOUILLER DE MIIKÉ DANS LA PROV. DE CHIKUGO ...				25	 65
Total ....lieues carrées anglaises				687	= 1786 kil.

Le centre du Japon est beaucoup moins riche en houille que ne le sont le sud et le nord, mais cependant le charbon n'y manque pas tout-à-fait. Sur la côte est de l'île de Shikoku on a trouvé, dans la province d'Awa, en plusieurs endroits, du charbon de qualité moyenne. M. MUNROE estime l'étendue du terrain carbonifère d'Awa à 200 lieues carrées anglaises, ou environ 520 kilomètres carrés. Il dit y avoir vu des échantillons d'une très-bonne houille grasse, *maréchale*, qui donne à la distillation un bon coke ; mais l'exploitation semble en être bien insignifiante. Le bureau central des mines a envoyé l'année dernière l'ingénieur FRECHEVILLE dans cette province, afin d'y faire des explorations géologiques, mais jusqu'ici nous n'avons encore eu connaissance d'aucun rapport ayant trait à ce voyage.

La grande île principale du Japon, nommée ordinairement Nippon ou Hondo, est assez riche en gisements tertiaires de lignite, mais elle renferme peu de houille véritable. Le plus grand terrain houiller de l'île de Nippon semble se trouver au nord-est, dans les provinces d'Iwake et de Hitachi entre les kens de Fukushima et d'Ibaraki, à environ 150 kilomètres nord de Tokio.

M. MUNROE qui a visité ce terrain l'a évalué à environ 700 lieues anglaises carrées, ou 1820 kilomètres carrés. On y a trouvé jusqu'ici deux couches de 4½ et de 6 pieds d'épaisseur, mais le sol n'est pas encore assez scrupuleusement exploré pour qu'on puisse affirmer qu'il n'en existe pas davantage. Comparé avec la houille de Yesso ou de Kiu-siu, le charbon d'Iwaki est de mauvaise qualité ; le transport en est très-difficile et couteux par suite du manque de chemins et de canaux. La production est, pour cette raison, restée très-limitée et on ne l'emploie qu'en petite quantité à Tokio. Ailleurs il est presque inconnu. Ce charbon est noir, pas très-brillant, assez dur, mais extrêmement friable quand il a été exposé quelque temps à l'air. Il s'enflamme facilement et brûle avec une longue flamme très-lumineuse ; il ne s'agglutine et ne s'enfle pas dans le feu, donne plus de 10 °/₀ de cendres et ne produit pas de coke. C'est par conséquent une houille sèche à longue flamme, d'une formation plus récente. Le terrain houiller d'Iwaki n'a de valeur que pour l'industrie locale, la qualité inférieure du charbon ne permettant pas les frais de transport à une grande distance, dans un pays montagneux.

Le terrain houiller de la province de Chōshu est très-peu connu. On ne sait pas encore l'étendue des gisements, mais le charbon nous semble de meilleure qualité que la houille d'Iwaki. Les houillères se trouvent au nord de la province, près des côtes, dans les villages d'Ubé-mura et d'Ariho-mura. C'est une espèce de houille bitumineuse et grasse, qui donne un bon coke. Elle nous paraît être le meilleur charbon de l'île de Nippon, bien que son usage soit seulement local et qu'il ne soit pas connu dans le commerce. Le terrain carbonifère de Niigata, dans la province de Yéchigo, au nord-ouest de la mer, est également peu connu. Sur la demande du gouvernement, M. LYMAN est allé faire une inspection dans ce pays ; il publiera sans doute prochainement un rapport détaillé de ses explorations géologiques.

Le charbon du ken de Niigata que nous avons eu sous les yeux est une houille bitumineuse de mauvaise qualité, qui ressemble à celle d'Iwaki, mais qui est plus impure et entremêlée de matières terreuses. Près du village Oda-mura dans l'île de Sado, vis-à-vis Niigata, on extrait, le charbon en petite qualité pour l'usage de la mine d'or qui se trouve sur ce point.

On dit avoir trouvé du vrai charbon de terre dans les provinces d'Ugo et de Rikuzen (Sendai) à l'extrême nord de l'île de Nippon, mais on ne sait encore rien concernant l'étendue des gisements.

L'anthracite et le lignite exceptés, on peut donc résumer ainsi la nomenclature des terrains carbonifères de Nippon connus jusqu'à ce jour :

		Lieues carrées anglaises.		Kilomètres carrés.
Terrain carbonifère des provinces IWAKI et HITACHI	Hiyamidzu. Kami-yanagawa-mura. Segano-mura. Shiramida-mura.	700	..	1,820
Houillères de la province de Chōshu		?	..	?
Terrain carbonifère de Niigata (Yechigo)......		?	..	?

Après cet exposé bien imparfait encore des gisements carbonifères connus actuellement au Japon, nous croyons utile de réunir en tableaux les analyses élémentaires et les essais faits par M. MUNROE sur une quarantaine d'espèces de charbon japonais (1).

(1) *Yesso coals*, April 1874, dans le « Reports of *Horace Capron* and his foreign assistants » Tokio, Kaitakushi.

ESSAIS DE HOUILLE JAPONAISE

Faits par M. MUNROË.

PROVINCES & LOCALITÉS.	NOM DE LA HOUILLE.	PESANTEUR spécifique.	HUMIDITÉ à 140° c.	MATIÈRES volatiles inflamm.	CARBONE non volatil	CENDRES.	POIDS (pour cent) du coke.	APPARENCE du coke.	COULEUR DES CENDRES.
	Takashima (Nagasaki)	1.260	1.32	38.13	55.45	5.10	60.55	Excellent.	Couleur de chair (rouge pâle).
Ile de KIU-SHIU	Karatsu (Hizen)	1.349	2.69	40.13	47.12	10.01	57.13	Très-bon.	Jaunâtre.
	Miiké (Chikugo)	1.335	0.54	38.51	43.36	17.59	60.96	Excellent.	Brun-rougeâtre.
Ile de NIPPON Prov. d'Iwaki...	Hiyamidzu	1.380	9.84	38.47	41.52	10.17	Néant.	...	Blanc-brunâtre.
Ile de NIPPON Prov. d'Ugo....	Kadzuno, lignite (Akita)	1.338	14.35	27.14	56.08	2.43	*id.*	...	Lavande.
Ile de NIPPON Prov. de Chōshu	Funaki-mura	1.337	11.49	33.13	51.44	3.94	*id.*	...	Couleur de chair (rouge pâle).
	Hurushiki	1.334	1.34	28.44	54.53	15.69	70.22	Excellent	Lavande.
	Midzunoki ... 4 pieds	1.446	3.73	33.03	41.76	21.48	63.78	Bon.	Rouge-brun obscur.
	Honshiki, banc supérieur ..... 6.4 »	1.266	5.71	39.94	50.63	3.72	54.35	Très-bon.	Brunâtre.
	» » inférieur ...... 1.3 »	1.340	5.51	33.39	46.03	14.07	60.10	Médiocre.	Lavande.
	» moyen de la mine	1.351	5.36	35.95	46.11	13.08	59.19	Très-bon.	Brunâtre.
	Osawa, N° 6, banc supérieur.. 3.9 pieds	1.286	5.43	41.43	43.36	9.78	53.14	Bon.	Rouge-brun.
	» » 6, » inférieur .. 1.5 »	1.589	4.85	25.30	29.79	40.06	Néant.	...	Blanc.
	Tateire, » 2, » supérieur.. 1.9 »	1.355	5.63	32.22	49.38	12.77	*id.*	...	Rouge-brun.
	» » 2, » au milieu.. 1.1 »	1.539	3.43	25.63	36.06	34.86	*id.*	...	Blanc.
	» » 2, » inférieur .. 0.7 »	1.316	5.66	33.68	48.71	11.95	60.66	Médiocre.	Do.
Terrain houiller de	» » 2, moyen de la mine	1.411	5.06	29.93	41.50	23.51	65.01	Mauvais.	Do. brunâtre.
KAYANOMA,	Kosawa, » 4, banc supérieur.. 1.6 pieds	1.359	12.98	41.84	38.05	7.13	Néant.	...	Couleur de chair.
(Ile de YESSO.)	» » 4, » au milieu.. 1.7 »	1.367	12.71	44.97	36.55	5.77	*id.*	...	*id.*
	» » 4, » inférieur .. 1.0 »	1.408	6.19	31.75	44.42	17.64	*id.*	...	Rouge-brun.
	» » 4, moyen de la mine	1.372	11.51	41.07	38.73	8.69	*id.*	...	Brunâtre ?
	Chatsunai, Onkosawa, N° 1, ... 5 pieds	1.334	10.85	39.63	43.46	6.06	*id.*	...	Rouge-brun.
	Osawa, N° 9, 6me banc....... 1.4 »	1.347	6.75	39.03	42.57	11.65	54.22	Médiocre.	Brunâtre.
	» » 5me » .... 1.2 »	1.301	5.66	41.47	46.44	6.43	52.87	Bon.	*id.*
	» » 4me » .... 1.8 »	1.296	9.40	38.66	46.47	5.47	Néant.	...	Ochre jaunâtre.
	» » 3me » .... 1.4 »	1.316	9.55	35.80	49.71	4.94	*id.*	...	Couleur de chair.
	» » moyen de la mine	1.315	8.63	38.60	46.29	7.08	?	Mauvais ?	Brunâtre.
	Ogurasawa, N° 3, banc supér. ... 2.0 pied	1.400	6.43	35.33	38.44	19.80	Néant.	...	Blanc.
	» » » au millieu 4.0 »	1.410	7.86	35.03	39.28	17.83	*id.*	...	*id.*
	» » » infér..... 1.4 »	1.423	5.91	36.27	33.98	23.84	*id.*	...	*id.*
	» » moyen de la mine	1.410	7.04	35.37	37.97	19.62	*id*	...	*id.*
	Horumui, L. 576, i.......... 4.2 pieds	1.284	5.62	39.88	52.32	2.18	54.50	Mauvais.	Couleur terre d'ombre.
	» L. 602, a. .... 5.0 »	1.281	5.19	37.51	54.84	2.46	57.30	*id.*	Orange.
	» L. 602, b a. supér.. 1.6 »	1.277	4.20	40.42	51.99	3.39	55.38	Bon.	Orange-jaunâtre.
	» L. 602, b a. infér... 5.0 »	1.226	4.25	41.26	52.08	2.41	54.49	Médiocre.	*id.*
Terrain houiller d'ISHIKARI	» L. 602, b a. moyen	1.283	4.24	41.01	52.05	2.70	54.75	Médiocre ?	*id.*
Ile de YESSO,	» L. 602, c a. supér. . 2.0 pieds	1.305	5.03	38.29	53.31	3.37	56.68	Médiocre.	*id.*
(Horumui *Coal field*).	» L. 602, c a. infér... 2.7 »	1.304	4.58	40.67	50.45	4.30	54.75	Bon.	*id.*
	» L. 602, c a. moyen	1.305	4.85	39.24	52.17	3.74	55.90	Médiocre.	*id.*
	» L. 603, c. .... 5 pieds	1.282	4.47	40.80	52.08	2.65	54.73	Bon.	Jaune.
	» L. 603, g.......... 4 »	1.323	8.48	37.52	51.57	2.43	Néant.	...	*id.*
	Sorachi, N° 1, (collect. Bossankiyoku)...	1.279	2.93	35.03	59.05	2.99	61.02	Très-bon.	Jaunâtre.
	Do. N° 2 ou 3, (Amiral Enomoto) ...	1.272	2.89	35.77	59.02	2.32	61.34	»	Orange-jaunâtre.

ANALYSE ÉLÉMENTAIRE DE QUELQUES ESPÈCES
DE
HOUILLE JAPONAISE.
MUNROE.

TERRAIN CARBONIFÈRE.	NOM DE LA HOUILLE.	HUMIDITÉ.	CARBONE.	HYDROGÈNE	OXYGÈNE et NITROGÈNE.	SOUFRE.	MATIÈRE MINÉRALE.	EAU combinée	HYDROGÈNE libre.
KAYANOMA (Ile de Yésso)	Hurushiki	1.342	69.049	5.256	7.172	2.386	14.795	6.718	4.510
	Midzunuki	3.714	57.689	4.620	10.144	3.765	20.068	10.062	3.502
	Honshiki	5.360	65.221	5.222	10.118	1.607	12.472	10.033	4.107
	Honshiki	4.095	64.412	4.911	9.940	1.449	15.193	9.832	3.818
	Tateire	5.060	56.283	4.124	10.271	1.178	23.084	10.205	2.990
ISHIKARI (Ile de Yésso)	Horumui, L. 602 a.	5.194	72.982	5.300	13.841	0.353	2.330	14.221	3.720
	Horumui, L. 602, g.	8.479	68.842	4.771	15.180	0.472	2.256	15.727	3.024
	Sorachi, No 1.	2.928	77.040	5.685	11.014	0.542	2.791	11.041	4.458
Ile de KIU-SIU	Miiké, (charbon à gaz).	0.536	69.280	5.524	4.888	3.488	16.284	4.149	5.063
	Karatsu,	2.690	69.436	5.156	11.920	1.177	9.621	12.060	3.816
	Takashima,	1.320	78.633	5.816	8.721	0.659	4.851	8.461	4.876

Les échantillons qui ont servi pour les essais ont été recueillis avec beaucoup de soin ; on a pulvérisé et mélangé plusieurs morceaux pris au hasard. La poudre ainsi obtenue a été passée au travers d'un tamis de mousseline. Le degré d'humidité a été déterminé par la perte en pesanteur après que le charbon a été chauffé dans une atmosphère de gaz acide carbonique desseché, à une température de 140° c. jusqu'au poids constant. Les *matières volatiles inflammables* ont été déterminées par la perte que la houille dessêchée a subie en étant chauffée dans un creuset couvert en porcelaine, placé dans un moufle fermé. Au commencement de l'opération on a chauffé presqu'au rouge pendant cinq minutes ; puis la chaleur a été portée jusqu'au blanc pendant une à deux minutes. Les creusets incandescents ont été placés alors dans une atmosphère de gaz acide carbonique dessêchée, et ce jusqu'à leur refroidissement complet, après quoi on les a pesés. La proportion du coke a été evaluée d'après le poids du résidu provenant de cette dernière opération. Celle des cendres a été obtenue en chauffant le coke pendant une durée de deux à huit heures, dans un creuset ouvert placé dans un moufle. Le *carbone fixe* (carbone non volatil) a été déterminé par la soustraction de la quantité de cendres de celle du coke obtenu.

Les livres indigènes distinguent plusieurs espèces de houille, savoir :

1° **Mei-bai** 明煤 « c'est-à-dire houille (suie) brillante ». Elle est considérée comme la meilleure espèce, brûle facilement au contact de l'air sans le secours du soufflet et ne produit que peu de cendres. D'après la description que ces livres en donnent, elle nous semble correspondre à la houille grasse *maréchale* (blacksmith's coaking coal).

2° **Sui-bai** 碎煤 c'est-à-dire « houille (suie) cassante ». C'est une espèce extrêmement fragile, qui se divise en petits fragments carrés. Elle ne brûle pas aussi bien que la précédente. C'est probablement l'équivalent de la houille schisteuse pyritofère.

Les Chinois en distinguent encore deux variétés, savoir :

a. **Han-tan** 飯 炭 « houille qui brûle avec une longue flamme lumineuse ». C'est peut-être la houille grasse à longue flamme.

b. **Tetsu-tan** 鐵 炭 « houille qui sert à la fabrication du fer ». Elle ne brûle qu'avec une très-petite flamme horizontale, qui ne dépasse pas le niveau supérieur du combustible. Si l'on veut produire une température élevée, il faut avoir recours au soufflet. Cette espèce nous semble correspondre à la houille anthraciteuse.

3° **Matsu-tan** 末 炭 « houille en poudre » ou *Ji-rai-fu* 自 來 風 « charbon qui brûle aisément sans l'aide du soufflet ». On l'emploie pour en faire, avec de l'argile, des pains rectangulaires ou ronds, connus sous le nom de *Seki-tan-don.*

4° **Dō-tan** 銅 炭. Sous ce nom, on désigne une espèce de mélange de houille et de terre. Lorsque la houille a été exploitée, on la recouvre de terre pendant une trentaine d'années. L'opinion est qu'elle communique dans ce temps aux couches de terre environnantes la faculté de brûler, de sorte qu'on peut augmenter de cette manière la quantité du combustible. Ce mélange de charbon enterré et de terre est recommandé pour la fabrication du vitriol vert et du soufre fondu.

5 **Ren-tan** 煉 炭 ou SEKI-TAN-DON 石 炭 團 « pains de houille en poudre » ou « briquettes ».

Ce sont des disques ronds ou des pains rectangulaires, faits dans les magasins de houille avec les débris poudreux du charbon, au moyen de l'adjonction d'une argile rougeâtre humide. Les masses pateuses ainsi obtenues se font sécher au soleil sur des claies en bambou. Ces briquettes brûlent lentement, mais elles donnent une chaleur régulière. On les emploie surtout comme combustible à bas prix dans les maisons de bains, et en Chine elles servent aussi pour la cuisson des aliments, ainsi que pour plusieurs usages industriels.

6° **Seki-tan-jin** 石 炭 燼 c'est-à-dire « reste de houille » ou *Coke.* Syn. *Ishi-gara* イ シ ガ ラ.

Jusqu'à ces derniers temps on n'a fait guère usage du coke au Japon, et en dehors de l'île de Kiu-shiu il était même autrefois complètement inconnu. Depuis quelques années on a commencé à construire des fours à coke dans les fonderies des arsenaux de Nagasaki, de Yokoska et ailleurs.

Ranzan nous apprend que l'on connaissait la manière de carboniser la houille dans la province de Chikugo (île de Kiu-shiu) et que dans ce pays le coke s'appelle « *Ishi-gara* ». L'usage en est encore bien restreint au Japon, où il est remplacé pour la plupart des travaux métallurgiques par l'excellent charbon provenant du bois du chêne.

7° **Moku-bai** 木煤 ou Kidachi-no-Seki-tan 木タチノ石炭 c'est-à-dire « charbon de terre (suie) qui a la structure du bois », le *Lignite* des minéralogistes. (Cf. l'article suivant *Lignite*).

8° **Zen-seki** 然石 ou Moyé-Ishi, c'est-à-dire « pierre qui peut brûler ». Ce serait, selon le livre chinois, une espèce de charbon de terre jaunâtre, vénéneux, ayant la faculté de s'échauffer spontanément d'une manière assez forte après avoir été mouillé. Nous n'avons jamais vu de spécimen de ce minéral et ne pouvons par conséquent le déterminer avec certitude. Peut-être n'est-ce qu'une espèce de lignite riche en pyrite de fer.

Ranzan ne connait pas non plus cette substance qui ne se trouverait que dans la Chine. Il dit cependant que l'on rencontre dans la montagne de Man-jo-yama (province de Shinano) une espèce de minerai qui s'échauffe assez fortement quand on y verse de l'eau ; les habitants l'appellent en cet endroit « *Hi-ishi* ».

On confond souvent au Japon les espèces de lignite (brown-coal) la houille véritable. Tous les deux portent indifféremment le nom de *Seki-tan*. On sait cependant très-bien que le « Seki-tan » léger, d'une couleur brunâtre (lignite), est inférieur comme combustible au minéral d'un noir luisant (houille bitumineuse).

Comme lieux de provenance de la houille nous citerons :

EN CHINE.

PROVINCES.	REMARQUES.
HOÜNAN	Grand bassin, d'environ 46,000 kilomètres carrés. La houille est transportée à Hankow par la rivière Yangtsze.
CHANTUNG.	
SÉTCHUEN	Houille bitumineuse. Très-grand terrain carbonifère, estimé à 250,000 kilomètres carrés.
CHANSI	Des gisements houillers fort riches se trouvent ici à côté de très-bon minerai de fer. La situation géographique est très-favorable au transport des produits des mines. L'étendue du terrain houiller est estimée à 80,000 kilomètres carrés. Les mines déjà ouvertes se trouvent surtout dans le voisinage des montagnes *Tai-hang-chan* et *Hō-chan*.
HŌNAN KANSU	Pas très-riches en charbon de terre.
QUANTUNG ou KWANTUNG.	
MANCHURIE ou SHING-KING	Houille de bonne qualité, à l'ouest de Newchang, dans le golfe de Liantung.
FORMOSE	Mines exploitées d'après le système européen à Lao-liao-k'èeng, près Keelung.

AU JAPON.

ILE HONDO ou NIPPON.

PROVINCES.	LOCALITÉS.		REMARQUES.
MUSASHI	Yokosémura		Houille sèche légère, de mauvaise qualité.
HIDA	Yoshiki-gōri	Miyachi-mura Naka-wada-mura	Houille de mauvaise qualité.

ILE HONDO ou NIPPON.

PROVINCES.	LOCALITÉS.	REMARQUES.
Iwaki	Hiyamidzu. Kamiyunagawa-mura Segano-mura. Kitasé-ko-mura. Misawa-mura. Oyamada-mura. Yuhasé-mura. Shiramida-mura. Miya-mura. O-uchi-mura.	Houille sèche, (steam-coal, non caking) de médiocre qualité. Terrain carbonifère évalué à 1,820 kilomètres carrés. Cf. analyse de la houille, page 225.
Hitachi	Ibaraki	Do.
Rikuchiu, (Iwadé-ken)	Kunobé-gōri: Furuyama-mura, Kamito-mura. Otowa-mura. Shimagahara-mura.	Houille sèche, légère, de mauvaise qualité.
Mutsu (Awomori-ken)	Kitagōri: Sunakowata-mura. Omoriyama.	Houille sèche de médiocre qualité.
Ugo (Akita-ken).	Akitagōri, Kayakusa-mura.	
Uzen (Yamagata-ken)	Murayamagōri. Uborogimura.	Houille sèche et terne.
Yechigo (Niigata-ken.)	Kambaragōri: Akatané. Sakai. Omuro. Iwaba-négōri: Fabé-mura. Oïshi-mura.	Houille grasse, dure, de mauvaise qualité.
Ile de Sado	Tori-koshi. Gekko-mura. Odamura.	Très-mauvaise qualité.
Noto (péninsule)	Hoshi-gōri. Minadzuki-mura.	Houille de médiocre qualité.
Yechizen	Onogōri, .. Nakanoya-mura..	Do.
Mimasaka	Shimoda-mura	Houille de bonne qualité.

ILE HONDO OU NIPPON.

PROVINCES.	LOCALITÉS.	REMARQUES.
NAGATO (Yamagutchi-ken.)	Ubé-mura. Ariho-mura. Funaki-mura.	Houille grasse de bonne qualité.

ILE SHIKOKU.

AWA (Miyodo-ken.)	Katsūra-gōri. Tsuru-chikiji-mura. Mori-mura.	Houille de bonne qualité.

ILE KIU-SIU.

CHIKUZEN (Fukuoka ken).	Isoteru-mura. Katsuno-mura. Choji-mura. Shimoyamada. Aïta-mura. Niiri. Kurosaki-mura. Seta-mura, Kofuji.	Houille grasse dure de bonne qualité. Le terrain carbonifère dans cette province est estimé à 780 kilomètres carrés.
CHIKUGO	Miiké. Inari-mura. Hashino-mura.	Houille grasse maréchale, de bonne qualité, employée dans les usines à gaz.
BUZEN	Kanéda-mura. Miyaö.	Houille grasse dure, d'assez bonne qualité.
HIGO	Plusieurs endroits	Houille grasse dure de bonne qualité.

HIZEN.

TAKASHIMA (île). MATSU-SHIMA (île).	Le meilleur charbon de terre du Japon.	
IMABUKU (district).	Kanai. Yeguchi. Misaki. Tateiwa. Yokeiwa. Uragasaki. Matsuzaki.	Cette houille de qualité inférieure est apportée à plusieurs petits ports dans la baie d'Imari.
KARATSU (district)	Hayama. Shimo-mura. Ashi-kawa. Kamé-yama.	Bonne houille qui est transportée au port de Joka (Karatsu).

HIZEN (île Kiu-siu).

PROVINCES.	LOCALITÉS.	REMARQUES.
TAKU (district)...	Shiku-mura. Kaidan. Kita-kaidan. Minami-kaidan. Kitagata. Hachinosu-yama. Nitano-Oyama. Yenoki-wara-yama.	La houille est apportée au port de Kokuwatsu dans le golfe de Shimabara.
HIRADO (île).		
KOYAKI (île).		
TSUSHIMA (Ile)...	Sawosaki-mura............	Médiocre qualité.
SATSUMA........	Tanékojima. Isagōri, Kuraōka et plusieurs autres endroits.	Médiocre ou mauvaise qualité.

ILE YESSO :

SHIRIBESHI......	Kayanoma. Iwanai. Osawa.	Houille grasse et dure de bonne qualité. Bassin houiller de petite dimension. Cf. pag. 215.
	Chatsunai....	Houille sèche.
HITAKA.........	Kami-tayeshi-nayé. Shifuchi-yari-gawa. Somenoki-gawa. Makumbetsu.	Houille de médiocre qualité. Gisements pas très-riches.
ISHIKARI	Ikushibetsu. Ichikishiri. Poronaï. Nuppaomanai. Bibai. Sankékibai. Naiyé.	Houille grasse et dure (caking coal) de bonne qualité. Grand et riche terrain carbonifère, dans la vallée de la rivière Ishikari. Cf. pag. 216.
	Sorachi......	Houille grasse de très bonne qual.
KUSHIRO	Shiranuka. Akkeshi. Kusuri. Senhōshi. Osutsunai.	Gisements pauvres.

ILE YESSO.

PROVINCES.	LOCALITÉS.	REMARQUES.
OJIMA ou OSHIMA.	Kudō. Tomikawa-mura.	Houille de médiocre qualité ; gisements pauvres.
TESHIWO........	Rurumoppé. Operashibé. Herashibetsu.	

N° 72.—LIGNITE.

褐色炭 **Katsu-shoku-tan** (charbon de couleur brune) ou 褐炭 **Katsu-tan** (charbon brun). Syn. 木煤 *Moku-bai* ou *Boku-bai* ou *Ki-susu* (suie boiseuse ou bois fuligineux). 扶桑木 *Fu-so-boku* ou 埋木 *Maï-boku* ou *Umorégi* (bois fossile). 木ダチノ石炭 *Ki-dachi-no-seki-tan* (charbon de terre qui a la structure du bois). トタン *Tō-tan* (nom employé dans la province de Chikuzen).

Comme nous l'avons dit plus haut, on ne distingue pas ordinairement en Chine et au Japon d'une manière exacte la houille du lignite (*brown-coal*) et quoiqu'en général la distinction n'en soit pas difficile, il y a cependant au Japon beaucoup de lignite piciforme (Pechkohle) que l'on peut aisément confondre avec la houille véritable.

Nous comprendrons sous le nom général de *lignite* le charbon de terre noir ou brun, opaque, tantôt compacte, dur, à cassure conchoïde et privé de toute apparence d'organisation, tantôt offrant une texture ligneuse; charbon qui exposé à l'action du feu n'éprouve aucun *boursouflement* ni *ramollissement,* et dégage une odeur *acre* et *acide,* toute différente de celle de la houille véritable ; qui, soumis à la distillation, produit beaucoup de matières volatiles, goudronneuses et de *l'acide pyroligneux ;* qui contient une quantité beaucoup plus grande d'oxygène (18 à 30 °/₀) que la houille (3-15 °/₀), et qui par sa digestion avec une solution de potasse caustique produit une liqueur brune ou noire. Le lignite est, comme on le sait, d'une formation beaucoup plus récente que la houille ; il commence à se montrer dans les terrains secondaires, un peu avant la craie ; mais c'est surtout dans la période des terrains tertiaires que les lignites deviennent abondants. La houille se trouve déjà dans les terrains de transition c'est-à-dire dans les premiers terrains de la série des couches fossilifères. Toutes les espèces de lignite proviennent du bois profondément altéré des tiges de *Dicotyledones*, tandis que la houille véritable dérive d'une série de fougères, calamites, prêles, lycopodes, etc. Au Japon, comme en Chine, le lignite se trouve en quantité abondante. Dans le premier de ces deux pays, on le rencontre surtout dans la grande île Hondo ou Nippon. Il s'y trouve 1° dans l'alluvium, 2° dans les terrains d'éboulements volcaniques, 3° dans la formation miocène ou molasse, roche d'agrégation, à texture grenue et sableuse des terrains tertiaires moyens, et 4° dans un gisement spécial, (appelé par M. LYMAN « Horumui-group » de l'île de Yesso) et composé de schistes carbonifères et de roches sableuses. D'après la décomposition plus ou moins avancée du bois qui a servi à la formation du lignite, on distingue plusieurs variétés, dont les suivantes se trouvent représentées au Japon.

a. LIGNITE PICIFORME POLISSABLE ou *Jayet* ou *Jaïs* (angl. *Jet ;* allem : *Gagat*) 墨 玉 **Boku-giyoku** (pierre précieuse (à couleur) d'encre). Syn. 瑿 *I.* ク ロ ゴ ハ ク *Kurogohaku* (ambre noir). 褐 色 炭 玉 *Katsu-shoku-tan-giyoku* (lignite noble).

C'est un lignite solide, inodore, d'un noir pur et foncé, d'une texture dense, compacte, égale, offrant une cassure conchoïde. Quelques minéralogistes le considèrent comme une variété de la houille compacte (*cannel coal*). Il est susceptible d'être travaillé au tour et acquiert un beau poli, ce qui fait que l'on en fabrique de petits vases et autres objets d'ornement. En Chine, on en a fait depuis les temps les plus reculés toutes espèces de bijoux. Au Japon on a trouvé le jayet dans les provinces de Mutsu, Uzen et Yechigo.

b. LIGNITE PICIFORME COMMUN (allem. *Pechkohle*). Nous avons adopté le nom japonais 漆 褐 色 炭 **Shitsu-katsu-shoku-tan** (lignite vernissé) et le synonyme 輝 褐 色 炭 *Ki katsu-shoku-tan* (lignite brillant).

C'est un lignite d'une date antérieure aux lignites fibreux, d'un noir luisant, comme le précédent, mais à structure schistoïde ou lamellaire et offrant une densité inégale. Il ressemble beaucoup à la houille et passe ordinairement sous ce nom dans le commerce et la vie journalière. Le charbon de l'île de Yesso appartient en grande partie à cette espèce. On le trouve aussi dans les provinces de Yamato, de Totōmi, de Hitachi, de Shinano, de Rikuzen, de Ugo, de Uzen, de Yechiu, de Mimasaka, de Bitchiu, etc.

c. LIGNITE TERNE MASSIF. Nous proposons pour cette variété le nom japonais de 緻密無輝褐色炭 **Chi-mitsu-mu-ki-Katsu-shoku-tan** ou bien plus simplement 無輝褐色炭 *Mu-ki-katsu-shoku-tan.*

C'est un lignite noir ou noir-brunâtre, terne, à structure massive, très-peu ou point ligneuse et à cassure plus ou moins conchoïde. Il brûle avec une fumée abondante, mais constitue du reste un assez bon combustible. C'est le charbon de terre des environs de Soissons et de Sainte-Marguerite, près de Dieppe. Au Japon, on l'emploie comme combustible dans les provinces d'Isé, d'Iwaki, de Mutsu, de Yechigo, d'Idzumo, de Bingo, etc.

d. LIGNITE FIBREUX OU BOIS FOSSILE. (allem. Fossiles Holz, Bituminöses Holz ; angl. Lignite). 埋木 **Maï-boku** ou *Umorégi.* Syn. 木煤 *Moku-bai* ou *Boku-bai* ou *Ki-susu* (suie boiseuse).

C'est le vrai lignite offrant d'une manière plus ou moins marquée la structure du bois. Il est d'une origine plus moderne que les espèces précédentes ; on le trouve dans les terrains tertiaires supérieurs, comme aussi dans l'alluvium et dans les terrains d'éboulements volcaniques.

Il s'emploie au Japon comme combustible à bas prix pour les salines et autres industries locales. Le lignite fibreux existe dans un grand nombre de provinces. Dans l'île de Yesso Mr. LYMAN l'a surtout remarqué dans une formation de la période tertiaire moyenne, appelée par lui « *Toshibetsu-group* » (Argilophyre et Tuf.) de l'île de Yesso.

e. LIGNITE SCHISTEUX OU BOIS FOSSILE SCHISTEUX (allem. Gemeine Braunkohle, Bastkohle). 襲葉褐炭 **Shu-yō-katsu-tan.** Syn. 埋木一種 Espèce de *Mai-boku* ou *Umorégi.*

C'est une variété de l'espèce précédente, à structure fibreuse et en même temps schisteuse et d'une couleur brunâtre. On le trouve au Japon concurremment avec le lignite fibreux et il sert aux mêmes usages.

f. LIGNITE TERREUX OU ULMITE (allem. Erdkohle, erdige Braunkohle) 土狀褐炭 **Dō-jo-katsu-tan.**

Espèce de lignite tendre et pulvérulente, d'une couleur brune, ressemblant beaucoup au bois pourri par l'action de l'air et de l'humidité.

Nous faisons suivre ici une table indiquant les localités où l'on a rencontré jusqu'à présent les différentes espèces de lignite :

Gokinai.

PROVINCES.	LOCALITÉS.	REMARQUES.
YAMASHIRO	Kidzugawa	Lignite fibreux.
YAMATO	Haku-go-san	Lignite fibreux.
	Kawakamisho	
	Kasuga-yama	
	Yanagiwara-mura	Lignite schisteux.
	Midzuyatani	Lignite piciforme.

Tokaïdo.

PROVINCES.	LOCALITÉS.	REMARQUES.
IGA	Uyëno	
ISÉ	Ishigōri. Nishi-dono-mura	» fibr. schisteux.
	Ishigōri. Takachaya-gawa	Id.
	Ishigōri. Kono-mura	» terne massif.
OWARI	Kashuga-gōri, Iké-no-uchi-mura	Lignite fibreux.
	Aïchi-gōri, .. Nagakuté	
MIKAWA	Shidara-gōri, Ishidzu	Lignite fibreux.
TŌTŌMI	?	Lignite schisteux et lignite piciforme.
SURUGA	Sunto-gōri, Kunoyama.	
KAI	Hisanari-mura, Yamasawa	Lignite fibreux.
	Hatsakari-mura, Gunnai	
SAGAMI	Yui-gahama	Lignite fibreux.
MUSASHI	?	Lignite fibreux schisteux.
SHIMOSA	Chosi-ura, Kimigahama	Lignite fibreux.

PROVINCES.	LOCALITÉS.	REMARQUES.
Tokaïdo.		
HITACHI	?	Lignite piciforme de bonne qualité.
Tozando.		
OMI	Hikoné, Takajimagōri, Hirayé-mura.	Lignite fibreux et schisteux.
MINO	Kuwa-gōri, Miyashiro-mura. Kago-gōri, Hii-mura.	Lignite fibreux et schisteux.
SHINANO	Ikizaka-mura	Lignite piciforme de bonne qualité.
	Chikuma-gōri, Nishi-no-jo. Adzuma-gōri, Ko-idzumi-yama	Lignite fibreux et schisteux.
KODSUKÉ	Noritsuké-mura	Lignite schisteux noir.
SHIMOTSUKÉ	Nokado-mura	Lignite piciforme.
IWASHIRO	Idachi-gōri, Minami-handa-mura. Tennoko-mura.	Lignite schisteux.
IWAKI	Kikuda-gōri. Numabé-mura. Hébori. Asa-hosoya.	Lignite terne massif.
RIKUZEN	Kurihara-gōri, Monji-mura. Kisen-gōri, Shesaki-mura, Nishitaté.	Lignite piciforme.
RIKUCHIU	?	Lignite fibreux et schisteux.
MUTSU	Kita-gōri, Nanamawari	Lignite terne massif et jayet.
UZEN	Murayama-gōri, Oborogé-mura	Lignite piciforme, Jayet. Lignite fibreux.
UGO	Kadzuno	Lignite piciforme.
Hoku-roku-do.		
YECHIZEN	Yakasu	Lignite fibreux. Lignite piciforme.
KAGA	Mitsuki-mura. Ishidoyama-mura. Kinzo-mura. Kawachi-mura.	Lignite schisteux.

PROVINCES.	LOCALITÉS.	REMARQUES.
Hoku-roku-do.		
NOTO	Sekido-yama.	Lignite fibreux et schisteux, Lignite piciforme.
YECHIU	Isobé....................	Lignite piciforme.
YECHIGO	Kambara-gōri	Lignite schisteux. Lignite terne massif.
SADO.	Oda-mura.................	Lignite schisteux.
San-in-do.		
TAMBA.........	Plusieurs endroits..........	Lignite schisteux et fibreux.
TAJIMA	id.	id.
INABA	id.	id.
IDZUMO.	Shimané-gōri, Nishi-kawatsu-mura, Misanda.	Lignite terne massif.
	O-gōri, Yamashiro-mura.	Lignite fibreux et schisteux.
San-yo-do.		
MIMASAKA	Shimoda-mura.............	Lignite piciforme.
BIZEN	Hirayama-mura. Nagano-mura. Nichi-ogi-mura.	Lignite fibreux et schisteux.
BITCHIU........	Aritsui. Kumaga-mura.	Lignite piciforme.
BINGO	..... ?	Lignite terne massif. Lignite schisteux fibreux.
Nan-kai-do.		
KII............	Hamano-miya	Lignite schisteux.
AWADJI (île) Tsuna-gōri....	Kami-kawachi-mura. Usu-shiro-yama, Sumoto.	...... id.
SANUKI	..... ?	Lignite fibreux.
IYO.	Fujiya-ura.	Lignite piciforme.
TOZA..........	Nobori....................	id.

PROVINCES.		REMARQUES.
Sai-kai-do.		
BUNGO.........	Mukino-mura..............	Lignite fibreux.
SATSUMA.......	Yoshida....................	Lignite terne massif.
Hok-kai-do (île de Yesso).		
OSHIMA........	Torizaka. Kemushi-tomari. Tomikawa-mura.	Lignite fibreux.
SHIRIBESHI......	Isoya-gōri, Shiribetsu-gawa.	id. Selon M. LYMAN les dépôts de lignite fibreux, dans l'île de Yesso, sont trop pauvres pour être exploités avec avantage.
ISHIKARI........	Yubari-gōri, Ikushi-betsu.	
TESHIWO.......	Teshiwo-gōri.	
TOKACHI........	Tokachi-gawa (près de l'embouchure de la rivière).	
KUSHIRO.......	Kushiro-gōri, Otsutsunai.	

N° 73.—TOURBE.

泥 炭 **Dei-tan.** *Doro-no-Sumi* (charbon boueux). Bien que les terrains d'alluvion et les marais où se forme la tourbe ne manquent pas au Japon, c'est à peine si cette substance était connue des indigènes. La cause en est qu'on s'est accoutumé à employer comme combustibles domestiques le bois à brûler et le charbon de bois que le pays produit en grande quantité et qui sont d'un prix raisonnable.

On n'a pas songé à utiliser la tourbe, parce qu'on n'en a pas eu besoin.

La tourbe est regardée en effet par les gens du peuple comme une vraie curiosité. La richesse du pays en bois à brûler de toute espèce et en autres combustibles ne laisse aux tourbières qu'un intérêt médiocre et purement local. A l'exposition d'Uyéno à Tokio, en 1877, figuraient plusieurs spécimens de tourbe japonaise d'assez bonne qualité.

Voici l'énumération de quelques localités où l'on en trouve au Japon.

PROVINCES.	LOCALITÉS.	
YAMASHIRO.....	Kadono-gōri.	
MUSASHI.......	Tama-gawa. Tokio, Sakurada.	
OMI...........	..... ?	
UGO...........	..... ?	très-bonne qualité.
MUTSU........	..... ?	id.
KAGA.........	..... ?	
YECHIGO.......	Yosabu-mura.	
INABA.........	Takakusa-gōri, Mino-mura.	
HOKI..........	Tsukisei-mura.	
SANUKI........	..... ?	

Ile de Yesso.

OSHIMA........	Otsuki-gawa, près Kobui.	Tourbe mélangée de beaucoup de matières sableuses. Cf. B. S. LYMAN, l. c.
ISHIKARI.......	Horumui-gawa. Toyohira-gawa.	
NEMURO.......	Menashi.	
TOKACHI.......	Nagawa.	

Nous avons cru devoir faire suivre ici une petite carte-esquisse du Japon qui permettra d'en distinguer les principaux endroits où se trouvent des minéraux de la classe des métalloïdes. Il va sans dire que nous n'avons pas eu la prétention de faire ce qu'on appelle une carte géologique, mais seulement de mettre sous les yeux du lecteur une sorte de tableau des provinces minières, en ce qui concerne la production du soufre, de l'arsenic et du charbon de terre. Nous donnerons ensuite une carte analogue pour les minerais métallifères.

§ I.

CLASSE DES MÉTALLOIDES.

CINQUIÈME SECTION.

LE SILICIUM, 珪 ou 硅 KEÏ.

(HZKM. vol. VIII, fig. 14, 17, 20, 21 et vol. X, fig. 71. — ONO RANZAN Keï-mo, vol. V.—Encyclopædie *Wa-kan-san-sai-dzu-yé*, vol. 60.—*K.* Hist. Livre I, chap VIII.—DEB. p. 48.—*Sm.* Mat. med. p. 97, 187, 214, 181.— *Han.* p. 5. — Min. jap. 石品產所考. — *Chin Commg.* Ed. 1863. p. 87.— *Bridgman's* Chin. Crest. 1841 p. 430, 432.—SCHENK, Reise von *Kofu* nach den quarz-und Bergkristallgruben bei *Kurobara*, dans les Mitth. Deutchen Gesellsch. fur Ost-Asiën. 8 Heft 1875, pag. 21. — G. LANGE, die Halbedelsteine aus der Familie der Quarze, 1868. — *Kluge*, Edelsteinkunde.—F. W. RUDLER. Agate and agate working, Popular Science review, Jan. 1877 N° 1. p. 23—EDWIN W. STREETER, Precious Stones and Gems. London, 1876).

Nous ne parlerons dans ce chapitre que des minéraux qui contiennent l'acide silicique à l'état libre ; les autres minéraux dans lesquels la silice est combinée avec différentes bases ou dans lesquels elle forme des pétrifications ou des roches seront décrits ailleurs.

C'est donc de la silice pure ou peu mélangée que nous voulons nous occuper présentement ; mais nous ajouterons comme appendice à cet article une courte description des pierres (silex) taillées préhistoriques du Japon.

Nous divisons comme suit les minéraux d'acide silicique.

1° Les espèces cristallisées ou cristallines.

2° Les espèces denses ou cryptocristallines.

3° Les espèces de quartz hydraté.

Presque toutes les espèces et variétés de quartz sont représentées au Japon et en Chine, mais il existe une certaine confusion dans les noms indigènes que l'on a donnés à ces minéraux. C'est pour cette raison que nous croyons devoir fixer d'une manière nette et précise le nom sinico-japonais de chaque espèce et de chaque variété de quartz.

I. ESPÈCES DE QUARTZ CRISTALLIN.

N° 74.—CRISTAL DE ROCHE ; QUARTZ VITREUX ; QUARTZ HYALIN.

水晶 **Sui-sho** (eau cristallisée). 水精 **Sui-sho** (esprit de l'eau). Syn. 玉石英 *Giyoku-seki-yeï*. — *Giyoku-yeï*. — *Sui-heki*.— *Sen-min*.—*Reï-nan*.—*Giyoku-sho*.—*Sui-giyoku*.

Le cristal de roche pur, taillé en forme de boule, est la gemme japonaise par excellence, et en raison de ses qualités parfaites, il mérite bien ce nom. Les gisements de quartz hyalin au Japon sont les crevasses et les cavités des terrains massifs (granite, syénite) et des terrains primitifs ou métamorphiques (gneiss, micaschistes).

Voici ce que le naturaliste japonais Ono Ranzan (l. c.) nous apprend de ce minéral : « Au Japon on trouve du cristal de « roche de première qualité. En dehors de l'espèce ordinaire, « incolore et limpide, il y en a d'autres de différentes couleurs, « vert, rouge, noir. Le cristal incolore et le noir sont assez « répandus, mais les espèces vertes et rouges ne se rencontrent « que rarement.

« Le mineral appelé « *Sui-sho* » et la pierre nommée « *Seki-* « *yei* » sont la même substance quoiqu'on leur ait donné un « nom différent. En général, on appelle « *Sui-sho* » l'espèce « qui se trouve isolément dans la nature ou bien celle qui est « tout-à-fait transparente et limpide sans être cristallisée ; mais « les espèces de cristal de roche, cristallisées en prismes « hexaèdres et assises avec leur base sur d'autres rochers, « s'appellent ordinairement « *Seki-yei* ». Cette dénomination « n'est cependant pas précise, car le cristal de roche est dans « ces cas la même substance, bien qu'elle puisse se présenter « dans la nature sous différentes formes. On emploie le cristal

« au Japon pour en fabriquer des objets de luxe, des boules, des « lentilles, des chapelets, etc., et la beauté de ces derniers est « constatée même dans les livres étrangers.

« *Sui-sho-rin* 水晶輪 (boule de cristal de roche) ou *Sui-sho-« tama.* — C'est le cristal de roche taillé en forme de boule. « Ces boules sont splendides et réfléchissent comme un miroir « les figures des objets qui sont placés devant elles.

« On peut se procurer le feu du soleil ou l'eau de la lune « (cf. pag. 92) au moyen de ces boules de cristal et c'est pour « ce motif qu'on leur a donné le nom de *Kuwa-shu* 火珠 « (galet ou caillou à feu), *Hitori-dama* (boule à se procurer du « feu) ou *Midzu-tori-dama* (boule pour prendre l'eau).

« Toutefois ces dénominations ne sont pas très exactes puis-« que ce n'est pas le quartz hyalin seul qui peut servir à se « procurer du feu du soleil : beaucoup d'autres substances « transparentes à la lumière, le verre par exemple, la glace, etc. « peuvent produire également du feu, pourvu qu'ils soient « taillées en forme de lentille. »

L'encyclopédie japonaise parle en ces termes du cristal de roche : « Le quartz hyalin est une espèce de *Ha-ri* 玻璨 « (verre). On en trouve beaucoup au Japon ; il y en a même « des variétés de couleur et noires. Le noir (quartz enfumé) « se trouve surtout au nord du Japon, tandis que les espèces « limpides et incolores se trouvent surtout au sud. Le cristal « de *Busho*, dans la province *Shinshu*, en Chine, est de très-« bonne qualité, compact et tellement dur que l'on ne peut « le briser au moyen d'un couteau. Ce minéral est transparent « et limpide comme l'eau pure et a reçu pour cette raison le « nom « *d'eau cristallisée* » ou « *esprit de l'eau* ». Aussi consi-« dère-t-on comme la meilleure espèce celle que l'on ne peut « pas distinguer dans l'eau. Le cristal imité et artificiel s'ap-« pelle *Bidoro* (verre) ; il n'est pas tout-à-fait limpide ni incolore, « mais il possède une teinte plus ou moins bleuâtre ; du reste « il n'est pas aussi dur que le vrai cristal.

« Le cristal de roche du Japon tient le premier rang à raison « de sa transparence et de sa parfaite limpidité ; celui de la « Chine n'est que de deuxième qualité.

« Le cristal provenant de la province de Kaga (? *Yechiu*) « est le meilleur ; ensuite viennent les espèces originaires « des provinces de Hiüga, de Bizen, de Buzen, de Bungo, de « Chōshu, d'Omi et de Yamashiro.

« Ordinairement ce cristal est incolore (quartz vitreux), « quelquefois violet (améthyste) ou noir (quartz enfumé) ; rare- « ment on en trouve de vert (prase). Il forme souvent des « amas de cristaux divergents qui sont assis avec leur base « sur un fragment de rocher. Les cristaux ont six faces et sont « pointus comme un bonnet. Le cristal se taille en forme de « boule (*tama*), mais on en fait aussi des chapelets (*dzudzu-* « *tama*), des lentilles de lunettes et autres bijoux. On trouve « rarement des cristaux ayant plus d'un pied (shaku) de « longueur.

« Le *Kuwa-shu* ou *Hitori-dama* est un galet ou caillou, ou « une boule, ou une lentille de quartz hyalin, de la grosseur d'un « œuf. Il brille beaucoup même à une distance de plusieurs « pieds. On peut allumer les *moxas* au moyen de cette boule « ou bien s'en servir pour brûler légèrement la peau sans le « secours des moxas cylindriques. Toutefois quand la lentille a « reçu une écorchure elle ne peut plus servir à produire du « feu par le moyen des rayons du soleil. On fabrique aussi « des lentilles ardentes au moyen du verre, mais le vrai *Kuwa-* « *shu* ou *hitori-dama* se fait avec du cristal de roche. »

Ainsi que le disent les auteurs indigènes que nous venons de citer, les différentes espèces de quartz hyalin et colorié se trouvent assez communément répandues au Japon. Très-recherchées sont les grandes et magnifiques sphères en cristal de roche ; nous avons vu quelques-unes ayant plus de trois décimètres de diamètre. Placée sur un petit coussin en soie ou en crêpe, supporté lui-même par un mignon et élégant piédestal en bois de santal violet, d'après la mode chinoise, la boule de cristal de roche parfaitement incolore et limpide, n'ayant aucune bulle, ni aucune tache ou fissure, constitue le plus précieux et le plus riche ornement du « *Tokonoma* » chez les japonais de bonne famille. En outre on en fait aussi des cachets fort élégants, des boutons, des « *netsuke* », des figures d'animaux, des fleurs, de petits vases à fleurs, de petites statuettes, des anneaux, des fruits et une foule d'autres curiosités, toutes fort recherchées par les gens du monde. La province de Kai au Japon est le district par excellence pour cette industrie. C'est « l'*Oberstein* » du Japon, et l'on y travaille toutes espèces de pierres dures, mais surtout le cristal et la cornaline. Les plus célèbres bijoutiers de la province de Kai sont AIBARA SANURAKU, NAITO SHIKUBA, ASAKAWA TOMOHACHI, NATORI CHOGORO, dans la ville de Kiyoto ; M. KUMAGAI-KIU-KIYO-DO, Tokio. MM. AIBARA KOKICHI et TAIRA IICHIRO sont renommés pour leurs bijoux en cristal de roche et autres pierres dures.

Les lunettiers, en Chine et au Japon, emploient le cristal depuis un temps immémorial pour en faire des lunettes et des pince-nez. Nous nous servons depuis plusieurs années de lentilles de quartz hyalin très-bien faites à Nagasaki, qui se vendent au prix moderé de 5 piastres la paire. Les Japonais travaillent leur beau cristal assez bien et à bon marché ; aussi serait-il désirable qu'ils se missent à fabriquer des lentilles et des prismes parfaits pour l'usage des cabinets de physique en Europe. Leur cristal pourrait devenir ainsi un article d'exportation d'une certaine importance.

Li-shi-chin recommande l'usage médicinal du quartz hyalin dans les inflammations des yeux, à cause de sa fraicheur, de sa transparence et de sa clarté.

Comme on le sait, le quartz vitreux taillé en forme de brillant ou de rosette simule assez bien le diamant ; mais le quartz ne pèse que 2,653, et est rayé par la topaze et le corindon, tandis que le diamant pèse 3,5, raie les deux corps et offre un éclat de surface beaucoup plus considérable, éclat qui lui est particulier et qui porte le nom d'adamantin.

Voici les localités où l'on trouve le cristal en Chine et au Japon :

EN CHINE.

PROVINCES.	LOCALITÉS.
YUNNAN	?
FUKHIEN	Chang-chou-fu Chang-pou-hien.
HUPEH	Wu-chang.

PROVINCES.	LOCALITÉS.
KIANGSI	Kwang-sin-fu.
CHILI	Suen-hoa-fu.

AU JAPON.

PROVINCES.		LOCALITÉS.
YAMASHIRO		Atago-yama. Chiki-no-yama. Inari-yama. Takigi-yama. Nambi-yama. Kashiwara-no-yama
YAMATO		Ominé-yama.
SETTSU		Plusieurs endroits.
IGA	Yamada-gōri.	Tomoï-mura, près Sui-sho-dani. Kobei-mura, Kin-deï-saka. Takimura. Takayama-mura. Uma-no-mura. Nakamura.
	Nahori-gōri.	Shita-hinachi-mura.
ISÉ	Ishigōri	Nagano.
OWARI		Honsosan.
MIKAWA		Yenko-mura, Kanoyama. Gorin-yama. Horaïji-yama. Kuroseï-yama.
SURUGA		?
KAI	Mitaké, Kemposan, Kurobara, Otogé-saka.	Très-beau cristal. La ville de Kofu dans la province de Kaï est le centre de cette industrie.
OMI	Kuritagōri	Tagami-yama. Ohori-mura. Toyami. Mikami-yama.
MINO		?
SHINANO		Miyogi-yama.
KODZUKÉ		?

PROVINCES.		LOCALITÉS.
SHIMOTSUKÉ		Ashiwo.
UZEN	Murayama-gōri,	Kawara-go-mura.
YECHIZEN	?	
YECHIU		Très beau cristal.
TANBA		?
TANGO		Otohama.
TAJIMA		?
IDZUMO		Beau cristal.
IWAMI		?
MIMASAKA		?
BIZEN		?
AKI		O-asa-mura.
NAGATO (Chōshu)		?
IYO	Uki-ana-gōri.	Gohon-matsu-mura. Daifuïn-mura.
TOSA	Nagaökagōri.	Isa-mura.
BUZEN	?	
BUNGO	?	
HIGO	?	
HIÜGA	?	

N° 75.—CRISTAL DE ROCHE SAGÉNITIQUE.

SAGÉNITE. — (Quartz hyalin, contenant à l'intérieur des cristaux aciculaires de Rutile [acide titanique] ou d'autres minéraux).

碝石 **Jen-seki** ou **Zen-seki.** Pierre gemme (ONO RANZAN). Syn. *Sasaré ishi* (Pierre qui a été percée ou poignardée). サゲニト *Sagenito* (Geerts). Vulgo : *Kusa-iri-sui-sho* (cristal qui contient de l'herbe). *Mushi-iri-sui-sho* (cristal qui contient des insectes). *Midzu-iri-sui-sho* (cristal qui contient des bulles d'eau). *Kin-sui-sho* (cristal qui contient des feuilles métalliques.

Quelquefois les cristaux de quartz hyalin offrent des cavités intérieures qui contiennent soit des gouttes d'eau mobiles, soit du naphte, soit un gaz, qui parait être de l'azote ; mais souvent aussi ils sont remplis de petits cristaux aciculaires, capillaires ou plumeux provenant d'autres minéraux. Au Japon, on trouve surtout le *rutile* (sagénite, acide titanique) encastré dans la masse des cristaux du quartz hyalin, mais nous en avons vu aussi des spécimens avec d'autres minéraux, comme le *hornblende* (amphibole alumineux) et *l'actinote* (amphibole vert). Ces derniers, par leur forme plumeuse et leur couleur légèrement verdâtre, prennent dans la masse du quartz l'aspect de petites tiges, feuilles, mousses, etc. Ono Ranzan connaissait cette espèce de quartz ; il en parle en ces termes : « Le *Zen-*« *seki* (quartz sagénitique) est une espèce de cristal de roche « contenant à l'intérieur de petites feuilles ou tiges. En Chine, « il y a des boules qui laissent voir à l'intérieur du quartz « soit une petite branche de prunier, soit une feuille de bam- « bou, aussi bien conservée que si elle y avait été introduite « tout récemment. Mais ces spécimens de cristal sont extrême- « ment rares et constituent un véritable trésor qui se transmet « par succession de famille en famille dans les classes riches. « Un bijoutier de Kiyoto possédait deux blocs de cristal de « roche dans l'un desquels se trouvait un petit cristal de *Kin-*« *ge-seki* (probablement mica ou chlorite), tandis que l'autre « renfermait une petite herbe verte (probablement hornblende « ou actinote) ».

Les bijoutiers de Kofu, dans la province de Kai et ceux de Kiyoto font à présent, avec du quartz sagénite, de jolis petits bijoux et des breloques pour chaines de montre. On peut s'en procurer aisément dans les magasins de bijoux et de bibelots à Yokohama, dans Bentendōri.

N° 76.—QUARTZ LÉGÈREMENT FUMÉ,

—dit TOPAZE DE BOHÊME OU DIAMANT D'ALENON.—« *Cairn-gorm-stone* » ou « *Tea-stone* » des Anglais, « *Rauchquarz* » ou « *Rauchtopas* » des Allemands.

茶水晶 **Cha-sui-sho** (cristal de roche à couleur du thé) ; syn. 茶晶 *Cha-sho*. 茶石 *Cha-seki* (pierre à couleur de thé).

C'est un cristal de roche qui est de couleur de fumée jaune ou brune plus ou moins foncée ; il se trouve assez répandu en Chine et au Japon. La pierre est d'une belle transparence et d'un très-joli effet à la lumière. D'après les recherches de

M. A. Forster (1871), la coloration serait due à une matière organique.

On connait ce minéral en Chine et au Japon depuis la plus haute antiquité et l'on en a fait des lentilles pour les lunettes ou pince-nez, destinées plus spécialement à garantir les vues faibles contre les ardents rayons du soleil d'été ou contre la poussière éblouissante des rues. C'est un excellent préservatif contre ces inconvénients. En outre on s'en sert pour confectionner des bijoux de toute sorte, des boules, des chapelets ; tout récemment on en a fabriqué des colliers, des crucifix, des bracelets, des pendants d'oreilles, des camées etc. à l'usage des dames européennes.

N° 77.—QUARTZ FORTEMENT FUMÉ ou CRISTAL DE ROCHE NOIR. MORMORION (Pline).

煙水晶 **Yen-sui-sho** (cristal de roche fumé). Syn. 烏水晶 *U-sui-sho* ou *Kuro-sui-sho* (cristal de roche noir) 墨晶 *Boku-sho*. 黒石英 *Koku-seki-yei*.

C'est une variété de l'espèce précédente de quartz, plus profondément coloré par des matières organiques. Vu à la lumière dioptrique, le cristal noir est transparent, tandis qu'il est très-noir et opaque quand on l'observe à la lumière reflectée. On le trouve assez fréquemment au Japon et il sert au même usage que l'espèce précédente. Nous donnons ci-après la liste des localités d'où l'on tire de beaux et grands cristaux de cristal noir et fumé.

PROVINCES.	LOCALITÉS.
Isé	Ishibari-yama.
Suruga	?
Kai	Kimposan, Mitaké, Kurobara.
Mino	Toki-gōri, Hiyoshigo (très-noir et brillant).
Shinano	Chikuma-gōri.
Tango	Naka-gōri, Zennoji-mura.
Hōki	Kawanuma-gōri, Tanida-mura-yama.
Bizen	Kojima-gōri, Washiwa-yama.
Aki	?
Awadji (île)	Tsuna-gōri, Iwaya-ura (très-beau).
Tosa	Isa-ura.

N° 78.—AMÉTHYSTE ou QUARTZ AMÉTHYSTE ou FAUX AMÉTHYSTE.

紫水晶 **Shi-sui-sho** ou **Murasaki-sui-sho** (cristal de roche violet). Syn. 紫石英 *Shi-seki-yeï.*

Do-miyó-ji (dans la prov. de Shimotsuké). — *Murasaki-roku-hō-seki* (pron. *Murasaki-roppō-seki*), pierre violette à six faces.—*Murasaki-ishi* (pierre violette).

[*Hzkm.* fig. 21.—*Han.* p. 6.—*Deb.* p. 48.—*Smith.* mat. med. p. 97].

Les auteurs indigènes s'expriment en ces termes au sujet de cette variété de cristal : « L'améthyste est brillante et trans- « parente comme le cristal de roche, dont elle diffère par la « couleur de ses extrêmités qui sont violettes. Sa forme cris- « talline est la même que celle du quartz et on la trouve dans « les mêmes endroits que ce dernier. L'améthyste des provinces « d'Omi, de Nambu et de Tsuruga, dans la province de « Yechizen, est de bonne qualité. Les cristaux pointus en « pyramides hexagonales aux deux extrêmités sont les plus « estimés. Autrefois on importait de la Chine des améthystes de « bonne qualité, mais aujourd'hui il semble ne plus s'y trouver « que des espèces de mauvaise qualité, qui ne sont ni bien « cristallisées, ni transparentes. L'améthyste de bonne qualité « a une couleur violette égale, combinée avec une grande « transparence ; mais les mauvaises espèces ont une couleur « mélangée de violet et de vert, comme le *Sarasa-ishi* (pierre « à couleur d'indienne). »

Nous avons vu souvent au Japon de gros blocs de cristal de roche d'une couleur légèrement violette ; mais l'améthyste plus foncée, qui se trouve surtout dans l'intérieur des géodes d'agate, ne se rencontre que fort rarement dans ce pays. De plus, il existe en Chine et au Japon une grande confusion entre l'améthyste et le spath-fluor violet. Dans les collections des naturalistes indigènes on trouve presque toujours le pathfluor violet désigné sous le nom de « *Shi-seki-yeï* ». Pour en finir avec cette confusion fâcheuse, nous donnerons définitivement à l'améthyste ou quartz violet le nom qui lui appartient de droit et en adopterons un autre pour le spath-fluor violet. DEBEAUX a trouvé l'améthyste en Chine sous le nom de *Tszé-shih-ying* (jap. *Shi-seki-yeï*), mais HANBURY et SMITH désignent sous ce nom le spath-fluor violet, tandis que WELLS WILLIAMS donne à l'améthyste le nom de 藍寶石 *Lam-'pô-shik* (jap. *Ran-hô-seki*) et au spath améthystine cristallisé le nom de *Tsz'-shik-ying* (jap. *Shi-seki-yei*). Dans la médecine chinoise, l'améthyste a la réputation de modérer les battements du cœur chez les gens timides et craintifs. La poudre de cette pierre, grillée et lavée avec du vinaigre, est recommandée comme un remède tonique dans les maladies des poumons et de la poitrine ; on attribue même à ce minéral la propriété de guérir la stérilité chez les femmes. Les bijoutiers en font quelquefois des joyaux de luxe. Comme lieux de provenance nous connaissons au Japon les provinces suivantes :

Kai.	Rikuchiu.
Omi.	Iwami.
Shimotsuké.... Ashiwo.	Suwo.

N° 79.—QUARTZ ORDINAIRE.

a. Cristallisé. 石英 **Seki-yeï.** 白石英 **Haku-seki-yeï.** Syn. *Roku-hô-seki* (pron. *Roppo-seki*) pierre à six faces. — *Kensoki-no-shari.* — *Kasa-bukuro.* — *Yama-no-kami-no tagané* (burin du dieu de montagne). *Kabuto-sui-sho* (cristal en forme de bonnet), etc.

[*Hzkm.* fig. 20.—*Han*, p. 5.—*Deb.* p. 48.—*Smith.* p. 181.]

b. Quartz massif ou *granulaire* ou *quartz de roche* (quartz rock). 硅石 **Keï-seki** ou 白硅石 **Haku-keï-seki** Syn. 硝子石 *Sho-shi-seki* ou *Bidoro-ishi.*

Le quartz ordinaire cristallisé forme une des célèbres pierres quartzeuses à cinq couleurs 五色石英 *Go-shiki-seki-yeï*. L'encyclopédie nous informe qu'un spécimen en fut offert pour la première fois au Japon à l'Impératrice *Gen-meï-tenno*, dans la 6me année du Wado-nengo (713 de notre ère).

Le quartz commun, tant cristallisé que massif, est très-répandu en Chine comme au Japon. Le quartz granulaire est souvent même dans ce dernier pays d'une extrême pureté et forme une matière excellente pour les verreries. Jusqu'à présent on ne l'emploie qu'en très-petite quantité dans les fabriques de porcelaine et de verre. Cette dernière industrie pourrait bien s'étendre d'une manière considérable si le Japon avait des fabriques de soude, les autres matériaux existant dans le pays en grande abondance et étant d'une pureté parfaite.

LOCALITÉS EN CHINE :

SHENSI	Tung-chau-fu.
SHANSI	Tseh-chau-fu.
SHANTUNG	etc.

LOCALITÉS AU JAPON :

YAMATO.....	Todaiyama.	IDZUMO.	
SETTSU.		MIMASAKA....	Nanshomura.
ISÉ.		BIZEN.	
MIKAWA.		BINGO.	
KAI.		AKI.	
MUSASHI.		SUWO.	
OMI.		NAGATO.	
MINO.		KII.	
RIKUZEN.		HIUGA.	
RIKUCHIU.		SATSUMA.	

N° 80.—QUARTZ ROSE, dit RUBIS DE BOHÈME.

赤石英 **Seki-seki-yeï**. Syn. 紅石英 *Ko-seki-yeï* 桃色水晶 *Tō-shoku-sui-sho* ou 紅晶 *Ko-sho.*

Quoique beaucoup plus rare que les espèces précédentes, le quartz rose massif et granulaire d'un lustre graisseux se trouve dans quelques endroits du Japon. Ce minéral était connu des anciens naturalistes indigènes qui l'ont décrit dans leurs livres sous la désignation de pierres quartzeuses à cinq couleurs. Mais on ne l'emploie guère que dans la bijouterie, peut-être à cause de sa structure granulaire et plus ou moins craquelée.

N° 81.—QUARTZ JAUNE ou QUARTZ CITRIN, dit FAUSSE TOPAZE ou TOPAZE de L'INDE.

黄石英 **O-seki-yeï** (quartz jaune). Syn. 黄晶 *O-shō* (cristal jaune).

Nous trouvons ce nom dans les livres indigènes, mais il n'est pas certain qu'on n'ait pas voulu s'en servir pour désigner le spath-fluor de couleur jaune. Peut-être aussi a-t-on confondu la vraie topaze jaune, qui se trouve au Japon, avec ce minéral. Ce qui est certain, c'est qu'en ce qui nous concerne nous n'avons pas vu au Japon de vrai quartz citrin ; nous ne voudrions pas dire toutefois qu'il n'en existe pas dans ce pays. Nous avons cru utile de rappeler que le nom de *O-seki-yeï* convient exclusivement au quartz jaune et qu'on a tort de l'appliquer au spath-fluor ou à tout autre minéral.

N° 82.—QUARTZ BLEU D'INDIGO, SIDÉRITE ou QUARTZ SAPHIR.

洋靛色水晶 **Yoteï-shoku-Sui-sho.** Syn. 藍石英 *Ran-seki-yeï.*

Variété jusqu'à présent inconnue au Japon, quoique les auteurs indigènes parlent d'une espèce de 青石英 *Sei-seki-yei,* c'est-à-dire quartz (ou spath-fluor ?) bleu-verdâtre.

N° 83.—QUARTZ BLANC LAITEUX ou QUARTZ BLANC GRAISSEUX.

醴白水晶 **Reï-haku-Sui-sho.** Syn. 乳白色水晶 **Niu-haku-shoku-Sui-sho** ou 乳白色石英 *Niu-haku-shoku-séki-yei.*

Le quartz cristallisé blanc laiteux, opaque et graisseux se trouve parfois au Japon avec le quartz ordinaire. Il doit sa couleur et son opacité à un mélange intime de carbonate de chaux.

N° 84.—GALETS DE QUARTZ ou CAILLOUX ROULÉS (Anglais, *pebbles*).

珠 **Shu** ou 硅珠 **Keï-shu.** Syn. 石春 *Seki-shun.* 鵝卵石 *Ga-ran-seki* (Wells Williams). Ordinairement 碁盤石 *Go-ban-ishi.* (Pierre pour le jeu de dames).

Plusieurs rivières du Japon et de la Chine laissent voir à sec pendant la saison d'été, leur lit caillouteux ; on y trouve alors souvent de jolis galets de toutes sortes. Ceux qui ont une forme aplatie et qui sont plus ou moins arrondis sont les plus estimés. Les cailloux blancs de quartz laiteux et ceux de quartz noir, d'environ un centimètre de diamètre, sont d'un usage très-répandu au Japon comme pions dans le jeu de dames (jap. *Gô*). Les gros cailloux bleus et rouges de quartz ou de jaspe, à forme plus ou moins aplatie, sont aussi très-recherchés pour orner les jardins et les cours autour des maisons. On leur donne des noms différents suivant la localité et la rivière où l'on en trouve ; ceux des rivières *Kamogawa* et *Katsuragawa*, près de Kiyoto, jouissent d'une certaine célébrité.

N° 85.—QUARTZ ŒIL-DE-CHAT. (Angl. *Cat's Eye*).

猫睛石 **Biyo-seï-seki.** Syn. 蜻蛉玉 *Tombo tama* トンボウダマ (d'après l'insecte *Tombō* libellule).

Cette espèce de quartz opalescent semble être connu aux Japonais, mais personnellement nous n'en avons pas vu d'échantillons. C'est donc sous toute réserve que nous le donnons ici comme étant un produit du Japon.

N° 86.—QUARTZ AVENTURINÉ ou AVENTURINE.

斑氷晶 **Han-Sui-sho.** (quartz pointillé). Syn. *Madara-Sui-sho.*

C'est une espèce de quartz qui offre, comme on sait, des points scintillants, dus à la réflexion de la lumière sur la surface des particules dont la pierre est composée. Cette scintillation est pour la plupart du temps produite par des paillettes de mica disséminées dans le quartz.

N° 87.—QUARTZ CRISTALLISÉ HÉMATOIDE ou HYACINTHE de COMPOSTELLE. (Angl : *ferruginous quartz*).

血色氷晶 **Ketsu-shoku-Sui-sho.**

Ce sont des cristaux de quartz colorés en rouge par l'oxyde de fer. Ils sont fort rares au Japon.

N° 88.—QUARTZ HÉMATOIDE MASSIF ou SINOPLE (Angl. *ferruginous quartz-rock*).

血色珪石 **Ketsu-shoku-keï-seki.**

C'est le quartz ordinaire massif coloré en rouge par l'oxyde de fer. Il se trouve en beaucoup d'endroits au Japon, souvent aussi sous forme de galets ou cailloux roulés.

N° 89.—SABLE ORDINAIRE ou SABLE QUARTZEUX ou QUARTZ ARÉNIFORME OU QUARTZ EN GRAINS.

砂 **Sha.** Syn. *Suna.*

En général on appelle sable les petits grains qui résultent de la décomposition et de la dissolution partielle de plusieurs roches ou minéraux mélangés ; mais comme le quartz est la matière constitutive d'une multitude de roches, c'est de tous les minéraux celui qui se trouve le plus souvent sous la forme de sable. C'est pour cette raison que l'on entend plus particulièrement par le mot « sable » le quartz aréniforme, bien que quelques autres minéraux se trouvent aussi quelquefois sous la forme sableuse.

Les Japonais distinguent dans leurs livres d'histoire naturelle une multitude de variétés de sable d'espèces différentes, et ils ont donné à chaque variété un nom spécial, populaire ou trivial, selon la couleur, la forme, la grandeur des grains ou l'endroit où elle se trouve.

Le sable est beaucoup employé, soit pour la préparation du mélange argileux qui sert à la construction des magasins incombustibles, soit pour orner les murs intérieurs des maisons, et dans ce cas on se sert surtout des espèces colorées, soit enfin pour paver et orner les jardins et les cours des temples et des maisons bien tenues et confortables. On sait aussi que l'on trouve d'ordinaire à l'entrée des temples « *Miya* » de la religion *Shinto-ïste* deux piles de sable blanc, comme symbole de pureté.

Voici, par ordre alphabétique, les différentes espèces de sable dont les auteurs indigènes font mention. Nous en avons eu sous les yeux un grand nombre de variétés, mais nous ne les connaissons cependant pas toutes :

Atkeshi-suna. アツケシ砂. Sable de la ville d'Atkeshi, située sur les bords de la mer dans la province Kushiro (île de Yesso).

Da-sha ou **Ja-sha.** Syn. *Hebi-suna.* 蛇砂. Sable de serpent, d'après la forme des grains. On le trouve dans la province d'Iwaki.

Gin-sha. 銀砂. Sable d'argent de couleur bleu-violet, contenant de l'argent. On le trouve à Shirakawa-no-seki, Oyama-dani, dans la province de Mutsu.

Gin-shoku-setsu-shi-sha. Syn. *Gin-iro-no-Kiriko-suna.* 銀色切子砂. Sable ayant l'apparence de la sciure de bois, et couleur d'argent. On le trouve à Katakaké-dani, dans le district de Fumaké-gōri de la province de Yechiu.

Go-ma-sha. 胡麻砂. Sable ressemblant aux grains du sésame de l'Inde. Il se trouve à Enoshima, près Kamakura, dans la province de Sagami.

Go-shiki-suna. 五色砂. Sable à cinq couleurs, employé pour orner les murs. Se trouve dans la province de Tango, à Midzu-moto-yé Urashima-Miyojin-no-hama et à Go-shiki-hama.

Haku-sha. 白砂 Syn. *Shira-suna.* Sable blanc du district Kudzukami-gōri, dans la province de Yamato.

Haku-sha. 箔砂 Sable lamellaire, formant de petites feuilles minces. On dit qu'il contient de petites parcelles de cuivre natif. Se trouve dans la province de Kadzusa.

Hiyotan-sha. 瓢簞砂. Sable ayant la forme de la calebasse (fruit de Lagenaria vulgaris). Il vient d'Ashiwo, dans la province de Kodzuké.

Ho-sha ou **Hiyo-sha.** Syn. *Araré-suna.* 雹砂. Sable ayant la forme de grelons. C'est une espèce très-blanche, qui est composée de spath-calcaire en grains ; elle se trouve à Mitasashi, Kuwannon-saki, dans la province d'Aki.

Ifuratsu-no-suna. イフラツノ砂. Sable d'Ifuratsu ainsi appelé, du nom de la localité où il se trouve en Corée.

Irako-sha. 伊良胡砂. Sable d'Irasaki, dans la province de Shima.

Kazé-ura-suna. 風浦砂. Sable de Kazé-ura-hama, dans la province de Yechizen. C'est une espèce dont les grains sont blancs et noirs.

Keï-sha. Syn. *Hotaru-suna.* 螢 砂. Sable phosphorique, comme la lucciole. C'est une espèce de sable qui se compose de grains de spath-fluor vert. Il devient lumineux (fluorescent), quand on le jette sur des charbons ardents. Se trouve dans la province d'Isé à Hatsuda-yama et à Himidzu-yama, (district Ishi-gōri).

Kin-do-sha. 金 土 砂. Sable terreux aurifère. Il vient de la montagne Kongo-san, dans la province de Kawachi.

Kin-haku-sha. 金 珀 砂. Sable d'or et d'ambre jaune, de la province d'Isé.

Kin-sha. 金 砂. Sable aurifère. Se trouve au Japon dans plusieurs fleuves et terrains alluviens (cf. l'or).

Koku-sha. Syn. *Kuro-suna.* 黒 砂. Sable noir. Se trouve à Hiyari-ura, dans la province de Kadzusa.

Koku-tō-sha. Syn. *Kuromamésuna.* 黒 豆 砂. Sable ayant la forme de fèves noires. Il vient de Odahama et de Nishi-ogawa-mura, dans la province de Wakasa.

Kon-go-sha. 金 剛 砂. Sable formé de petits grenats d'alluvion ou « éméri rouge ». Très commun au Japon. On l'emploie beaucoup pour tailler et couper toutes espèces de pierres dures.

Ko-sha. Syn. *Furi-suna.* 降 砂. Sable tombant, ou pluie de sable. Trop connu des habitants de Yédo et de Yokohama. Ce sont les villages de Nishisa-yama, et de Mikajiri, Kuwan-non, dans la province de Musashi, qui paraissent en souffrir le plus.

Kuro-shiro-maki-suna. 黒 白 蒔 砂. Sable pointillé de noir et de blanc. Se trouve dans l'île d'Oki, Shiraito-no-také.

Ma-sha. Syn. *Migaki-suna.* 磨 砂. Sable à polir. C'est une espèce de sable argileux ou sable d'argilophyre. Le meilleur vient de Yamato, Kasama.

Morosaki-sha. 師 崎 砂. Tire son nom du village de Morosaki dans la province d'Owari. C'est une espèce de sable d'une couleur bleu-grisâtre, qui sert pour faire de petits modèles de châteaux.

Nishi-do-in-sha. 西 洞 院 砂. Espèce de sable qui vient de Nishi-do-in à Kiyoto, et sert pour l'ornementation.

Roku-haï-sha. Syn. *Shika-no-seï-suna.* 鹿背砂. Sable « dos de cerf », ainsi nommé probablement d'après la forme des grains.

San-go-sha. 珊瑚砂. Sable de corail rouge. On le trouve à Yanagi-dani, dans la province d'Isé.

Seï-sha. Syn. *Akané-suna.* 茜砂. Tire son nom du village d'Akané-sawa, dans le district Tsugaru.

Seki-shoku-seki-sha. Syn. *Aka-iro-ishi-suna.* 赤色石砂. Espèce de sable à grains rouges, qui se trouve dans la province de Mutsu, à Hiratachi, Shudani.

Sen-o-sha. Syn. *Asagi-suna.* 淺黃砂. Sable d'une couleur jaune-verdâtre, employé pour l'ornementation des murailles. Se trouve à Iwasa-mura, dans la province d'Owari.

Setsu-shi-sha. Syn. *Kiriko-suna.* 切子砂. Sable ressemblant à de la sciure de bois. Il se trouve dans la province de Yamashiro à Ohara, Hiuchi-ishi-dani, près Kiyoto.

Shaku-hachi-suna. 尺八砂. Sable dont les grains ont la forme d'une flûte. Se trouve dans la rivière Tarasu-gawa, à Kamo, (Kiyoto).

Shi-kin-sha. 紫金砂. Sable d'or violet de la province de Tōtōmi à Shirasuga ; se trouve aussi dans la rivière de Kakégawa.

Shi-sui-sho-sha. Syn. *Murasaki-sui-sho-suna.* 紫水晶砂. Sable d'améthyste. Se trouve dans le temple de Sei-sho-ji, à Kuraji-no-také, (province de Kawachi).

Sho-baku-sha. Syn. *Yaki-mugi-suna.* 燒麥砂. Sable ayant la forme et la couleur de l'orge grillé. Il vient de Kiyoto, Kawara-machi, entre Nijo et Yebisu-gawa.

Sho-beï-sha. Syn. *Yaki-gomé-suna.* 燒米砂. Sable ayant la forme et la couleur du riz grillé.

Shoku-sha. Syn. *Iro-suna.* 色砂. Espèce de sable à cinq couleurs, très-joli et transparent. Se trouve dans l'île de Sado, à Ohama.

Sho-to-sha. Syn. *Adzuki-suna.* 小豆砂. Sable ayant la forme d'une petite fève (Adzuki ou Phaseolus radiatus). Il vient dans la province de Wakasa, à Ano-ura et Nishi-ogawa-mura.

Shu-sha. 朱砂. Sable ayant la couleur du vermillon. Se trouve dans la province de Mutsu, district Tsugaru, à Shu-hama.

Sui-riu-sha. Syn. *Midzu-tsubu suna. Manago-ishi.* 水粒砂. Sable ayant la forme de l'œil ou celle d'une graine flottante dans l'eau.

Se trouve dans la province de Shinano, à Okada, à quatre *Ri* (lieues) sud-ouest de Zenkôji.

Sui-sho-sha. 水晶砂. Sable de cristal de roche. Se trouve dans le district de Nambu, à Tanagōri, Otoré-yama, Goku-raku-hama, dans la province de Kai et dans plusieurs autres endroits.

Taku-sha. Syn. *Togi-suna.* 琢砂 Sable à polir. Très-commun au Japon.

Tan-fun-sha. 炭粉砂. Sable ayant la couleur de la poudre de charbon. Se trouve à Nagano-yama, dans le district d'Ano-gōri de la province d'Isé.

Tetsu-sha. 鐵砂. Poudre de fer oxydulé magnétique noir, sous forme de sable, qui se trouve en beaucoup d'endroits au Japon (cf. la section *Fer*).

Tetsu-sha. Syn. *Hiru-suna* ou *Biru-suna.* 蛭砂. « *Sable sangsue* ». Espèce de sable fort curieux en paillettes minces comme le mica aréniforme. Il prend une couleur d'or, quand on le jette au feu et se meut comme une sangsue.

To-sha. Syn. *Miyako-suna.* 都砂. Sable de la capitale. C'est le sable bleu-grisâtre des rivières de Kiyoto.

To-shu-sha. Syn. *Momo-tori-suna.* 桃助砂. Sable du village de Momotori-hama (à côté de la mer), dans la province de Shima. C'est une variété de sable ornemental à cinq couleurs.

Tsuné-miya-suna. 常宮砂. Tire son nom de la montagne de Tsuné-miya-yama, près Tsuruga, dans la province de Yechizen.

Ubé-suna. 卯部砂. Sable d'Ubé, dans la province de Bizen. On dit que cette variété est très-vénéneuse et s'emploie comme « mort aux rats ». La couleur en est plus ou moins violette.

Yaki-momi-suna. 燒 モ ミ 砂. Sable ayant la forme du riz non mondé et grillé. Il vient de la montagne de Shiki san, dans la province de Yamato.

Yebisu-daikoku-suna. Sable des deux divinités populaires « *Yebisu* » (dieu de la pêche) et « *Daikoku* » (dieu de la richesse). Se trouve dans la rivière de Tadasu-gawa, à Kiyoto.

Yu-sha. Syn. *Waki-suna.* 涌 砂. Sable bouillant. C'est une espèce de sable ornemental à cinq couleurs, qui se trouve dans la mer, sur les côtes de la province de Shima.

2° ESPÈCES DE QUARTZ DENSE OU ESPÈCES CRYPTOCRISTALLINES.

N° 90.—CALCÉDOINE.

玉 髓 **Giyoku-dzui** (Moëlle des pierres précieuses). Syn. 石 髓 *Seki-dzui* (moëlle des pierres). 玉 石 髓 *Giyoku-seki-dzui.* 霞 瑪 腦 *Kasumi-ménō* (quartz agate nébuleux.)

La calcédoine (Murrhina et Jaspis pt. de Pline et de Théophraste) est une espèce de quartz dense, doué d'une transparence nébuleuse uniforme et d'une teinte blanchâtre, bleuâtre ou verdâtre. La cornaline, l'onyx, l'agate et le plasma ne sont en réalité que des variétés colorées de calcédoine.

La calcédoine nébuleuse et blanche se trouve assez communément au Japon ; elle est connue depuis plusieurs siècles, et fort estimée comme pierre précieuse. C'est la pierre par excellence pour les camées et gemmes gravés ; mais au Japon ces bijoux ne sont pas en usage. Elle s'y rencontre surtout sous la forme de couches mamelonnées (stalagmites), en masses concrétionnées stalactitiformes, en nodules ou géodes, formés de couches concentriques, ou bien enfin en galets ou cailloux roulés dans les rivières.

Les gisements où elle se trouve sont les terrains volcaniques anciens dont elle couvre les cavités et les fissures. Les lapidaires en Europe savent maintenant colorer artificiellement la calcédoine et la transformer par suite en onyx, en sardoine et en cornaline ; mais au Japon nous n'avons pas vu employer ces procédés chez les bijoutiers. La calcédoine du Japon nous parait de fort bonne qualité pour les camées et la variété nébuleuse bleuâtre, qui est la plus recherchée en Europe, se trouve ici en assez grande quantité.

N° 91.—PLASMA (LE JASPIS DE PLINE partim).

綠玉髓 **Riyoku-giyoku-dzui.** (Moëlle des pierres précieuses à couleur verte). Syn. 綠石髓 *Riyoku-Seki-dzui.* 靑瑪腦 *Aö-Mé-nō* (Agate vert).—靑琅玕 *Seï-rō-kan,* ou *Aö-San-go-ju* (Corail vert).—靑碧 *Seï-heki* (gemme bleu-verdâtre).

Le Plasma ou la calcédoine d'un vert claire est une pierre fort appréciée par les Chinois qui en font toutes sortes de bijoux. La couleur verte est souvent mêlée de blanc de nuance laiteuse. En Europe on transforme artificiellement la calcédoine en plasma en la trempant pendant plusieurs mois dans une solution de nitrate de nickel.

N° 92.—CORNALINE (SARDA DE PLINE).

紅瑪腦 **Kō-Mé-nō.** (Pierre précieuse à couleur de cerveau de cheval, rouge). Syn. 橙瑪腦 *To-Mé-nō.—Mé-nō.—Nan-mé-nō.*—(Encycl. Wa-kan-san-zai-dzu-yé. Vol. 60).

La cornaline ou quartz agate-rouge-orangé est de la calcédoine colorée en rouge par l'oxyde de fer. Elle porte ordinairement au Japon le même nom que l'agate proprement dite, c'est-à-dire celui de *Mé-no* (ou pierre précieuse à couleur de cerveau de cheval) d'après sa ressemblance comme couleur avec cette dernière matière. C'est pour la même raison que les Italiens ont nommé cette pierre « *carniola* » du mot « *carne* », viande.

La cornaline est assez répandue en Chine et au Japon. On en fait toutes espèces de bijoux et d'ornements, surtout des boules pour les chapelets ou pour « *netsuké* », des presses-papier, des pierres écritoires pour l'encre de Chine, des fruits, des boutons, des cachets et même des tasses à thé et à vin. Elle est d'ordinaire assez homogène, non striée, mais toujours mélangée de quartz agate d'un blanc laiteux. On sait au Japon qu'elle devient plus opaque en étant exposée aux rayons du soleil ou à une forte chaleur dans un vase fermé ; mais on semble ignorer les diverses méthodes employées maintenant en Europe (notamment à Oberstein, dans la Prusse-Rhénane) pour colorer artificiellement la cornaline, comme aussi la calcédoine et l'agate. Ce procédé consiste, comme on le sait, pour transformer la calcédoine transparente et grise en cornaline, à la plonger pendant 5 à 20 jours dans une solution de nitrate ferrique et à la chauffer ensuite. La sardoine et l'onyx s'obtiennent également par des procédés analogues.

Les bijoutiers japonais pourraient apprendre beaucoup en s'inspirant des dernières inventions européennes ayant trait à cette industrie et cela serait pour eux fort utile en ce sens que la matière première est assez abondante au Japon et qu'il ne manque pas d'ouvriers habiles capables d'en tirer le meilleur parti. Placée au nombre des « sept pierres précieuses de Bouddha, » la cornaline est toujours très-recherchée par les Chinois et les Japonais. Nous avons vu à l'Exposition de Kiyoto, en 1875, de fort jolis objets en cornaline ayant plus de 20 centimètres de longueur. Ils appartenaient à Sa Majesté l'Empereur. Les lapidaires en font aussi des tasses extrêmement minces et d'un travail très-délicat, ce qui prouve leur dextérité et leur patience, la taille de cette pierre étant très-difficile et demandant beaucoup de soin.

N° 93.—SARDOINE, *Sarda* de PLINE, *Sard* Angl., *Sarder* Allem., (du nom de la ville de SARDIS dans l'Asie Mineure).

褐紅白色帶瑪瑙. **Katsu-ko-haku-shoku-tai-Mé-no.** (Agate à lignes brunes, rouges et blanches). Syn. 赤褐色玉髓 *Seki-katsu-shoku-no-giyoku-dzui*, (calcédoine à couleur rouge-brun).—夾胎瑪瑙 *Kiyo-tai-Mé-no.* 纏絲瑪瑙 *Ten-shi-méno*, (Agate entourée de lignes). [*Hzkm. kei-mo*, vol. 5 ; *Wa-kan-san-zaï-dzu-yé*, vol. 60.]

C'est une espèce de calcédoine d'une très-grande transparence et d'une couleur brune orangé foncé, souvent mêlée de lignes blanches. La sarde ou sardoine ressemble beaucoup à la cornaline, mais elle est plus transparente et ordinairement d'une couleur plus foncée, plus ou moins brunâtre. Elle est beaucoup plus précieuse que la cornaline, lorsqu'elle est naturelle et n'est pas le produit de calcédoine transparente coloréee artificiellement. La vraie sardoine se trouve au Japon. Nous en avons vu de jolis chapelets (rosaires), de fabrication ancienne, et des galets de sarde. Mais on ne distingue pas ici cette pierre de la cornaline et il semble qu'elle était plus estimée dans les anciens temps qu'elle ne l'est aujourd'hui.

N° 94.—ONYX. CALCÉDOINE ZONÉE. CALCÉDOINE RUBANÉE.

(l' Ὀύχιον « ongle » de THEOPHRASTE).

烏白褐色帯瑪腦 **Koku-haku-katsu-shoku-tai-Mé-nō**. (Agate à bandes noires, brunes et blanches). Syn. 藏子瑪腦 *Sai-shi-Mé-no* ou 合子瑪腦 *Go-shi-Mé-no*. (Agate se composant de différents morceaux). ヲニキス *Onikisu*.

Espèce de calcédoine zonée en lignes droites. Les couleurs de ses rubans parallèles doivent-être bien distinctes et alternativement blanches et noires ou blanches, brunes et noires. Quand l'onyx possède en outre des lignes rouges de cornaline ou de sarde on l'appelle *Sardonyx* ou onyx qui contient de la sarde. L'onyx et le sardonyx sont rares au Japon, probablement à cause de l'ignorance des bijoutiers qui ne savent pas les colorer artificiellement. En Europe toutes les beaux morceaux d'onyx qui servent aux camées gravés subissent aujourd'hui certaine préparation qui a pour but d'améliorer la couleur noire et la couleur blanche des zones.

Les habitants de l'Inde connaissaient déjà avant notre ère le moyen d'améliorer l'onyx en le trempant dans le miel et l'huile et en le chauffant ensuite. Les anciens Arabes faisaient bouillir la calcédoine-onyx pendant sept jours et sept nuits dans le miel et la faisaient ensuite rougir au feu.

En Europe on laisse la calcédoine brune rubanée séjourner pendant environ 20 jours dans l'huile ou dans le sirop de sucre et on la fait bouillir ensuite dans l'acide sulfurique concentré. Les bandes noires, brunes et blanches deviennent beaucoup plus nettes et distinctes grâce à ce procédé. En traitant l'onyx par l'acide nitrique, pendant un à quatorze jours, on arrive à diminuer l'intensité des couleurs et faire les bandes moins foncées. On prépare ainsi chaque année des milliers de pierres d'onyx à Oberstein dans la Prusse rhénane. Nous n'avons vu au Japon que quelques boules de rosaires et quelques boutons (*Nétsuké*) faits avec des onyx. L'usage de cette pierre pour camées est jusqu'ici inconnu dans ce pays.

N° 95.—CHRYSOPRASE.—PRASE.

綠瑪瑙 **Riyoku-Mé-no.** (Agate verte).

C'est l'agate colorée en vert-pomme par l'oxyde de nickel. Bien que nous ayons vu quelquefois au Japon de petites boules taillées et polies en chrysoprase, nous croyons cependant que ces pierres venaient de la Chine ou de l'Inde, car nous n'avons jamais rencontré le chrysoprase naturel au Japon et les livres indigènes n'en parlent pas. Le nom de *Riyoku-mé-no* que nous donnons à cette espèce, s'emploie quelquefois à tort pour le *Plasma* ou calcédoine de couleur vert foncé, qui se trouve assez communément en Chine et au Japon. M. Wells Williams l'a appelée 翡翠玉 *Hi-sui-giyoku*, ou chrysoprase, mais ce nom appartient au plasma ou calcédoine verte (le jaspe des anciens); du reste le plasma d'un vert clair ressemble beaucoup au chrysoprase.

N° 96.—HELIOTROPE (*Bloodstone*, Angl.).

紅斑綠瑪瑙 **Ko-han-Riyoku-Méno.** (Agate verte pointillée de rouge).

Le plasma vert avec des taches de jaspe rouge ressemblant à des gouttes de sang, se nomme Héliotrope. Cette pierre se trouve en Chine et dans la Tartarie sous la forme de galets de rivière (珠 *shu*) ; mais au Japon nous n'en avons vu que de polies et qui, d'ailleurs y avaient été importées.

N° 97.—AGATE. QUARTZ AGATE A COULEURS VARIABLES ET TRANCHÉES [l'Ἀχάτης de Theophraste, d'après une rivière de Sicile].

瑪瑙 **Mé-no.**—Variétés : スヂ瑪瑙 *Su-ji-Mé-no*. ウヅ瑪瑙 *U-dzu-Mé-no* (espèces d'agate rayée). 柏枝瑪瑙 *Haku-*

shi-Mé-no (Agate herborisée). 錦紅瑪腦 *Kin-ko-Mé-no* (Agate à couleurs variables comme le brocart). 雲瑪腦 *Un-Mé-no* (Agate nuagée). 白瑪腦 *Haku-Mé-no* (Agate blanche à couleur de lait). Syn. 瓊漿石 *Keï-sho-seki*. 漿水石 *Sho-sui-seki*. 丹石 *Tan-seki* [*Hzkm.* Fig. 14].

L'agate est formée, comme on le sait, d'un mélange de plusieurs espèces de quartz : l'améthyste, la calcédoine et le jaspe.

Au Japon on n'en trouve que des espèces de médiocre qualité ; celles qui sont les plus abondantes sont les variétés nuagées connues en Allemagne sous le nom de « *Wolken-Achat* » et les espèces blanchâtres, le Leucachates de Pline, le « *Milch-Achat* » des Allemands.

Les variétés rubanées avec lignes en zigzag ou concentriques, circulaires (*Band-Achat*, Allem.) sont rares au Japon, bien qu'on y trouve assez souvent une espèce rougeâtre nuagée, l'agate-cornaline (sard-achates de Pline).

L'agate se trouve au Japon en nodules et en géodes qui sont souvent d'une assez grande dimension, ou sous la forme de galets ou cailloux roulés dans les rivières et les terrains alluviens.

Les nodules et les géodes s'appellent 瑪腦石片 *Mé-no-seki-hen* et les galets 瑪腦珠 *Mé-no-shu*. On fabrique avec l'agate taillée différents objets dont nous avons fait déjà l'énumération à l'article cornaline. Ranzan rapporte qu'il se trouve dans le temple de *Ko-unji* (district de Higashi-yama) à Kiyoto un grand bassin célèbre en agate taillée d'un blanc laiteux.

Nous donnons ci-après un tableau relatant les différentes localités où l'on trouve au Japon le quartz agate, la cornaline et la calcédoine.

Nous ferons remarquer que les provinces de Mutsu, de Yechiu, de Suruga et de Kai sont les plus célèbres pour leurs agates et pour l'habileté de leurs lapidaires.

PROVINCES.	LOCALITÉS.	REMARQUES.
Iga	Yamada-gōri, Saruno-mura. Awa-gōri, Takodani	Calcédoine.

PROVINCES.	LOCALITÉS.	REMARQUES.
ISÉ	Nohono	Agate blanche laiteuse
OWARI	Chita-gōri, Higashi-noda-mura, Katsukawa	Plasma, galets en calcédoine.
	Hachiji-yama	Calcédoine (nodules).
SURUGA	Shidzuoka	Agate, blanche laiteuse et cornaline.
KAI	Yatsu-shiro-gōri, Kawachi-yama, Néko-mura	Calcédoine transparente fort jolie.
HITACHI	?	Calcédoine transparente blanchâtre. Agate en géodes.
MINO	Yoro-no-také	Agate.
IWAKI	Kawanuma-gōri, Kurosawa-mura	Calcédoine.
RIKUCHIU	Akita	Agate et cornaline en grands nodules et géodes.
UGO	?	Calcédoine transparente blanchâtre.
MUTSU	Awomori	Calcédoine en nodules, cornaline. Agate et calcédoine en galets.
UZEN	Yamagata	Calcédoine blanche et bleuâtre en masses concrétionnées. Agate et calcédoine en galets.
KAGA	Senneï-mura	Calcédoine rubanée.
YECHIU	Tonami-gōri, Onishi-mura	Agate et cornaline de de bonne qualité.
IDZUMO	?	Calcédoine transparente. Agate en nodules. Plasma.
AWA	Naga-gōri, Oï-mura	Plasma ou calcédoine verte de mauvaise qualité.
IYO	?	Calcédoine bleuâtre, nuagée, de très-bonne qualité.
HIGO	Yatsu-shiro	Calcédoine.

N° 98.—SILEX PYROMAQUE ou SILEX A FUSIL (*Flint*, Anglais).

火燧石 **Kuwa-sui-seki.** — 燧石 **Sui-seki.** — 火石 **Kuwa-seki.** — Syn. 玉火石 *Giyoku-kuwa-seki.* — 打火石 *Hi-uchi-ishi.* — 打火角 *Hi-uchi-kado.* — 角石 *Kado-ishi.*

Le silex pyromaque ressemble plus ou moins à la calcédoine, mais il est beaucoup moins pur et plus opaque. On le trouve en grande quantité au Japon et il y est connu depuis la plus haute antiquité. C'est une espèce de quartz translucide sur les bords, à cassure terne et conchoïde, de couleur terne, d'une pâte uniforme, moins fine que celle des agates et peu susceptible de se polir. Il se partage par le choc en fragments conchoïdes à arêtes tranchantes, qui, frappées sur l'acier, dégagent de vives étincelles.

Les espèces grisâtres sont celles qu'on rencontre le plus souvent. On trouve aussi quelquefois des variétés verdâtres bleuâtres et rougeâtres.

Ce silex sert pour les briquets dont font beaucoup usage les paysans, pour se procurer du feu. On le tire au Japon des endroits suivants :

PROVINCES.	LOCALITÉS.
YAMASHIRO	Kuramayama. Uji près Ishiyama. Atago-yama.
ISÉ	?
SURUGA	Hi-uchi-zaka.
MUSASHI	?
HITACHI	?
OMI	?
MINO	?
IWAKI	Kawanuma-gōri.
RIKUZEN	?
RIKUCHIU	?
UZEN	?
UGO	?
YECHIZEN	?
KAGA	?
YECHIGO	Kambara-gōri.

PROVINCES.	LOCALITÉS.
TAMBA........................	Tadeta-mura.
INABA........................	?
IDZUMO........................	?
BIZEN........................	?
AWA........................	Naga-gōri. Katsu-ura-gōri, Ota et Nami-mura,
TOSA........................	Ichinomiya-yama.
BUNGO........................	?
HIGO........................	?
SATSUMA........................	?

N° 99.—SILEX CORNÉ ou KÉRATITE (*Hornstone*, Angl.).

化硅石 **Kuwa-keï-seki.** Syn. 木化石 *Moku kuwa-seki* (bois pétrifié). Injustement 骨石 *Kotsu-seki* (os petrifiée). 蛇骨 *Ja-kotsu* partim (os de serpent). 蛇骨石 *Ja-kotsu-seki* (os de serpent pétrifié).

Cette substance ressemble au silex pyromaque, mais elle est plus fragile et ses cassures sont droites, inégales, esquilleuses, et non conchoïdes. Elle présente quelquefois la transparence de la corne, d'où lui vient son nom de « kératite.» Elle forme la base de plusieurs espèces de bois silicifié (*Holzstein*, Allem. *Woodstone*, Angl.). Le bois se détruisant peu à peu dans le sein de la terre, est remplacé, molécule par molécule, par du quartz silex qui prend exactement sa forme et sa structure. C'est un quartz fort impur, mêlé d'alumine et d'oxyde de fer. La couleur varie du gris-jaunâtre au brun. Bien que les Japonais désignent quelquefois ce minéral sous le nom de *Ja-kotsu* ou *Ja-no-honé* (os de serpent), nous devons faire remarquer que cette appellation appartient plus justement aux «os petrifiés» ou ostéolithes, et phosphorites.

Dans l'ancienne médecine sinico-japonaise on attribuait à cette substance toutes sortes de vertus médicales et surnaturelles.

On en fait quelquefois de petits objets de luxe, des boutons etc. Le silex corné et le bois fossile silicifié se trouvent tous les deux assez communément au Japon.

N° 100.—JASPE. QUARTZ JASPE [ce n'est pas l'ancien *Jaspis* de PLINE Cf. pag. 260 et 261].

ジヤスピス **Ja-sùpisù.** Syn. 密メル硅石 *Mitsu-naru-Kei-seki.*

Espèce de quartz impur, opaque, le plus souvent sans lustre, à cassure conchoïde, à couleur uniforme, variée ou rubanée, mais jamais concentrique. Le jaspe contient toujours avec de l'acide silicique beaucoup d'alumine et d'oxyde de fer.

On trouve au Japon les variétés suivantes :

a. JASPE ROUGE (L'hæmatitis de *Pline)* 赤色ジヤスピス *Seki-shoku-Jasùpisù,* dans l'île de Sado.

b. JASPE BRUN 褐色ジヤスピス *Katsu-shoku-Jasù-pisù,* dans la province de Suruga.

c. JASPE RUBANÉ 帶層ジヤスピス *Tai-so-Jasùpisù.* dans les provinces d'Inaba et de Kaga.

Il se rencontre par masses irrégulières, en nodules et sous la forme de cailloux roulés. M. WELLS WILLIAMS, (chin. chrest. p. 431) donne 青碧 *Sei-heki* (que nous avons indiqué comme synonyme du *Plasma*) comme l'équivalent du jaspe vert, qui parait se trouver en Chine.

On emploie quelquefois le jaspe pour en faire des pierres-écritoires ; les jolis morceaux sont souvent travaillés par les lapidaires.

N° 101.—PHTANITE. PIERRE DE TOUCHE. PIERRE LYDIENNE. JASPE SCHISTEUX (*Kieselschiefer*, Allem., *Flintly Slate*, Angl.).

試金石 **Shi-kin-seki.** Syn. *Kin-tsuké-ishi* (pierre pour examiner l'or). 珪石盤 *Kei-seki-ban.*

Pierre qui se trouve dans les terrains de transition, à structure schistoïde, à couleur plus ou moins noire, opaque, très-dure, à grain très-fin, ayant une cassure terne ou conchoïde. Les variétés les plus fines, dures et noires, s'appellent pierres de touche ; les Chinois et les Japonais savent très-bien s'en servir pour l'essai de l'or (Cf. l'or).

Comme le schiste argileux (*Thonschiefer*) et le phyllade, la phtanite sert à fabriquer des pierres-écritoires.

Les endroits suivants produisent des phtanites de bonne qualité.

PROVINCES.	LOCALITÉS.
—	—
OMI.....................	Takashima-gōri, Gobanrio-mura.
UZEN....................	Ko-u-mura.
BIZEN...................	Tsushima-gōri, Nonoguchi-mura.
KII.....................	?
AWA.....................	?
IYO.....................	?
TOSA....................	Suzaki-ura.

3. ESPÈCES DE QUARTZ HYDRATÉ.

N° 102.—OPALE ou QUARTZ RÉSINITE.

變彩石 **Hen-sai-seki.** (Pierre qui change de reflet). Syn. *Tam-paku-seki* (pierre à couleur de blanc d'œuf) ou オパール *Oparu* [貓兒眼 *Biyo-ji-gan* (œil de petit chat) Williams chin. chrest. p. 432].

Espèce de silice amorphe, demi-transparente, à cassure plus ou moins conchoïde, d'un aspect laiteux, gélatineux ou résineux, à reflets plus ou moins vifs. L'opale ordinaire ou résinite se trouve assez communément au Japon et en Chine, dans les fissures des roches trachytiques et porphyriques. Nous en avons vu ici différentes variétés, entre autres la hyalite et le xylopale ou semi-opale, mais l'opale noble, l'hydrophane, le cacholong ne sont pas encore trouvés.

Nous croyons utile de mentionner ici les différentes variétés de l'opale avec leurs noms japonais :

Opale noble..............	變彩玉 *Hen-sai-giyoku* (貓兒眼 *Biyo-ji-gan* de Williams.)
Résinite ou opale ordinaire..	オパール *Oparu.*
Hydrophane..............	水明變彩玉 *Sui-mei-Hen-sai-giyoku.*
Hyalite..................	玻瓈オパール *Hari-oparu.*
Cacholong................	螺鈿オパール *Ra-den-oparu.*
Xylopale ou semi-opale.....	木理オパール *Moku-ri-oparu.*
Jaspopale (opale ferrugineuse)	含鉄オパール *Gan-tetsu-oparu.*

N° 103.—FIORITE ou KIESELTUFF.

珪 石 牀 **Kei-Seki-Sho** (stalagmite de silice).
珪 石 花 **Kei-Seki-kuwa** (fleur de silice).

Le quartz hydraté terreux se trouve comme efflorescence ou sédiment en masses concrétionnées et poreuses, de couleur grisâtre dans les nombreux solfatares du Japon, aux alentours des fumaroles et des sources d'eaux thermales. On le rencontre aussi fréquemment combiné avec la calcédoine.

APPENDIX AU SILICIUM.

PIERRES TAILLÉES PRÉHISTORIQUES.

[SIEBOLD, Nippon Archiv Vol. II Von den Waffen p. 43 et Vol. III Archaeologie, p. 1.—Minéral. Japon. 雲根志 *Un-kon-shi*, 2e Série, Vol. III et IV et 3e Série, Vol. III.—Minéral. japon. *Séki-hin-san-sho-ko.—Hzkm.* Libr. X, Fig. 71.—GEERTS Mitth. Deutsch. Gesellsch. für Ost-Asien, 6es Heft, December 1874. p. 50.— FRANKS, sur les anciens instruments de pierre au Japon, Trans. du congrès international d'archéologie préhistorique, session de Norwich 1868.]

De même que tous les pays qui ont été habités par l'homme dans les temps préhistoriques peuvent retrouver les armes et les différents ustensiles de leurs ancêtres dans les objets de silex taillé enfouis dans la terre, de même le Japon a eu, lui aussi, son ère pour les instruments de pierre taillée, à une époque où la métallurgie y était encore complètement inconnue. Les nombreux spécimens de pierres taillées existant dans les musées, dans les collections et les trésors religieux de plusieurs temples, comme aussi dans celles de quelques archéologues japonais ont démontré d'une manière incontestable l'existence de l'âge du silex dans le centre et dans le nord de l'empire du Japon.

Les Ainos de l'île de Yesso se servent même encore de nos jours de quelques armes en pierre et peuvent jusqu'à un certain point être considérés comme étant encore dans leur âge de pierre.

Grâce aux prêtres boudhiques et aux *Kannushi* shintoïstes, bon nombre de ces vestiges du temps passé ont été collectionnés et conservés avec soin ; et les gens du peuple ont continué à vénérer ces instruments de pierre comme des reliques des anciens *Kamis* ou ancêtres divins. Plusieurs légendes et fables se rattachant à ces pierres ont été inventées par les bonzes afin d'attirer l'attention des voyageurs et des pélerins sur leurs temples et leurs reliquaires.

Nous diviserons en quatre catégories les différents instruments de pierre du Japon, savoir :

A. Les armes, les couteaux, les aiguilles de pierre, 石砮ノ類 *Séki-to-no-rui* ; 失ノネイシノ類 *Yano-né-ishi-no-rui.*

B. Les pierres de foudre (tonnerre) 雷斧石ノ類 *Rai-fu-seki-no-rui* (haches de foudre) ou 霹靂石ノ類 *Heki-reki-seki-no-rui.*

C. Les pierres ornementales (et pierres d'un usage inconnu) de la période des *Kamis* (ancêtres divins) 神代石ノ類 *Jin-dai-seki-no-rui.*

D. Les pierres ornementales d'une période plus récente 曲玉ノ類 *Kiyoku-giyoku* ou *Maga-tama-no-rui.*

Le but et le cadre de notre ouvrage ne nous permettent pas d'entrer ici dans l'étude archéologique des instruments de pierre. Nous nous contenterons seulement de faire l'énumération des différentes espèces de silex qui sont venues à notre connaissance ou qui se trouvent décrites dans les livres indigènes.

A.—LES ARMES, COUTEAUX ETC. 石砮ノ類 *Seki-to-no-rui,* 失ノネイシノ類 *Yanoné-ishi-no-rui.*

N° 104.—TÊTES DE FLÈCHES BARBELÉES.

鏃石 **Zoku-seki.** *Yanoné-ishi.* Syn. *Tengu-no-yanoné-ishi. Yashiri-ishi.* [Planche VII].

Les têtes de flèche sont de tous les instruments de pierre ceux qui se trouvent le plus fréquemment et en plus grande quantité. Mais les Japonais ont depuis peu commencé à en fabriquer pour satisfaire aux demandes ridicules, mais toujours écoutées d'ailleurs, des amateurs Européens qui cherchent à se créer une réputation en envoyant aux musées d'Europe des instruments de pierre contrefaits. Depuis longtemps les reliquaires de plusieurs temples ont été pillés par ces brigandsarchéologues. Heureusement le musée du ministère de l'Intérieur à Tokio s'occupe à présent avec une louable sollicitude de collectionner la plus grande quantité possible de ces antiquités en s'attachant surtout à ne rien avoir d'apocryphe.

La matière avec laquelle sont faites les têtes de flèche est pour la plupart du temps le silex pyromaque ; mais on en trouve aussi qui sont fabriquées en jaspe, en opale, en silex corné et en obsidienne, c'est-à-dire conformes aux têtes de flèches en silex qui ont été trouvées en Europe et en Amérique.

Quant à la forme, on peut les classer en deux catégories :

1° Les têtes à queue, *Yanoné-ishi,* pierres rhombiformes,

2° Les têtes sans queue, *Yashiri-ishi,* pierres cordiformes.

Les premiers sont triangulaires, ou rhombiformes ou bien à forme de lancette ; les têtes sans queue sont cordiformes triangulaires ou bien cordiformes ovales. Les dimensions varient de 20-60 mm. de longueur sur 11 à 24 mm. de largeur et 3 à 6 mm. d'épaisseur. Jadis on employait quelquefois les têtes de flèche pour orner les sabres. On attribuait à ces objets une sorte de force protectrice surnaturelle. Les guerriers les regardaient comme un talisman protecteur contre les blessures. C'est surtout dans le nord et dans le centre du Japon qu'on a trouvé ces têtes de flèches.

Voici les principales localités où elles ont été découvertes :

PROVINCES.	LOCALITÉS.
YAMATO........	Nishi-Tamba-Ichi-yama, Furuno-yashiro, trois *Ri* est de Horiuji.
ISÉ...........	Nishi-no-machi, Shirako, Aku-motsuno, Komono.
OWARI........	Mifuchi-mura, Midzu-kazu-mura.
MIKAWA.......	Iï-mura, à l'endroit où les rivières Yoshida-gawa et Futa-gawa se rencontrent. Près de la maison de thé entre Okasaki et Chiriu.
TŌTŌMI........	Akiha-yama.
HITACHI........	Près de Kashima.
OMI...........	Sakamoto et près de la montagne de Shirahigé-miyòjin.

PROVINCES.	LOCALITÉS.
—	—
MINO..........	Akasaka, Nayégi-yama, Kakumino, Togo-yama, Ibuki-yama, Hachiya-no-gō.
HIDA..........	Takabara, Imai-mura
SHIMOTSUKÉ....	Nikko, Kogané-hara.
MUTSU.........	Tsugaru et Nambu, Sawi-mura.
UGO...........	Akumi-no-daibutsu Kidaï-miyôjin, Ii-mori-tsuka et Akita-no-Honjō; Tagawa, Ishihama, Shinsho-no-Umé-gaöka.
YECHIGO.......	Kurotori, Kamo, Bajomen-mura ; Mishima-gōri, Waki-no-machi, Okino-shiro ; Kubiki-gōri, Ken-sho-ji-yama, Yasu-kura-mura.
NOTO.........	Hoshi-gōri, Shikashima, Nanaö, Hirafu.
SADO..........	Kabushi-dai-miyôjin.
HOKI..........	Oshika-dani.
IDZUMO........	Dans les montagnes près d'Oyashiro.
SANUKI........	Suyé-mura.
HIZEN.........	Omura, Oïdaké.
HIGO..........	Ashikita.
ILE de YESSO...	Matsumaï.

N° 105.—CARQUOIS EN PIERRE.

石靫 **Ishi-utsubo.**

L'auteur du livre de minéralogie *Un-kon-shi* fait mention de cette arme, mais il dit ne pas savoir à quel usage elle a pu servir. On en a trouvé trois fois dans les montagnes Kiso-yama et Usui-togé (province de Mino). Nous n'en avons vu nous-même aucun spécimen.

N° 106.—GRANDE TÊTE DE LANCE.

石戈 **Seki-kuwa.** Syn. 石鉾 *Ishi-hōko.* [Planche VII et VIII, Fig. 1].

C'est une arme en pierre d'assez grande dimension, allant jusqu'à quatre et cinq décimètres de longueur. La pierre est dure et d'une couleur brunâtre. On en trouve de temps en temps dans la province de Yechigo. La tête de lance, (Fig 1, planche VIII,) est taillée d'obsidienne et se trouve au musée de Yédo.

N° 107.—PIQUE EN PIERRE.

石槍 **Seki-so** ou *Ishi-yari*. (Planche VIII Fig. 2).

La figure 2 de la planche VIII représente une tête de pique taillée dans un silex pyromaque. Elle se trouve dans le musée de Yédo.

N° 108.—TÊTES DE LANCE EN FORME DE LIBELLULE.

石蜻蛉 **Seki-seï-rei**. Syn. *Ishi-Tombo. Kagero-ishi*. (Planche VIII).

Dans le même musée se trouvent les deux têtes de lance, qui sont représentées dans les fig. 3 et 4 de la huitième planche. Elles sont assez bien polies et taillées dans du silex pyromaque de couleur gris-brunâtre.

N° 109.—HALLEBARDE EN PIERRE.

青龍刀石 **Seï-riu-to-ishi.** (couteau en pierre *dit* du dragon vert). Syn. 長刀石 *Nagi nata-ishi*. (Hallebarde en pierre). [Planche IX, Fig. 1 et 2].

C'est un ancien instrument de pierre fort rare, ayant la forme d'une arme qui tient le milieu entre le sabre et la lance et ressemblant à nos hallebardes. Son nom de couteau en pierre du dragon vert vient probablement de la légende qui raconte que la queue du dragon vert est formée d'un sabre ayant la forme du «*Naginata*.» On a trouvé des spécimens de cet instrument dans le nord, près de la montagne de Kuma-ishi-yama, à Matsumai, dans le village de Sashi-mura. L'exemplaire de la fig. 2 pl. IX, se trouve au musée de Yédo, sous le nom de *Seki-ken* ou sabre en pierre; mais il vaut mieux le classer parmi les hallebardes ou *Nagi nata-ishi*.

N° 110.—JAVELOT DES DIEUX.

神ノ鑓 **Kami-no-yari.** [Planche IX Fig. 3].

Arme en silex assez rare. L'auteur de l'*Un-kon-shi* dit que la pierre est luisante comme un objet laqué. On l'a trouvé dans les fouilles faites dans la montagne de Haguro-yama (province de Dewa (Ugo).

N° 111.—ÉPÉE EN PIERRE.

釼石 **Ken-seki.** Syn. 劍石 *Tsurugi-ishi.* 石劔 *Séki-ken* [Planche IX, Fig. 4].

D'après une légende japonaise, la queue du « dragon à huit têtes » fut formée d'un « *Ken* » ou « *Tsurugi* » : on retrouve encore cet animal avec sa queue formidable sur certaines estampes japonaises qui en donnent la description. C'est cette même arme dont le guerrier légendaire Yamato-daké se servit après l'avoir reçue de la prêtresse Yamato-himé, dans les temples d'Isé. La pierre est considérée comme une arme ayant appartenu aux ancêtres divins (Kami). Elle a une longueur de 0.313 centimètres et est tranchante à son extrêmité. Sa couleur est gris-noirâtre et elle est encore plus dure que le *yashiri-ishi*. On en a trouvé des spécimens dans la montagne d'Assa-Oïdaké, district d'Omura, province de Hizen. On en a également recueilli quelques-uns dans d'autres endroits.

N° 112.—AIGUILLE EN PIERRE.

砭石 **Hen-seki.** *Ishibari-ishi.* Syn. 石針 *Ishi-bari. Seki-shin. Hari-ishi. Seki-kan.*

L'auteur du *Honzokomoku* parle de cet objet dans les termes suivants : « Le *hen-seki* est une pierre dure taillée que l'on a « employée autrefois en guise de lame ou de couteau d'acier, « mais on ne s'en est plus servi depuis qu'on a fait usage du « fer. On en faisait surtout usage en médecine, en guise de « lancette, pour ouvrir les tumeurs et les abcès. C'est proba- « blement une espèce de *Yanoné-ishi.*»

RANZAN, le célèbre naturaliste, dit à son tour du *hen-seki :* « C'est une aiguille en pierre fort dure, qui s'employait autre- « fois pour ouvrir les abcès. Dans quelques provinces on se « sert même encore au lieu du *hen-seki* d'un fragment pointu « d'un objet de porcelaine cassé.»

On attribue à cette aiguille d'*origine divine* des qualités surnaturelles.

N° 113.—COUTEAU EN PIERRE.

石 刀 **Seki-to.** Syn. *Ishi-bōcho.* (Planche X).

On rencontre deux espèces distinctes de couteaux en pierre au Japon. Ceux qui sont taillés de silex pyromaque ou silex corné ont une grande dureté, mais ils sont grossiers et raboteux à leur surface (fig. 4 et 5, planche X) ; ceux qui sont faits de « *thonschiefer* » sont beaucoup plus minces, moins durs et ont une surface égale (fig. 1. 2, 3, planche X).

D'après l'auteur de l'*Un-kon-shi*, on en a trouvé dans la montagne de Miwayama (province de Yamato), et dans celle d'Akiha-san (province de Tōtōmi).

N° 114.—ESPÈCES D'INSTRUMENTS TRANCHANTS (couteaux) EN PIERRE.

狐 ノ 飯 匙 **Kitsuné-no-meshi-kui.** (Cuillère à riz dite du Renard). 天 狗 ノ 飯 匙 *Tengu-no-méshi-kui.* [Cuillère à riz dite de « Tengu » (le gardien du ciel)]. (Planche X).

Plusieurs espèces d'instruments tranchants en pierre (fig. 1-13, planche X,) de formes bizarres ont été trouvées au Japon. A cause de leur ressemblance avec les cuillères en bois dont on se sert au Japon pour servir le riz bouilli, on a donné à ces pierres, dans la province de Mino, le nom de cuillère à riz de *Tengu* et dans les provinces de Noto et Sado le nom de cuillère du *Renard.*

L'auteur de l'*Un-kon-shi* les considère comme une espèce de *Yashiri-ishi,* c'est-à-dire de têtes de flèches barbelées, mais il nous semble qu'ils ont dû servir plutôt comme couteaux.

Dans le village d'ICHI-BASHI-MURA, près d'AKASAKA, dans la province de Mino, se trouve une collection de vingt espèces de ces cuillères en pierre, qui ont été recueillies dans la montagne de *Kin-sho-san,* laquelle se trouve dans cette province. Ces pierres sont de différentes formes et leur couleur varie du vert au noir, au rouge et jusqu'au violet. On les rencontre quelquefois dans ces mêmes endroits en même temps que les

Maga-tama (gemmes courbées), les têtes de flèche et les coins de foudre, mais elles sont extrêmement rares et difficiles à se procurer. C'est dans les provinces de Dewa, de Yechigo et de Hida qu'on en a trouvé quelques-unes.

B.—LES PIERRES DE FOUDRE. 霹靂石ノ類 *Heki-reki-seki-no-rui.*

N° 115.—COIN DE FOUDRE ; HACHE DE FOUDRE.

雷斧 **Rai-fu.** (hache de tonnerre) Syn. 天狗ノ鉞 *Tengu-no-masakari* (grande hache de Tengu). 狐ノ鉞 *Kitsuné-no-masakari* (grande hache dite du Renard). *Rai-fu-seki.*— *Rai-ko-seki.* — *Heki-reki-sen.* — *Seki-shin.* — *Heki-reki-seki.*— *Kaminari-ishi. (Hzkm.* Fig. 71). (Planche XI).

Les coins en pierre se trouvent assez fréquemment dans les collections des archéologues japonais. Aux musées de Yédo et de Kiyoto il y en a plusieurs spécimens fort intéressants. Comme c'est le cas dans plusieurs pays de l'Europe, on considère en Chine et au Japon ces vestiges antiques comme les produits de la foudre ou du tonnerre ou bien comme des talismans préservatifs contre les effets de ces phénomènes ; aussi les Chinois et les Japonais les ont-ils appelés *Rai-fu-seki*, c'est-à-dire «pierre hache du tonnerre.» Les figures 1, 2, 3, 4 de la planche XI donnent la forme la plus commune de ces coins, mais il y en a également qui ne sont pas coniques et affectent la forme elliptique et rectangulaire. Les coins du Japon sont toujours bien polis et à bords arrondis : leur surface luisante les distingue des coins scandinaves qui sont d'ordinaire rudes et raboteux. Les coins perforés ne semblent pas exister au Japon, bien que l'auteur du *Honzokomoku* nous informe qu'en Chine il s'en trouve quelquefois percés de deux trous.

Quant à la substance avec laquelle ils ont été fabriqués, c'est au Japon le diorite, le mélaphyre, le porphyre brun, le porphyre vert ou ophite, le petrosilex et quelquefois la phtanite ou kieselschiefer. La couleur varie du vert foncé au noir foncé, au brun, au gris verdâtre et au gris bleuâtre ou blanchâtre ; mais ceux que l'on rencontre le plus fréquemment sont en porphyre vert et brun. La longueur de ces coins varie aussi beaucoup, soit de 0,03 à 212 millimètres.

D'après l'auteur chinois « on trouve ces pierres à environ « trois pieds de profondeur, dans les endroits qui ont été frap-« pés de la foudre. On a cru jadis qu'ils formaient les instru-« ments avec lesquels la foudre brisait les arbres et les « maisons. »

Plusieurs propriétés surnaturelles ou qualités préservatrices contre certaines maladies ont été attribuées aux pierres de foudre.

Les coins en pierre ont été trouvés à Tsuyama dans la province d'Awa, à Akasaka, dans la province de Mino, et dans les provinces de Mutsu, de Yechigo etc.

N° 116.—PIERRE DITE « FER DE RABOT DU RENARD. »

狐ノ鉋石 **Kitsuné-no-kanna-ishi.** (Planche XI).

Les instruments en pierre, qui ont la forme d'un fer de rabot, sont parents des coins de foudre. Le renard étant au Japon, d'après la croyance populaire, le symbole ou l'incarnation du démon, on conçoit aisément qu'on attribue à ces pierres une origine surnaturelle.

L'auteur de l'*Un-kon-shi* est cependant assez rationnel quand il les considère comme des antiquités du temps des anciens « Kamis » ou ancêtres divins.

Selon lui, « elles auraient une couleur rougeâtre ou noirâtre, « seraient aussi brillantes que des gemmes polies, et en dé-« finitive très-belles et extrêmement rares ». L'auteur en a recueilli une à Iwa-guruma, près de Nanawo, dans la province de Noto. Dans le musée de Leyde se trouve un spécimen bien poli et taillé de pétrosilex vert foncé.

N° 117.—PIERRE DITE « CISEAU DU RENARD. »

狐ノ鑿石 **Kitsuné-no-nomi-ishi.** (Planche XI).

C'est une pierre fort dure, à structure de bois pétrifié, glabre, arrondie, dont la face antérieure est affilée obliquement et qui a la forme d'un ciseau de charpentier. Elle est fort rare et a été trouvée dans la province de Noto, au même endroit que la pierre précédente.

N° 118.—PILON, BATON OU MASSUE DE TONNERRE. (Planche XII).

雷杖 **Rai-jo.** 霹靂碪 **Héki-reki-chin** (pilon étincelant).

Selon l'auteur de l'*Un-kon-shi*, les deux instruments en pierre ayant la forme de baton et de massue, qui sont représentés sur la planche 12, fig. 2 et 3, se trouvent dans la collection du temple Ocho-in, à Nagahama, dans la province d'Omi. Ces pierres sont « dures, noires et brillantes comme un objet laqué ». Les deux autres, fig. 1 et 4, pl. 12, se trouvent au musée de Yédo et sont taillées de phtanite (kieselschiefer) d'un noir verdâtre. Les pierres en forme de massue s'appellent ordinairement *héki-reki-chin :* les pierres plus longues, en forme de baton, sont désignées sous le nom de *Rai-jo.*

N° 119.—PIERRE DITE « MARTEAU DE TONNERRE. »

雷槌 **Raï-tsui.** *Kaminari-no-Tsuchi* (Planche XII).

C'est une pierre cylindrique fort dure, lourde, noirâtre d'environ un pied de longueur.

On en a trouvé dans la province de Mikawa et en d'autres endroits.

N° 120.—PIERRE DITE « BRACELET ET ANNEAU DE TONNERRE. »

雷環 **Raï-guwan.** (Planche XII, fig. 6).

Ce sont des pierres en forme d'anneaux ou de cylindres, percées d'un trou. Elles sont très-dures, brillantes, noires ou parsemées de taches blanches. La pierre représentée par la planche XII, fig. 6, a des taches blanches et rouges foncées ; elle est percée verticalement au centre. Elle appartient au temple d'Hosenji, à Yanagi-bamba, Yamatocho (Kiyoto), et semble être une espèce d'agate. Dans la collection du temple Fukuoka de Kojinguchi à Kiyoto se trouvent des spécimens de cette pierre de forme ronde et ressemblant à des anneaux. L'auteur japonais les considère comme un produit de la foudre.

On en a trouvé aussi à Kakumino, dans la province de Mino, à Ishibé dans la province d'Omi, à Akihasan, dans la province de Totomi, etc.

N° 121.—PIERRE DITE « RUGINE DE RAIFORT SAUVAGE ».

薑擦石 **Wasabi-oroshi-ishi.** (Planche XII).

La pierre représentée par la fig. 7 de la planche XII est une agate jaune taillée ; sa surface est rude et raboteuse sur ses deux côtés. Elle a été trouvée dans le district Nambu, de la province de Mutsu. Le prêtre du temple de Tenriuji, à Saga, dans la province de Yamashiro, où elle est actuellement, y attache un grand prix en raison de sa rareté. D'autres pierres du même genre, d'une longueur de 9 à 12 centimètres, de couleur brunâtre et à surface rude ont été trouvées à Tanimura, dans le district de Gunnai-gôri (province de Kaï).

N° 122.—PIERRE DITE « ENCRE DE TONNERRE ».

雷墨 **Rai-boku.** *Kaminari-Sama-no-Sumi. Rai-yen.* — *Raï-ko-boku.* (*Hzkm.* Fig. 71).

L'auteur du *Honzokomoku* dit : « que dans le district de « Rai shu, en Chine, où il y a beaucoup d'orages accompagnés « de tonnerre, on voit de temps en temps tomber après ces « orages une pluie de pierres noires, brillantes, sonores, lour- « des et fort dures, de la longueur d'environ un doigt. Ce sont ces « pierres que l'on a appelées *Rai-boku*, ou encre de tonnerre. »

Selon d'autres auteurs le *Rai-boku* serait une « substance « qui n'est ni pierre, ni terre, mais une espèce d'encre dure, « produite par la foudre. »

Le naturaliste Ono Ranzan dit à son tour « que le *Rai-boku* « est produit par un animal (mythologique), *Rai-ju* 雷獣, « qui vit dans les hautes montagnes, à Kisoyama etc. Cet ani- « mal a quelque ressemblance avec le cochon. Il va au devant « de la foudre qu'il aime, et enlevé par elle dans les airs il « retombe à terre brisé en morceaux. Ce sont ces fragments « qui forment le *Rai-boku* ou encre de tonnerre. »

Nous avons trouvé nous-même à Nagasaki, sous le nom de Raiboku, des cailloux roulés de quartz fumé noir, d'environ un centimètre de diamètre.

D'après ces définitions aussi diverses qu'obscures il est difficile de dire ce qu'on doit entendre par le vrai « *Raiboku* ».

N° 123.—PIERRE DITE « SCIE DE TONNERRE.»

雷斧鋸 **Rai-fu-kiyo.** *Kaminari-nōko* (Planche XII).

Sous ce nom se trouve au Musée de Yédo une pierre de diorite taillée dont la forme est représentée par la figure 8 de la planche XII.

N° 124.—« FLUTE EN PIERRE » DITE DE TONNERRE.

磐笛 **Ban-téki.** *Iwa-fuyé.* — Syn. 天磐笛 **Ten-ban-téki.** *Ama-no-iwa-fuyé.* 岩笛 *Gan-téki.* (Planche XIII).

Les figures 1 à 5 de la planche XIII représentent les cinq différentes formes de flûte en pierre qui se trouvent au musée du Ministère de l'Intérieur à Yédo. Celles des fig. 1 et 2 sont des géodes ou masses de silice concrétionnées creuses ; les autres ont la forme de stalactite.

N° 125.—PIERRE DITE «PILON A RIZ.»

石杵 **Séki-kiyo.** — *Ishi-kiné.* — 毒舂石 *Doku-kiu-séki.* (Planche XIII).

Ce sont des espèces de gros galets, arrondis, de telle sorte qu'ils affectent la forme représentée par la figure 6 de la planche XIII, dessinée d'après un exemplaire qui se trouve au musée de Yédo. Le dernier est un caillou d'une couleur brune-noirâtre.

C.—PIERRES D'ORNEMENT ET PIERRES D'UN USAGE INCONNU, DE LA PÉRIODE DES ANCIENS KAMIS.

神代石ノ類 **Jin-dai-séki-no-rui.**

L'auteur de la minéralogie japonaise *Un-kon-shi* décrit sous le nom de *Jin-dai-séki* plusieurs pierres taillées d'une grande dureté, dont la plupart nous semblent avoir servi comme pierres d'ornement. Les Japonais attribuent ces pierres à leurs ancêtres divins (Kamis), comme c'est le cas pour beaucoup d'autres pierres taillées préhistoriques. Nous en avons reproduit quelques unes dans les planches XIV et XV.

No 126.—PIERRES DITES DE LA PÉRIODE DES KAMIS.

神 代 石 **Jin-dai-seki.** [*Un-kon-shi*, 3e part. 4e vol.]

La pierre représentée par la figure 1 de la planche XIV, a été trouvée dans la montagne sise près d'Hagi-no-shiro, dans le district de Mishima-gōri (province de Yechigo). C'est une calcédoine verte (plasma), taillée; sa longueur est de 433 centimètres. Elle appartient à un habitant du village d'Waki-no-mura, dans cette même province.

Les pierres représentées dans les fig. 2, 3 et 4 de la pl. XIV, ont beaucoup de ressemblance entre elles. Celle de la fig. 2 est fort dure, d'une couleur noirâtre et lourde. Elle a été trouvée dans la montagne de Shirakawa-yama (province de Hida).

La pierre, fig. 3, est de couleur blanchâtre et fort dure. Elle a été trouvée en même temps que la précédente et dans le même endroit.

C'est au musée de Yédo que se voit la troisième pierre (fig. 4), qui est également d'une couleur foncée, très-dure et très-pesante.

La pierre représentée par la fig. 5, pl. XIV est appelée, selon l'auteur de l'*Un-kon-shi* 鍬 形 石 *Kuwa-gata-ishi,* c'est-à-dire pierre ayant la forme de l'ornement qui surmonte les casques japonais. C'est une calcédoine verte, bien taillée et fort jolie. Le trou qui se trouve au milieu a trois centimètres de diamètre. Elle a été trouvée à Tojin-mura, dans la province de Yamato et appartient à un célèbre collectionneur, M. KEN-KUWA-DO, d'Osaka. La figure 6, planche XIV représente une autre pierre ornementale noire et fort dure, qui a été trouvée dans la province de Hida. Celle de la fig. 7, pl. XIV, est une pierre précieuse noire, taillée, qu'on a trouvée à Shiraminé, dans la province de Sanuki (Shikoku). L'auteur japonais dit qu'elle appartient à Mr. FUKUOKA, habitant Suyémura, dans le district d'Ano-minami-gōri, (province de Sanuki). Nous avons vu au musée de Yédo, désigné sous le nom de 神代石刀 *Jin-dai-seki-tō*, un couteau en amphibole schisteuse taillée que reproduit la figure 8 de la planche XIV. La tranche en est fort épaisse et glabre ; aussi est-il probable que cet objet a servi plutôt comme ornement et qu'on n'en a jamais fait usage pour couper quoi que ce soit. Enfin, notre auteur japonais fait mention de quatre pierres taillées, de couleur blanchâtre, qui ne sont pas très-dures. (Fig. 1, planche XV). On les a trouvées dans la montagne de Miwa-yama (province de Yamato) et on les considère comme extrêmement rares et curieuses. Ces pierres appartiennent à la collection de Mr. FUGENYIN, de Fukosan (province de Yamato).

N° 127—CYLINDRE EN PIERRE, DIT DE LA PÉRIODE DES KAMIS.

神代筒石 **Jin-dai-tsutsu-ishi.** Syn. *Tama-tsukuri-ishi.* [*Un-kon-shi* 3me partie, 4me vol. p. 14].

C'est une pierre qui ressemble à un tube de bambou. Elle a 18 centimètres de hauteur et est taillée dans une calcédoine verte (Plasma). L'exemplaire que nous reproduisons à la figure 2 de la planche XV a été trouvé dans la montagne de Shikisan (province de Yamato), et la tradition veut qu'il ait été taillé par les anciens Kamis. Il fait partie de la collection d'un archéologue, Mr. FUGENYIN, de Fukosan, dans la province de Yamato, que nous venons de citer plus haut. On a trouvé aussi des pierres du même genre dans la montagne de Tamatsukuriyama (province d'Idzumo) ; c'est de là que leur vient le nom de pierre de Tamatsukuri *(Tamatsukuri-ishi)*.

N° 128.—COGNÉE EN PIERRE, DITE DE LA PÉRIODE DES KAMIS.

神代手斧石 **Jin-dai-té-ono-ishi.** [*Un-kon-shi* 3me partie, 4me vol. p. 15].

Comme forme et comme grandeur, cette pierre ressemble à la cognée courbée du charpentier japonais. Elle n'est pas très-dure et sa couleur est blanchâtre. Elle a été trouvée au sommet de la montagne de Tabunominé, dans la province de Yamato et appartient au même archéologue Mr. FUGENYIN, de Yamato.

N° 129.—ANNEAU EN PIERRE, DIT DE LA PÉRIODE DES KAMIS.

神代環 Jin-dai-guwan.

On voit dans le musée de Yédo, désignés sous ce nom, plusieurs disques percés ou anneaux en pierre. Les 金環 *Kin-kuwan*, anneaux métalliques ou anneaux d'or, que l'on rencontre assez souvent au Japon avec les 曲玉 *Maga-tama* ou gemmes courbées, sont aussi considérés comme des objets remontant au temps des anciens Kamis.

N° 130.—PIERRE GARDE D'ÉPÉE (pierre d'ornement).

石劔頭 Seki-ken-to. [*Un-kon-shi* 3me partie, 4me vol. p. 11-13 ; SIEBOLD Archiv. Vol II von den Waffen, p. 52.]

Les pierres connues sous ce nom chez les archéologues japonais sont très-rares. On les regarde comme des objets appartenant à l'antiquité mythologique ou légendaire du Japon. Il nous parait qu'elles servaient alors d'ornement. Le collectionneur japonais TANIGAWA, de la province d'Isé, émet l'opinion qu'elles ont servi de poignées de sabre aux anciens Kamis.

Dans les fig. 3 à 7, pl. XV, nous avons reproduit les pierres mentionnées par l'auteur de l'*Un-kon-shi*. On voit au musée de Yédo un exemplaire qui ressemble presque absolument à celui de la figure 3.

La pierre (fig. 3) est de couleur brunâtre ; elle a 151 millim. de longueur, 90 millim. de largeur et 30 millim. d'épaisseur. On en a trouvé quelques-unes dans la province de Yamato, surtout dans le voisinage d'anciens temples et mausolées shintoïstes. Les archéologues FUGENYIN et FUJIKADO-SHIUSAI de Yamato, TANIGAWA d'Isé, KEN-KUWA-DO d'Osaka et l'auteur de l'*Un-kon-shi* lui-même en ont des exemplaires dans leurs collections.

La pierre de la figure 4, Pl. XV, a été trouvée dans le village d'Akidzuki mura, district de Nagusa-gōri (province de Kii). Elle fait partie de la collection de curiosités du temple de JO-ZEN-JI à Kusatsu, dans la province d'Omi.

L'exemplaire reproduit par la figure 5 (planche XV) est plus dur, brillant et de couleur grisâtre ; il a 87 millimètres de longueur. On ignore dans quel endroit il a été trouvé. Il appartient à Mr. YASUDA-CHOSAN qui habite la province d'Isé.

La pierre de la figure 6 (planche XV) est aussi très-dure, brillante, de couleur un peu bleuâtre. Elle vient du temple de NICHI-JENGU, dans la province de Kii. Enfin celle de la figure 7 (planche XV), de couleur gris-foncé, a été trouvée dans l'enceinte du temple de Yashiro-dai-miyôjin, district Kubikigōri, (province de Yechigo).

N° 131.—SCEPTRE DIVIN EN PIERRE.

異志都都伊 **I-shi-tsu-tsu-ï.** [*Un-kon-shi*, 3me partie, 4me Vol. p. 19 à 21.]

C'est une pierre affectant la forme d'un sceptre, un peu luisante, de 5 décimètres de longueur et taillée dans une calcédoine verte (Plasma) ; nous l'avons reproduite à la fig. 8, de la planche XV. L'auteur japonais raconte à son sujet ce qui suit : « Dans le district de Kurimoto, de la province d'Omi, se trou- « vait jadis un temple bouddhique appelé *Shin-do*. Ce temple « étant tombé en ruines, il fut démoli. Sur son emplacement « s'éleva un village qui prit le nom de *Shin-do-mura*. En 1777, « en creusant la terre dans un endroit de ce village, on décou- « vrit un cercueil chinois *(kara-hitsu)* en pierre, dans lequel « se trouvait une pierre d'une forme curieuse. Au milieu existait « une sorte d'anse et les deux extrémités étaient plus minces « et arrondies. C'était une calcédoine verte taillée et très-dure. « Personne ne sut d'abord d'où elle provenait, mais on reconnut « ensuite que c'était probablement une ancienne relique du « temple démoli. Je crois que cette pierre est de beaucoup « antérieure au temps où existait le temple et qu'elle constitue « la pierre divine *Ishi-tsu-tsuï*, dont le *Nipponki* parle dans le « récit de la vie de JIN-MU-TENNŌ. »

L'auteur de l'*Un-kon-shi* a rencontré à Kiyoto Mr. MURAKAMI YASOBEI, habitant d'Esashi-mura, dans le district Matsmaï, province d'Oshiu, qui lui a raconté ce qui suit :

« A Kuma-ishi, près d'Esashi-mura, une pierre était tombée « du ciel à la suite d'un violent orage. On s'étonna beaucoup

« de ce phénomène, et la pierre en question qui avait la « forme d'un bâton fut appelée par les enfants *Kaminari-taiko-* « *no-bachi* (baguette de tambour du dieu de tonnerre). Les « habitants érigèrent alors un petit temple à l'endroit où elle « avait été trouvée et ce temple prit le nom de *Kaminari-do* « (temple du Dieu de tonnerre). Un an après on découvrit dans « une montagne du voisinage une autre pierre semblable, mais « cassée au milieu. On l'apporta dans ce même temple pour « l'y conserver.»

L'auteur de l'*Un-kon-shi* dit être lui-même en possession de la première.

N° 132.—PIERRE DITE ROUE DE VOITURE.

車輪石 **Sha-rin-seki.** [*Un-kon-shi*, 3me partie, 4me vol. p. 5 à 7].

L'auteur japonais prétend que les pierres représentées dans les figures 9, 10 et 11 de la planche XV, ont été taillées par les anciens Kamis, tout en ajoutant qu'il ignore à quel usage elles ont pu servir. Nous croyons que ce sont tout simplement des anciens ornements. Ces pierres ont la forme d'un disque perforé au milieu : elles ressemblent aux soucoupes en bois (*chadai*) sur lesquelles on sert le thé au Japon. Leur diamètre varie de 8 à 15 centimètres ou plus encore et leur couleur du blanc au gris. Elles sont luisantes, assez dures, et on n'en trouve que très-rarement ; aussi sont-elles fort recherchées par les amateurs de pierres anciennes. Mr. Seki-ren-sai, de Kiyoto, Mr. Fushikado Shiusai, Mr. Fugenyin de Yamato et Mr. Ken-kuwado d'Osaka en ont des exemplaires dans leurs collections.

On les a trouvées dans plusieurs montagnes de la province de Yamato, notamment à Sakaguchi-mura, près de Benten-yama, au pied de la montagne d'Okatsuragi-san, dans les environs de Horiuji, dans la montagne de Kongo-san, près de Chiwaya-no-jo, à Ominé-yama et à Tabunominé, dans les environs de Miwa-no-miya.

D.—PIERRES D'ORNEMENT D'UNE PÉRIODE PLUS RÉCENTE.

曲玉ノ類 *Maga-tama-no-rui.*

Ces pierres préhistoriques ornementales dénotent un plus

haut degré de civilisation que les espèces précédentes, et elles prouvent déjà un certain perfectionnement de l'art. Comme toutes les reliques se rapportant aux siècles passés du Japon, elles ont trouvé chez les prêtres et les amateurs-archéologues japonais des conservateurs et des collectionneurs fidèles. Espérons que le gouvernement impérial continuera à porter son attention sur ces objets rares qui constituent pour l'étude des anciens temps des matériaux précieux, et qu'il réunira au musée national de Yédo toutes les curiosités qui se trouvent encore dispersées ça et là dans des endroits obscurs et en quelque sorte inaccessibles.

N° 133.—GEMMES COURBÉES ou GEMMES PRÉHISTORIQUES, APPELÉES « MAGA-TAMA.»

曲玉 **Kiyoku-giyoku.** — 勾玉 **Ko-giyoku.** Vulgo, *Maga-tama* (gemmes courbées). *Yen-shu-shin-seki* (dans la prov. d'Owari). [SIEB. Nippon-Archiv. vol. III, Archéologie.—*Un-kon-shi*, 2e partie, vol. 4 et 3e partie, vol. 4]. (Planche XVI).

Les *Maga-tama* sont des pierres arrondies, oblongues, plus ou moins courbées, perforées à l'une de leurs extrémités, tandis que l'autre se termine en pointe arrondie (fig. 1 à 6). Quelquefois elles affectent des formes rectangulaires qui s'éloignent plus ou moins de la forme ordinaire (fig. 12 à 15). Leur grandeur varie beaucoup, mais celles qui se rencontrent le plus communément ont une longueur de 3 à 4 centimètres (fig. 1, 3, 4, 5, 6). Il y en a cependant qui sont longues de plus d'un décimètre (fig. 8) et d'autres qui n'ont que quelques millimètres (fig. 14).

La matière dans laquelle on les a taillées varie aussi beaucoup: on trouve le plus souvent des *maga-tama* de plasme (calcédoine verte), de serpentine, de jaspe, d'agate, de cornaline et de quartz fumé ; mais on en rencontre quelquefois qui sont taillées dans des morceaux d'obsidienne, de quartz hyalin, d'améthyste, de néphrite (jade), de stéatite. Elles ont été trouvées principalement dans les terrains sis aux alentours des vieux temples, dans les anciens tombeaux et dans quelques montagnes. Elles sont souvent enfermées dans des vases de terre cuite appelés *Maga-tama-tsubo*.

Dans ces derniers temps on en a frauduleusement fabriqué plusieurs pour satisfaire au désir de quelques amateurs européens qui les ont achetées et collectionnées comme réellement antiques.

Les maga-tama enfilées en cordon avec les *kuda-tama* servaient d'ornement aux anciens habitants du Japon. Quelques auteurs japonais ont cru qu'elles étaient d'origine chinoise ; mais il est beaucoup plus probable et presque certain même qu'elles sont d'origine japonaise. Dans l'ancienne histoire japonaise *Nihon-shoku-ki*, il est déjà fait mention de ces pierres précieuses. Ainsi il y est dit que Sosanowo-no-mikoto fit don à sa fille ainée TEN-SHO-DAI-JIN (AMA-TERASU-Ō-NO-KAMI) des trois trésors divins (*Mikusa-no-takara-mono*), savoir : 1° la pierre *Yasaka-ni-no-magatama*, 2° l'épée *Kusunagi-no-tsurugi* et 3° le miroir *Yata-no-kagami*. Ce dernier est resté, comme on le sait, jusqu'à nos jours le symbole du culte de *Shinto*, ou religion nationale. Une autre chronique japonaise raconte qu'un pélerin ayant vu auprès des temples d'Isé un arbre tortu, demanda pourquoi on le laissait en présence des Dieux qui ne veulent que des choses droites ; un enfant d'onze ans lui aurait répondu en vers : « Il y a, près des dieux, des pierres précieuses courbées ; « pourquoi n'aimeraient-ils pas les arbres courbés ? » Cet enfant fut plus tard le célèbre prêtre shintoïste NOBEYOSHI. On voit donc, dit l'auteur de l'*Un-kon-shi* que les *maga-tama* étaient des ornements de nos anciens Kamis. Dans les chroniques légendaires on parle encore en plusieurs autres endroits des *maga-tama* comme d'objets de luxe, et il paraît qu'on en faisait usage dans tout le pays, de l'extrême-nord jusqu'au sud. Les mausolées des anciens Kamis (*kami-no-yashiro*) ont servi de réceptacles à ces restes de l'ancien art au Japon. Etant donnée l'ancienne coutume japonaise de placer dans les tombeaux des morts les objets aimés par eux, il n'y a rien d'étrange que l'on trouve maintenant encore des *maga-tama* dans les anciens cimetières.

Ainsi ces pierres sont restées comme les témoins du degré de la civilisation japonaise dans une période dont l'histoire ne parle que d'une manière légendaire. Mais malgré ces indications de l'existence d'une race fort ancienne au Japon, la question de l'origine de ces tribus de pêcheurs et de nomades dont ces îles ont été peuplées bien avant JIN-MU-TENNO n'est pas encore résolue. Ce que nous savons de certain, c'est que les Aïnos de Yesso et les habitants des Kouriles portent encore des colliers (*Shitogi*) faits de pierres analogues et que les gens des îles Liu-kiu font encore usage de colliers religieux (*Norokuma*) dans lesquels se trouvent des *maga-tama*. Le musée de Yédo possède une assez belle collection de *maga-tama* et l'auteur de l'*Un-kon-shi* en a décrit et dessiné plusieurs, que nous avons reproduites dans la planche XVI.

N° 134.—GEMMES CYLINDRIQUES ou GEMMES PRÉHISTORIQUES, APPELÉES « KUDA-TAMA. »

管玉 **Kan-giyoku.** Vulgo *Kuda-tama.* Syn. *Kuda-ishi.* (Planche XVI).

Les *Kuda-tama* se trouvent en général conjointement avec les pierres précédentes dans les anciens temples ou tombeaux. Elles ont une forme cylindrique et sont percées verticalement. Leur grandeur varie beaucoup (de 1 à 7 centimètres), mais généralement elle est trois à quatre fois celle de leur diamètre. Leur forme est aussi plus ou moins ovale ou oblongue (fig. 6 et 7) ; mais ce sont les pierres cylindriques qui se rencontrent le plus fréquemment (fig. 1 à 5). On trouve rarement des *kuda-tama* ayant la forme d'une double pyramide (fig. 8). La substance dans laquelle elles sont taillées ne varie pas autant que pour les *maga-tama ;* le plus souvent les *kuda-tama* sont d'un vert foncé et taillées dans la serpentine ; mais il y en a également de bleues de vert-grisâtres ou de brunâtres.

Nous faisons suivre ici la nomenclature des localités où l'on sait d'une manière certaine qu'ont été trouvées des *Maga-tama* et des *Kuda-tama.*

PROVINCES.	LOCALITÉS.	REMARQUES.
YAMASHIRO	Higashi-kochi près Iwaya...	Une ceinture de maga-tama et de kuda-tama.
	Midzoro-iké.	
	Kadziya-ga-tani.	

PROVINCES.	LOCALITÉS.	REMARQUES.
YAMASHIRO	Kiyoto, Yasaka............	En 1710, 60 exemplaires trouvés dans un vase de terre cuite.
YAMATO	Shiki-yama.	
	Miwa-no-yama, Miwa-téra..	Magatama enfermées dans un vase.
	Katsugé-gōri, Kitsuné-do.	
	Haségawa-yama.	
IGA	Ichiwaké-mura, 2 *Ri* nord d'Uyéno.............	Trouvées en 1688.
	Kitago, Soguwachi-mura ...	Dans un vase.
ISÉ	Nagaöka, près du tombeau de Yamato-daké-no-mikoto.	
OWARI	Nakashima-gōri, Totsuka-mura..................	Trouvées dans un vase.
	Hishi-mura-yama.	
	Ichi-no-miya, dans le temple de Kunitoko-tachi-no-mikoto.	
	Chita-gōri, Tokonabé-mura.	Trouvées dans un vase qui contenait plus de deux cents magatama de très-petite dimension (1772).
MIKAWA	Hino-wana.............	Trouvées dans un vase avec onze kudatama (1764).
TŌTŌMI	Hino-ana-tomi, Shinsha.	
	Itaku-gori, Nagahama-miya.	
OMI...........	Ichibé, près les frontières de Iga.	
	Kojin-yama.............	Trouvées dans un vase.
	Mikami-yama.	
	Hanéda-mura, Oni-ga-iwaya.	
	Yakushi-yama.	
MINO..........	Nangu-san.	
	Akasaka.	
	Kakumino.	
	Hachiya-yama.	
UGO...........	Tora-no-umi-yama	Trouvées dans un vase.
	Akita.	
MUTSU	....	Trois « *Shō* » petites magatama trouvées dans un vase.
WAKASA	Omachi-urano-yama, près d'Obama.............	Trouvées dans un vase.

Planche VII.

石砮ノ類 SEKI-TO-NO-RUI.—ARMES EN PIERRE.

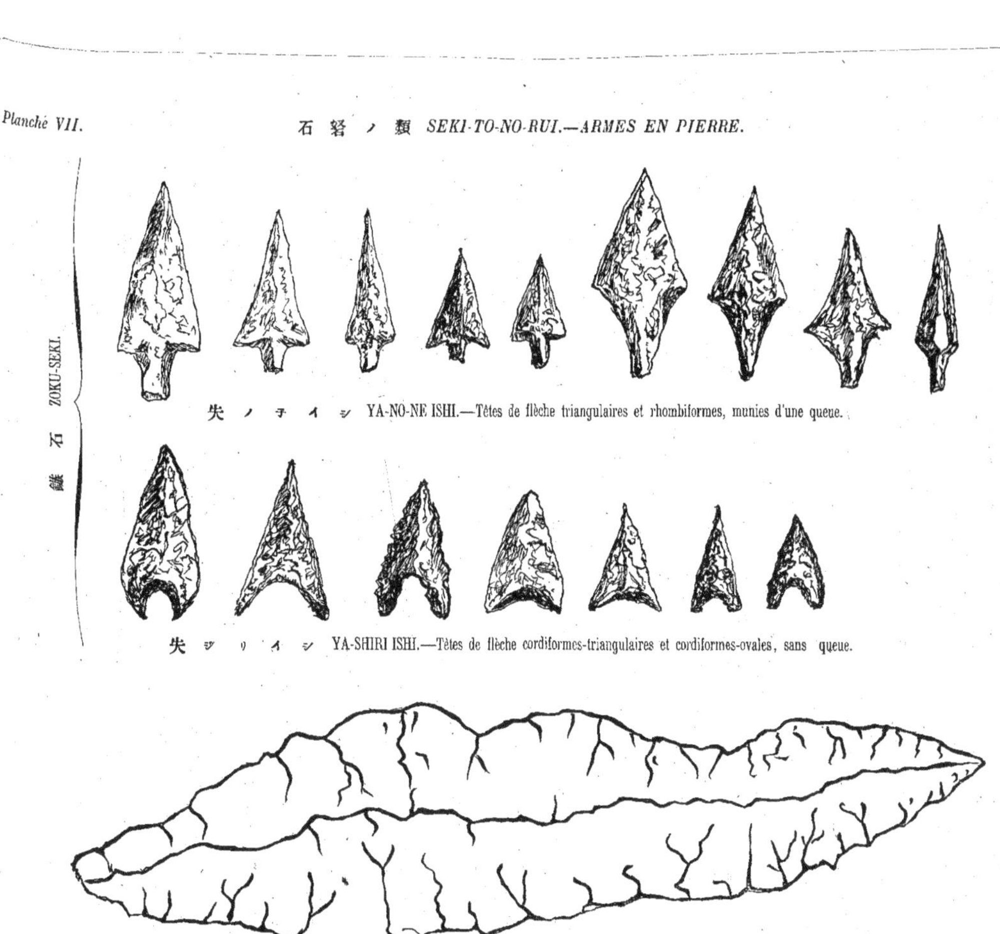

矢ノネイシ YA-NO-NE ISHI.—Têtes de flèche triangulaires et rhombiformes, munies d'une queue.

矢ジリイシ YA-SHIRI ISHI.—Têtes de flèche cordiformes-triangulaires et cordiformes-ovales, sans queue.

石戈 or 石鉾 SEKI-KUWA. Grande tête de lance en pierre.

Planche VIII.

石砮ノ類 SEKI-TO-NO-RUI.—ARMES EN PIERRE.

石戈

1

SEKI-KUWA.—Tête de lance en pierre.

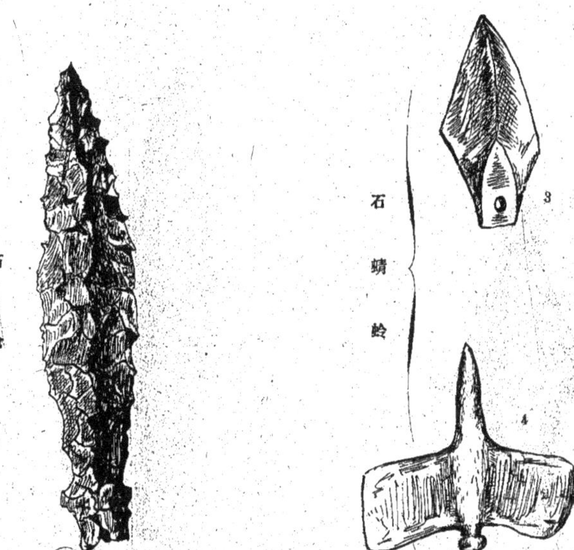

SEKI SO ou ISHI-YARI. – Tête de pique en pierre.

SEKI-SEI-REI ou ISHI-TOMBO.
Têtes de lance en forme d'une libellule.

石砮ノ類 SEKI-TO NÔ-RUI.—ARMES EN PIERRE.

青龍刀石　　長刀石

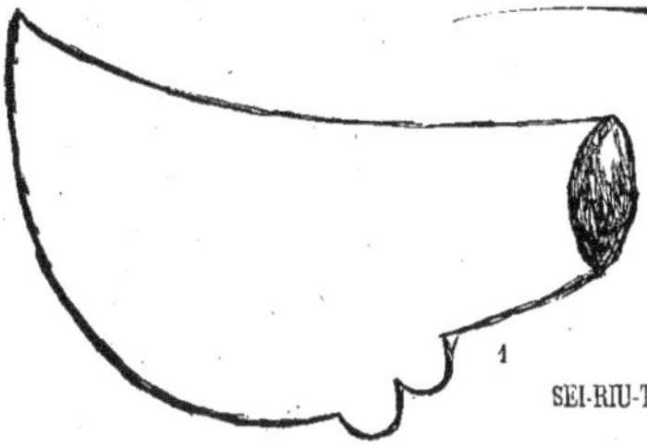

1

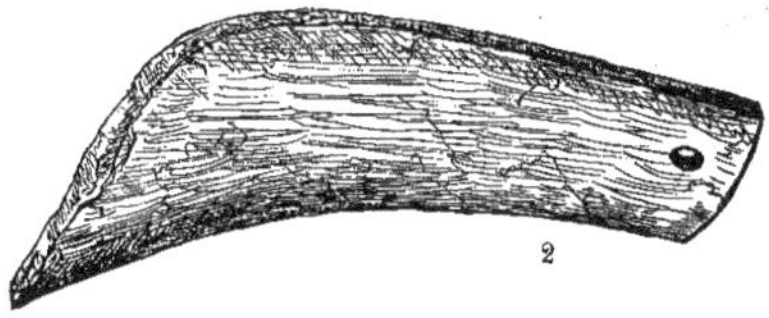

2

SEI-RIU-TO-ISHI ou NAGI-NATA-ISHI.—Hallebarde en pierre.

神ノ鎗

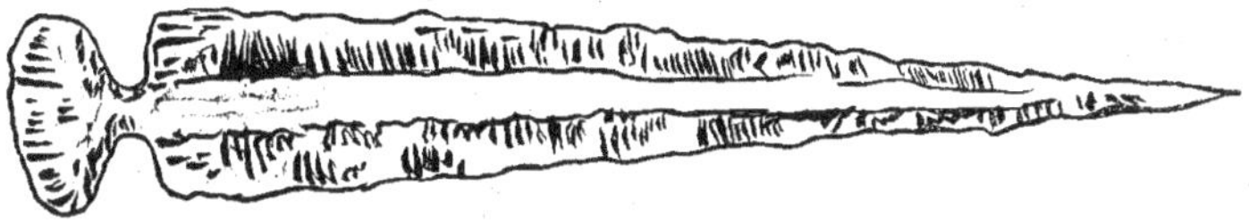

3

KAMI-NO-YARI.—Javelot des Dieux.

劔石　劍石

4

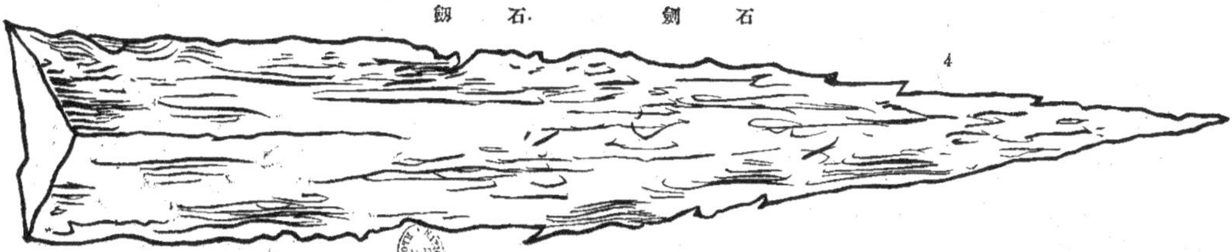

KEN-SEKI ou TSURUGI-ISHI.—Epée en pierre.

PROVINCES.	LOCALITÉS.	REMARQUES.
—	—	—
Noto	Anamidzu. Kabuto.	
Yechigo	Bashōmen.	
Tamba.........	Kuwata-no-yama..........	Trouvées dans un vase curieux.
Idzumo........	Tamatsukuri.	
Bichiu.........	Asahi-yama.	
Higo..........	Kumamoto..............	Cinq magatama et cinq kudatama trouvées dans un vase (1797).

N° 135.—PIERRES D'ORNEMENT AYANT LA FORME D'UN MORTIER A THÉ.

茶臼石 **Cha-usu-ishi.** [Siebold. l. c.] (Planche XVII).

Ces pierres ont été décrites par von Siebold sous le nom de *Ushi-tama* (pierre de vache). Elles ont la forme d'un disque percé ou d'un cylindre court, dont la hauteur est moindre que le diamètre (fig. 1 à 5). La substance n'est pas la même que celle des *maga-tama* et *kuda-tama*. Elles sont taillées dans une pierre beaucoup plus commune et rude (Thonschiefer). Leur couleur est d'un gris de cendre ou brunâtre. Les spécimen des figures 7 à 10 servent de transition aux *kuda-tama*. Au musée national de Yédo se trouvent quelques *Cha-usu-ishi* de la forme de ceux qui sont représentés par les figures 1, 6 et 10. Ces pierres servaient également à faire des colliers.

N° 136.—PIERRES D'ORNEMENT AYANT LA FORME D'UN COUTEAU.

鉈形玉 **Ja-keï-giyoku.** (planche XVII).

Ces pierres sont extrêmement rares et servaient comme les précédentes aux anciens habitants du Japon pour s'en faire des colliers. Nous reproduisons (fig. 11 et 12) les deux exemplaires qui se trouvent au musée de Yédo. Elles sont taillées dans des amphibolites schisteuses vertes et sont moins bien polies que les *maga-tama* et *kuda-tama*.

N° 137.—PIERRES PRÉCIEUSES (BOULES) DE COULEUR BLEUE FONCÉE.

琉璃玉 **Ru-ri-tama.** (planche XVII, fig. 13).

Parmi les anciens ornements qui servaient aux Japonais se trouvent des colliers (les *Shitogi* des Ainos), faits avec des pierres de couleur bleue foncée connues sous le nom de *Ruri* ou Lapis Lazuli. Ces pierres fort rares ont été trouvées dans les Kouriles. Le musée de Yédo en possède plusieurs spécimens.

N° 138.—PIERRES PRÉCIEUSES (BOULES) DE KARAFUTO (Saghalien).

樺太玉 **Karafuto-tama.** (Planche XVII, fig. 14).

La *Karafuto-tama* est, avec la précédente, la pierre précieuse par excellence des habitants de Karafuto et des Kouriles, qui en font leurs colliers appelés « *Shitogi.* » Ce sont des boules bien polies, luisantes, d'une couleur bleue ou bleuâtre, mais moins foncées que les *Ruri-tama.* Elles sont le produit d'obsidienne bleue fondue. Leur grandeur varie beaucoup (fig 14). Elles appartiennent, comme la pierre précédente, à une période postérieure aux *maga-tama* et servent maintenant encore d'ornement aux indigènes des Kouriles.

N.B.—En 1877 un zoologue américain, Mr. E. Morse, a découvert dans le village d'Omori, près de Tokio, dans la province de Musashi, au milieu d'un côteau alluvien de coquilles, plusieurs objets plus ou moins antiques, qui ont dû servir d'outils aux habitants. Ces objets n'étant pas des *pierres* taillées, mais des instruments en corne et des fragments de poterie en terre cuite, nous nous contentons de faire ici mention en quelques mots de la trouvaille de Mr. Morse, laissant à ce savant le soin de les décrire et d'en rechercher l'origine et l'usage. Les fragments de poterie trouvés par Mr. Morse ressemblent beaucoup aux *Maga-tama-tsubo*, dont on peut voir plusieurs spécimens au musée de Yédo.

§ I

CLASSE DES MÉTALLOÏDES.

SIXIÈME SECTION.

LE BORE 硼 HO ou 蓬 HO ou 硼 HO.

N° 139.—SASSOLITE ou ACIDE BORIQUE.

硼酸 Ho-san.

Quoique le borax (蓬砂 *Ho-sha*) existe en Chine et y soit connu, de même qu'au Japon, depuis bien des siècles (cf. après la 8me section), l'acide borique natif ne parait pas l'être dans ces pays ; du moins, les traités d'histoire naturelle qui parlent tous du borax ne font pas mention de l'acide borique. Nous croyons cependant que ce minéral doit se trouver au Japon dans quelques-unes des nombreuses solfatares et fumaroles dont le pays abonde. Si l'on tient compte que ce n'est qu'en 1776 que MM. HOEFER et MASCAGNI ont observé pour la première fois la présence de l'acide borique dans les *lagoni* de la Toscane et que ce n'est qu'en 1819 que M. LUCAS l'a trouvé cristallisé dans le cratère de Vulcano, l'une des îles Lipari, on ne doit pas s'étonner que les Japonais ne le connaissent pas encore. Une étude spéciale des solfatares du Japon, entreprise au point de vue chimique, sera nécessaire pour trancher la question de l'existence ou de la non existence de l'acide borique dans les fumaroles de ce pays. Quelques-unes des solfatares du Japon ressemblent beaucoup à celles de la Toscane et présentent, comme ces dernières, des lacs boreux (Lagoni), produits par l'action des fumaroles.

Planche X.

石砮ノ類 SEKI-TO NO-RUI.—ARMES EN PIERRE.

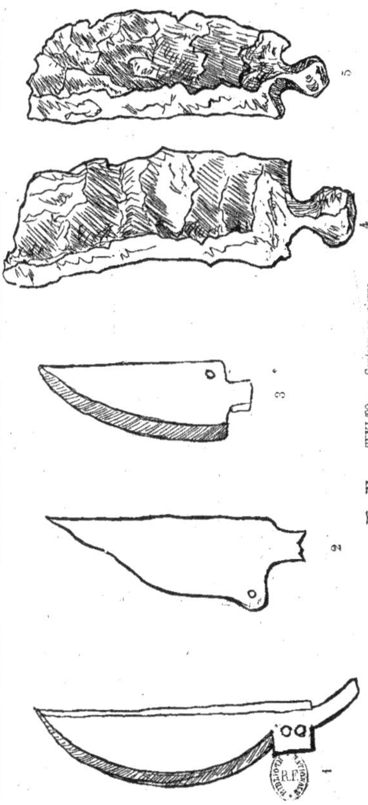

石刀 SEKI-TO. — Couteau en pierre.

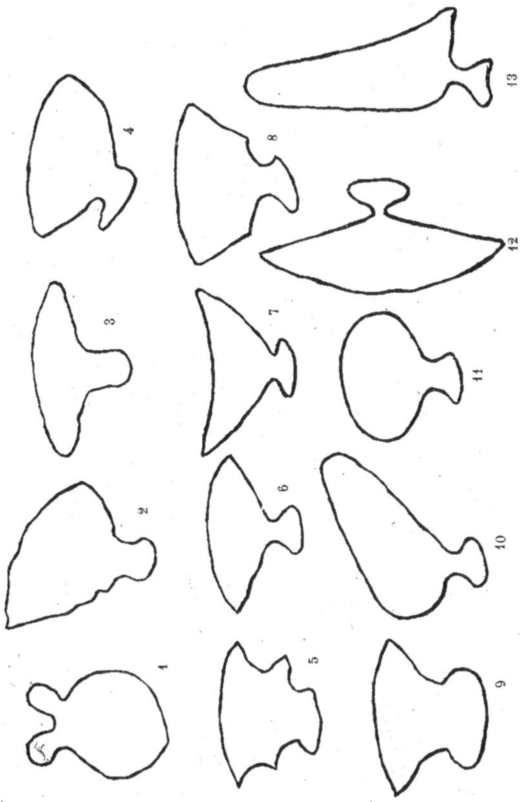

天狗ノ飯匕 TENGU-NO-MESHI-GAI.—Cuillère à riz dite de Tengu (le Gardien du Ciel) ou
狐ノ飯匕 KITSUNÉ-NO-MESHI-GAI.—Cuillère à riz dite du Renard. [Espèces de couleaux].

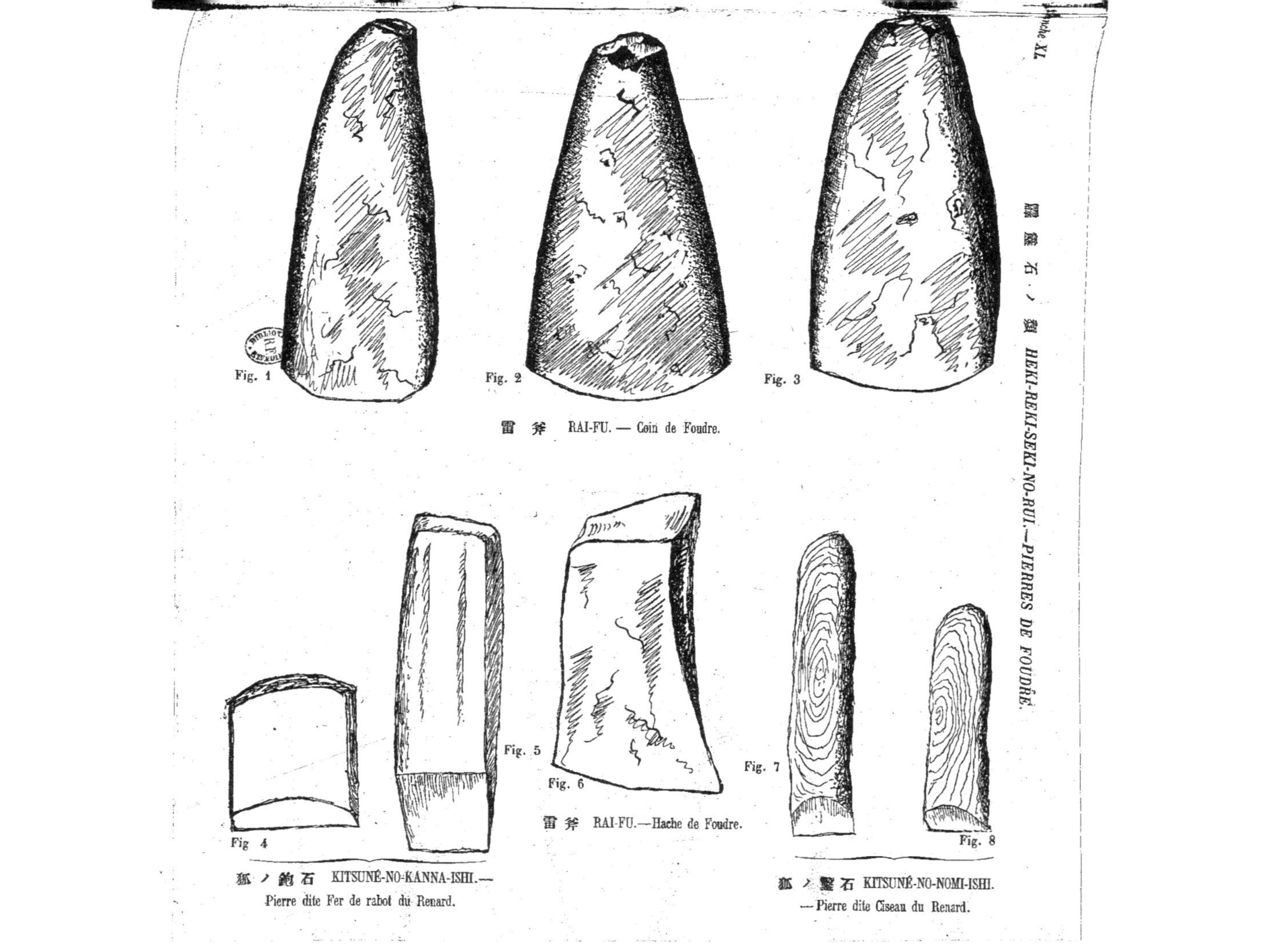
Planche XI.
霹靂石ノ類 HEKI-REKI-SEKI-NO-RUI.—PIERRES DE FOUDRE.
Fig. 1
Fig. 2
Fig. 3
雷斧 RAI-FU. — Coin de Foudre.
Fig. 4
Fig. 5
Fig. 6
Fig. 7
Fig. 8
雷斧 RAI-FU.—Hache de Foudre.
狐ノ鉋石 KITSUNÉ-NO-KANNA-ISHI.—
Pierre dite Fer de rabot du Renard.
狐ノ鑿石 KITSUNÉ-NO-NOMI-ISHI.
—Pierre dite Ciseau du Renard.

霹靂石ノ類 *HEKI-REKI-SEKI-NO-RUI.—PIERRES DE FOUDRE.*

Fig. 1

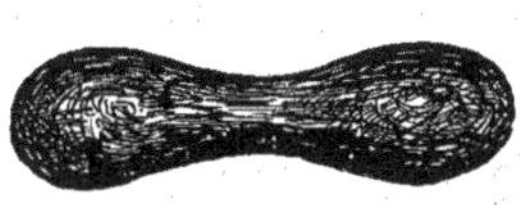

Fig. 2

Fig. 3

Fig. 4

Fig. 5

雷杖 RAI-JIYO ou 霹靂碪 HEKI-REKI-CHIN.
Baton de Tonnerre ou Pilon étincelant.

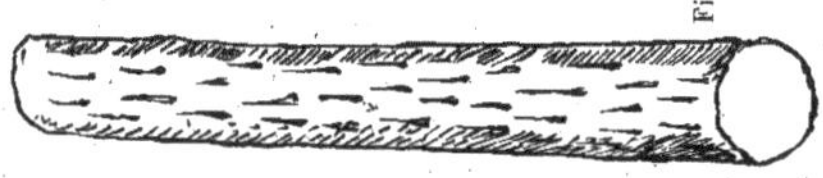

雷槌 RAI-TSUI.—Marteau de Tonnerre.

Fig. 6

雷環 RAI-GUWAN.—Bracelet ou Anneau de tonnerre.

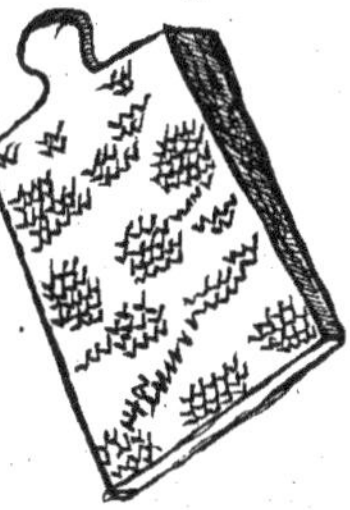

Fig. 7

薑擦石 WASABI-OROSHI-ISHI.—Rugine de Raifort.

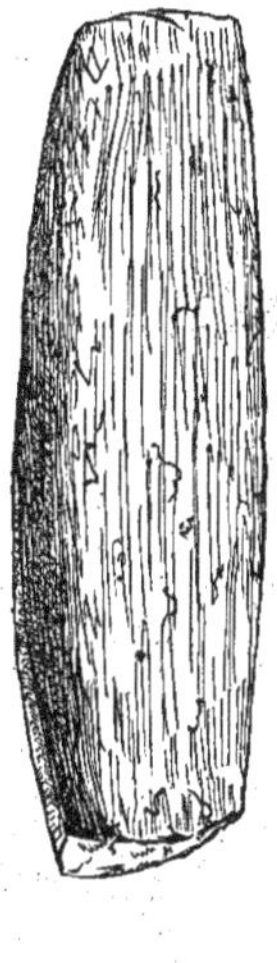

Fig. 8

雷斧鋸 RAI-FU-KIYO ou KAMINARI-NOKO.—Pierre dite Scie de tonnerre.

Planche XIII.

霹靂石ノ類 HEKI-REKI-SEKI-NO-RUI.—PIERRES DE FOUDRE.

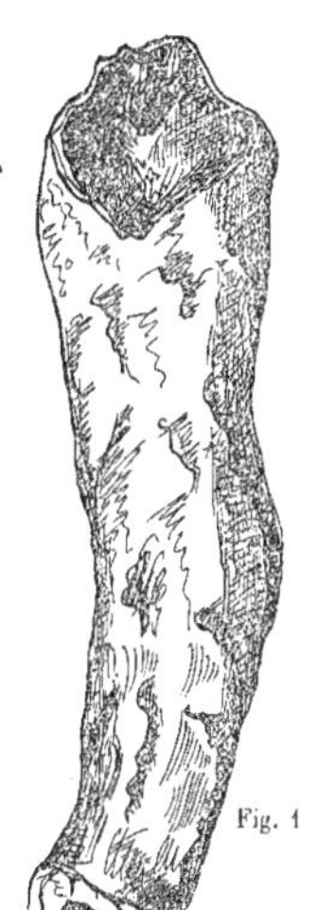

Fig. 1

Fig. 2

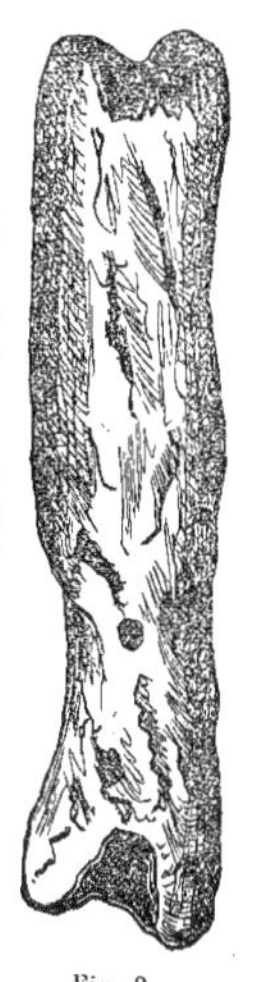

Fig. 3

Fig. 6

石杵 SEKI-KIYO ou ISHI-KINÉ.—Pierre dite pilon à riz.

Fig. 4

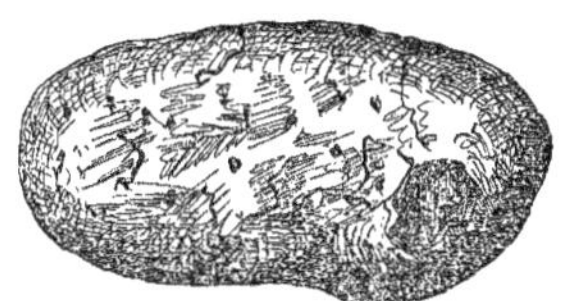

Fig. 5

磐笛 BAN-TEKI ou IWA-FUYÉ.—Flûte en pierre.

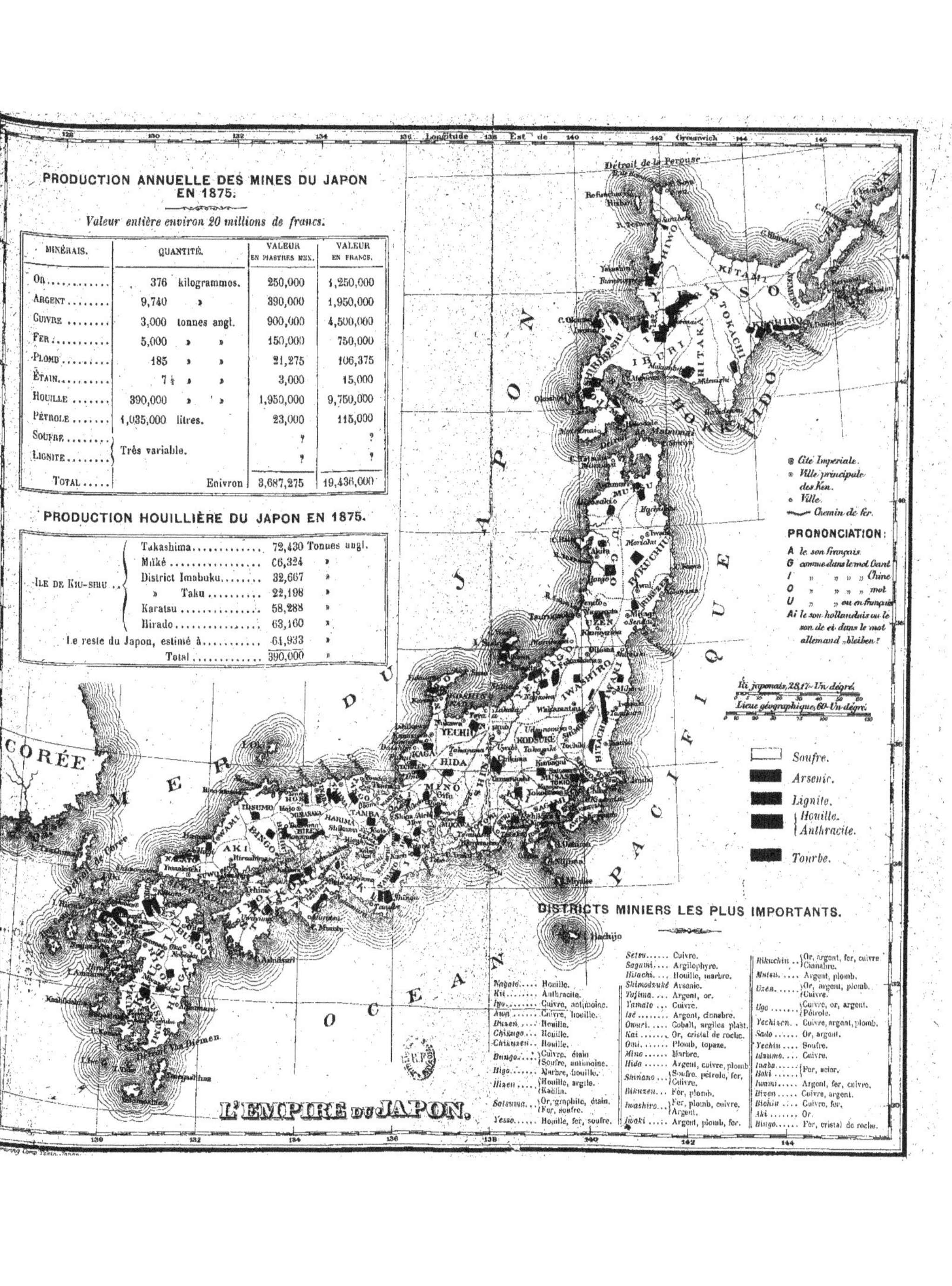

PRODUCTION ANNUELLE DES MINES DU JAPON EN 1875.

Valeur entière environ 20 millions de francs.

MINÉRAIS.	QUANTITÉ.	VALEUR EN PIASTRES MEX.	VALEUR EN FRANCS.
OR	376 kilogrammes.	250,000	1,250,000
ARGENT	9,740 »	390,000	1,950,000
CUIVRE	3,000 tonnes angl.	900,000	4,500,000
FER	5,000 » »	150,000	750,000
PLOMB	185 » »	21,275	106,375
ÉTAIN	7 ½ » »	3,000	15,000
HOUILLE	390,000 » »	1,950,000	9,750,000
PÉTROLE	1,035,000 litres.	23,000	115,000
SOUFRE	Très variable.	?	?
LIGNITE		?	?
TOTAL	Enivron	3,687,275	19,436,000

PRODUCTION HOUILLIÈRE DU JAPON EN 1875.

ILE DE KIU-SHIU	Takashima	72,430	Tonnes angl.
	Miké	66,324	»
	District Imabuku	32,667	»
	» Taku	22,198	»
	Karatsu	58,288	»
	Hirado	63,160	»
Le reste du Japon, estimé à		64,933	»
Total		390,000	»

DISTRICTS MINIERS LES PLUS IMPORTANTS.

Nagato	Houille.
Kii	Anthracite.
Iyo	Cuivre, antimoine.
Awa	Cuivre, houille.
Buzen	Houille.
Chikugo	Houille.
Chikuzen	Houille.
Bungo	Cuivre, étain Soufre, antimoine.
Higo	Marbre, houille.
Hizen	Houille, argile. Kaolin.
Satsuma	Or, graphite, étain. Fer, soufre.
Yesso	Houille, fer, soufre.
Setsu	Cuivre.
Sagami	Argilophyre.
Hitachi	Houille, marbre.
Shimodzuké	Arsenic.
Tajima	Argent, or.
Yamato	Cuivre.
Isé	Argent, cinabre.
Owari	Cobalt, argiles plast.
Kai	Or, cristal de roche.
Omi	Plomb, topaze.
Mino	Marbre.
Hida	Argent, cuivre, plomb
Shinano	Soufre, pétrole, fer, Cuivre.
Rikuzen	Fer, plomb.
Iwashiro	Fer, plomb, cuivre. Argent.
Iwaki	Argent, plomb, fer.
Rikuchiu	Or, argent, fer, cuivre Cinabre.
Mutsu	Argent, plomb.
Uzen	Or, argent, plomb. Cuivre.
Ugo	Cuivre, or, argent. Pétrole.
Yechizen	Cuivre, argent, plomb.
Sado	Or, argent.
Yechiu	Soufre.
Idzumo	Cuivre.
Inaba	Fer, acier.
Hoki	Fer, acier.
Iwami	Argent, fer, cuivre.
Bizen	Cuivre, argent.
Bichiu	Cuivre, fer.
Aki	Or.
Bingo	Fer, cristal de roche.

L'EMPIRE DU JAPON.

Planche XIV. *PIERRES D'ORNEMENT DE LA PÉRIODE DES ANCÊTRES DIVINS (KAMIS).*—神代石ノ類 *JIN-DAI-SEKI-NO-RUI.*

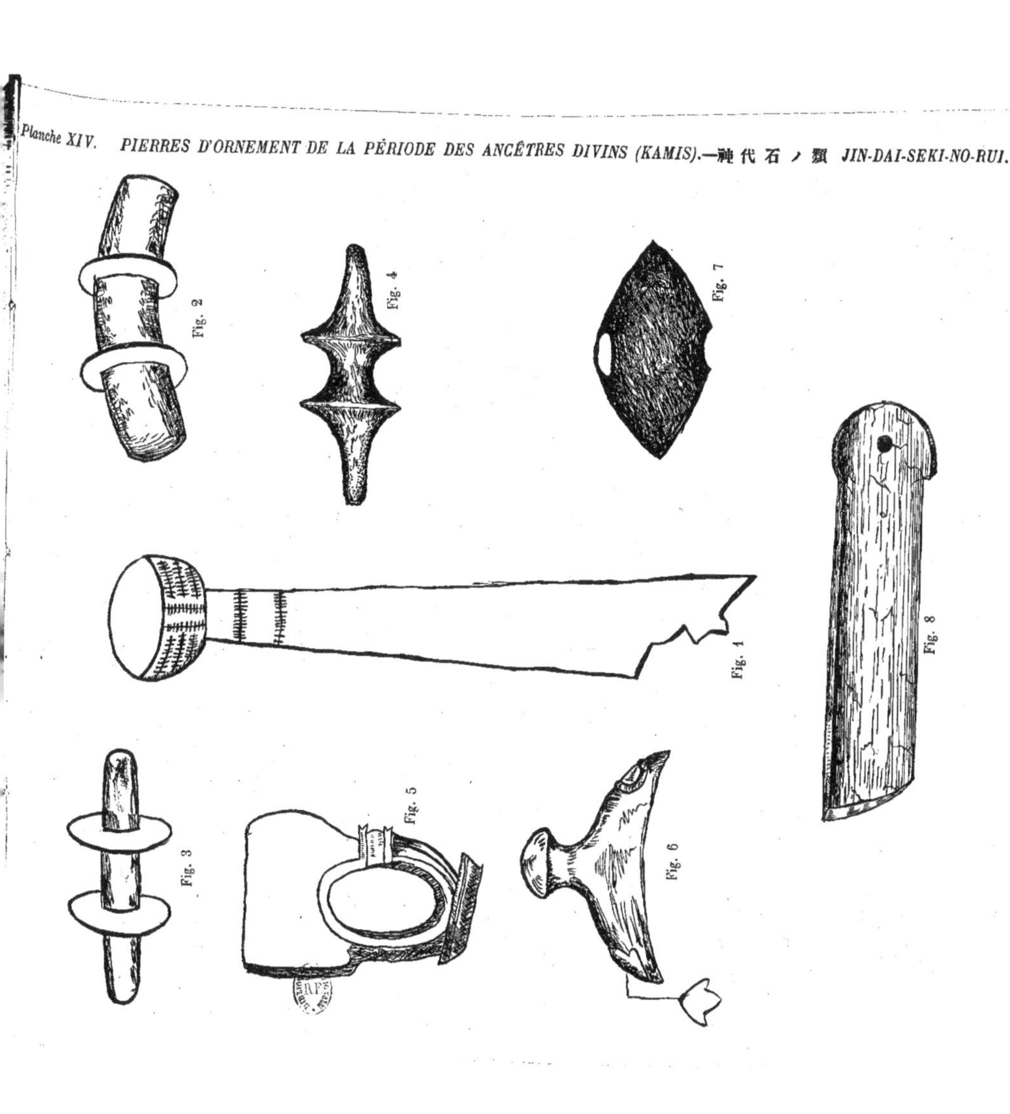

Planche XV. *PIERRES D'ORNEMENT DE LA PÉRIODE DES ANCÊTRES DIVINS.—神代石ノ類 JIN-DAI-SEKI-NO-RUI.*

Fig. 5 Fig. 6

石劔頭 SEKI-KEN-TO.—Pierre dite «Garde d'épée.»

Fig. 8

異志都都伊 ISHI-TSU-TSU-I.—Sceptre divin en pierre.

Fig. 4 Fig. 3 Fig. 7

石劔頭

SEKI-KEN-TO.—Pierre dite « Garde d'épée. »

車輪石

Fig. 11 Fig. 9 Fig. 10

SHA-RIN-SEKI.—Pierre dite « Roue de voiture. »

神代石

Fig. 1

JIN-DAI-SEKI. —Pierre d'ornement.

神代筒石

Fig. 2

JIN-DAI-TSUTSU-ISHI.—Cylindre en pierre, dit de la période des «Kamis».

Planche XVI.

PIERRES D'ORNEMENT D'UNE PÉRIODE PLUS RÉCENTE.—曲玉ノ類 MAGARI-TAMA-NO-RUI.

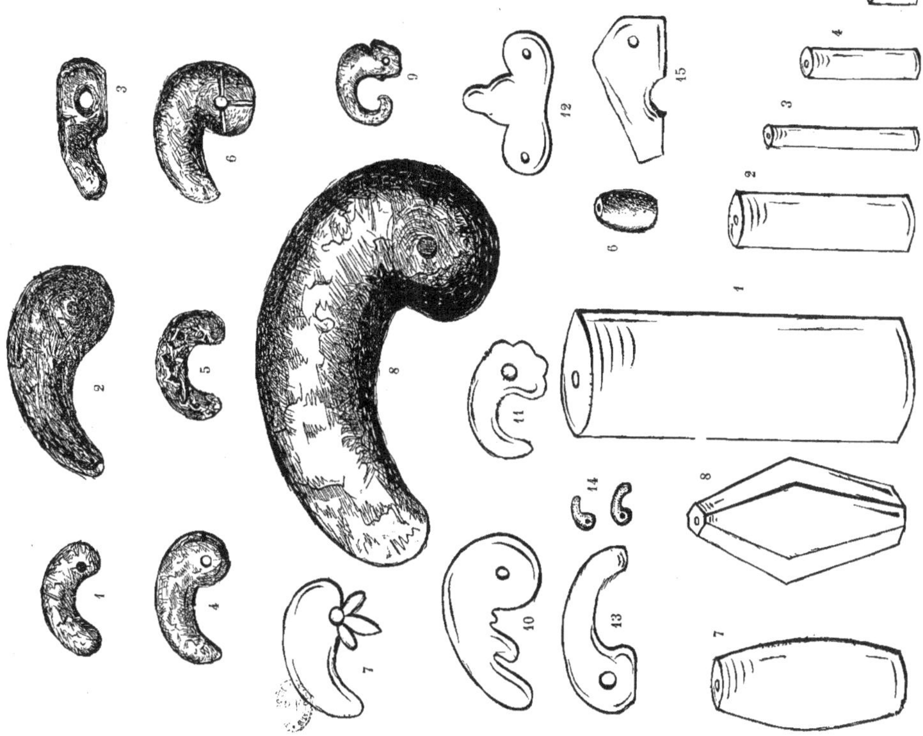

曲玉, 勾玉

Fig. 1-15. KIYOKU-GIYOKU ou KO-GIYOKU ou MAGA-TAMA.—Gemmes courbées.

管玉 Fig. 1-8. KAN-GIYOKU ou KUDA-TAMA.—Gemmes cylindriques.

Planche XVII. *PIERRES D'ORNEMENT D'UNE PÉRIODE PLUS RÉCENTE.—曲玉ノ類 MAGARI-TAMA-NO-RUI.*

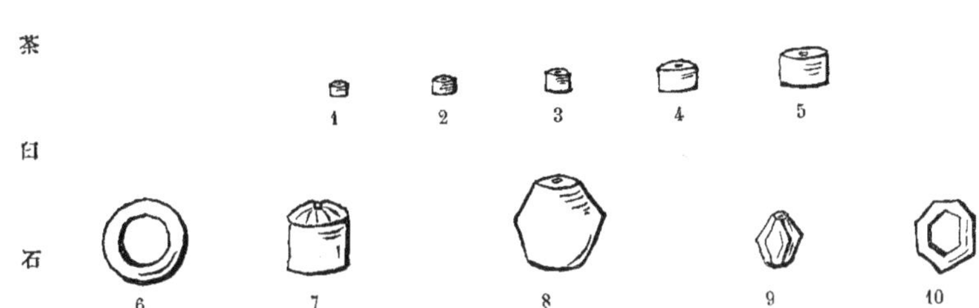

Fig. 1-10. CHA-USU-ISHI.—Pierre d'ornement à forme de mortier à Thé.

DA-KEI-GIYOU.—Pierre d'ornement à forme de couteau.

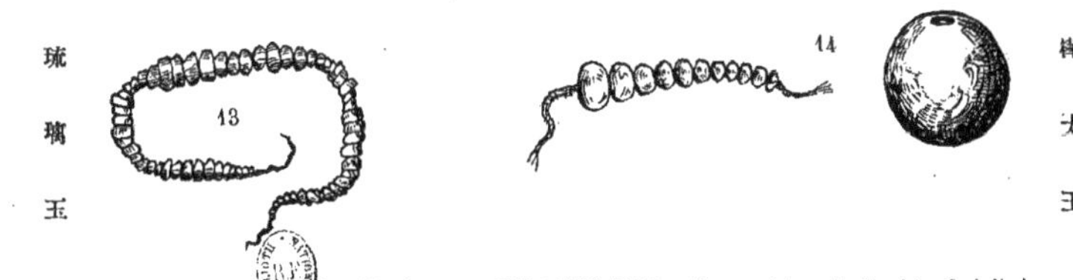

RU-RI-TAMA.—Pierre précieuse de couleur bleu foncé. KARA-FUTO-TAMA.—Pierre précieuse de Karafuto (Saghalien).

www.ingramcontent.com/pod-product-compliance
Lightning Source LLC
Chambersburg PA
CBHW060123200326
41518CB00008B/910

* 9 7 8 2 0 1 3 7 5 3 6 0 9 *